高等学校电子信息类专业"十二五"规划教材

电磁兼容技术及其应用

张厚　唐宏　丁尔启　编著

西安电子科技大学出版社

内 容 简 介

  全书共八章，包括电磁兼容技术概述、电磁干扰三要素、电磁干扰的抑制、电磁兼容性分析与设计、电磁兼容测试基础、电磁兼容相关的测试技术、测试中的数据处理技术、电磁兼容技术的应用等内容。

  本书内容翔实、可读性强，在讲解基本概念的基础上，引入了相关的应用内容，可使学生在学习基本理论的同时，对所学理论的应用情况也有所了解。本书每章末均附有一定量的习题，便于学生进一步掌握所学内容。

  本书可作为高等学校工科电子类专业本科生和研究生相关课程的教材或教学参考用书，也可供从事电子技术及电子产品研发、设计、制造、质量管理、检测与维修的工程技术人员使用。

图书在版编目(CIP)数据

电磁兼容技术及其应用/张厚，唐宏，丁尔启编著.
—西安：西安电子科技大学出版社，2013.4
高等学校电子信息类专业"十二五"规划教材
ISBN 978 - 7 - 5606 - 3011 - 3

Ⅰ.① 电… Ⅱ.① 张… ② 唐… ③ 丁… Ⅲ.① 电磁兼容性—高等学校
—教材 Ⅳ.① TN03

中国版本图书馆 CIP 数据核字(2013)第 050507 号

策 划 云立实
责任编辑 任倍萱 云立实
出版发行 西安电子科技大学出版社(西安市太白南路 2 号)
电 话 (029)88242885 88201467 邮 编 710071
网 址 www. xduph. com 电子邮箱 xdupfxb001@163. com
经 销 新华书店
印刷单位 陕西华沐印刷科技有限责任公司
版 次 2013 年 4 月第 1 版 2013 年 4 月第 1 次印刷
开 本 787 毫米×1092 毫米 1/16 印张 16
字 数 377 千字
印 数 1～3000 册
定 价 28.00 元

ISBN 978 - 7 - 5606 - 3011 - 3/TN

XDUP 3303001 - 1

* * *如有印装问题可调换* * *

本社图书封面为激光防伪覆膜，谨防盗版。

前　言

　　现代电子技术，如通信、广播、电视、导航、雷达、遥感、测控、电子对抗和测量系统等都离不开电磁波的发射、控制、传播和接收。几乎与国民经济相关的各个领域都涉及了电磁兼容技术的应用。学习这一课程对培养学生严谨的学习态度、科学的学习方法、抽象的思维能力以及独自的创新精神等都起着十分重要的作用。因此，我国和世界先进工业国家的各高等学校都把它列入了电子类专业的必修基础课。

　　全书共八章。第一章介绍了电磁兼容技术的基本概念，电磁兼容的有关标准和实施，频谱工程，电磁兼容测试，电磁兼容研究的内容、常用的度量单位和元件、发展现状与趋势；第二章讨论了电磁干扰源、电磁干扰的传输途径和电磁敏感性；第三章分析了电磁干扰的抑制；第四章介绍了电磁兼容性分析与设计的内容，主要讨论电磁干扰分析与预测的基本方法、程序及实例，并给出了电磁兼容性设计的要点及信号完整性设计的概念和方法；第五章介绍了电磁兼容测试的基础，包括电磁兼容中的测试设备与场地、电磁兼容测试的内容与方法；第六章进一步介绍了与电磁兼容相关的测试技术，主要有频率特性测试、屏蔽效能测试、天线耦合度测试、EMI 滤波器测试、互调性能与交调传导敏感度测试、无源互调产物测试、空间微放电现象测试和电磁兼容预测试及系统级测试等；第七章就测试中的数据处理技术展开了分析与讨论，介绍了数据处理中的几个重要原则、数据处理的一般方法及误差的处理；第八章给出了电磁兼容技术的若干应用情况。

　　为了培养学生分析与解决问题的能力，以及使学生进一步理解基础理论，本书在阐明基础理论的同时，还列举了许多工程应用实例。除此之外，本书也给出了部分例题，并在每章末均附有一定量的习题。

　　本书可以作为电子类专业电磁兼容课程的教材，在编写过程中，吸收了部分任课教师的意见和建议，同时融入了编者长期的教学经验和体会。

　　本书在编写过程中得到了许多同志的大力支持与帮助，在此向他们表示衷心的感谢。

　　由于编者水平所限，书中难免存在不足，恳请读者批评指正。

编　者

2012 年 9 月

目　　录

第一章 电磁兼容技术概述

随着科学技术的不断发展,各种电子、电气设备或系统广泛应用于国民经济、军事、日常生活等各个领域。这些电子、电气设备在运行的同时大多都伴随着电磁能量的转换,并或多或少地以不同的方式向外泄漏电磁能量。这些泄漏的电磁能量极有可能对其他电子、电气设备产生不良影响,甚至造成严重危害,这就是所谓的电磁干扰。在有限的时间、空间和频率资源下,电子、电气设备的数量与日俱增,各个设备产生的电磁能量的泄漏已形成了一个极其复杂的电磁环境。电子系统越是现代化,其所造成的电磁环境就愈是复杂,产生的电磁干扰就愈强。因此,如何使现代电子、电气设备在复杂的电磁环境中既能够正常运行,又不相互干扰,成为当今亟待解决的一个问题。在这种背景下,产生了电磁兼容的概念,也形成了一门新的学科——电磁兼容(Electromagnetic Compatibility, EMC)。

本章主要介绍电磁兼容的基本概念、电磁兼容的标准和规范、频谱工程、电磁兼容性的实施、电磁兼容研究的内容、电磁兼容测试简介,以及电磁兼容研究的现状与发展趋势。

1.1 电磁兼容的基本概念

1. 电磁干扰

1) 电磁干扰的概念

电磁干扰是指任何能中断、阻碍、降低或限制电子、电气设备有效性能的电磁能量。

电磁干扰的形式很多,例如:由大气无线电噪声引起的天电干扰;由银河系的电磁辐射引起的宇宙干扰;由输电线、电网以及各种电子、电气设备工作时引起的工业干扰;由传输电路间的电或磁的相互耦合引起的串扰等。

2) 电磁干扰的危害

电磁干扰产生的危害是显而易见的,轻者可使电子、电气设备的性能降低,重者使电子设备无法工作。

(1) 中波、短波、超短波、微波的电磁场感应进入电子设备中,能引起设备性能降低。

(2) 由于各种摩擦产生的静电及大功率电磁辐射可能产生火花,从而导致易燃、易爆品意外点燃。

(3) 汽车或电气化铁道的电力机车产生的电磁干扰使附近的广播、通信、电视接收受到一定的影响。

(4) 电子设备的开关动作可导致打印机设备出现误码。

(5) 电磁辐射使微机工作失常,而微机的工作又产生宽带电磁干扰信号。

3) 形成电磁干扰的三个要素

形成电磁干扰必须同时具备以下三个条件(又称三要素):

（1）电磁干扰源，指产生电磁干扰的元件、器件、设备、系统或自然现象。

（2）干扰接收器（又称敏感设备），指电磁干扰发生响应的设备，即受到电磁干扰的设备。

（3）传输途径（又称耦合途径），指把电磁能量从干扰源耦合或传输到敏感设备上，并使该设备产生响应的媒介。

由电磁干扰发出的电磁能量，经过某种耦合途径传输至敏感设备，导致敏感设备出现某种形式的响应并产生效果，这就是电磁干扰的整个过程，又称电磁干扰效应。

电磁干扰一般包括系统内部干扰和系统之间干扰两个方面。例如，雷达干扰飞机的导航系统就是系统之间的干扰；雷达发射机的能量泄漏对接收机的干扰就是系统内部的干扰。

2. 电磁兼容与电磁兼容性

电磁兼容是指电子、电气设备或系统的一种工作状态，在这种工作状态下，它们不会因为内部或彼此间存在电磁干扰而影响其正常工作。

电磁兼容性是指电子、电气设备或系统在预期的电磁环境中，按设计要求正常工作的能力。它是电子、电气设备或系统的一种重要技术性能。电磁兼容性包含两方面的含义：一方面是指设备或系统应具有抵抗给定电磁干扰的能力，并且有一定的安全余量，即它不会因受到处于同一电磁环境中的其他设备产生的电磁干扰而产生不允许的工作性能降级；另一方面是指设备或系统不产生超过规定限度的电磁干扰，即它不会产生使处于同一电磁环境中的其他设备出现超过规定的工作性能降级的电磁干扰。

由于电磁干扰包括系统内部干扰和系统之间干扰，因此系统内的电磁兼容性和系统间的电磁兼容性是不同的。前者指的是给定系统内部的各分系统、设备及部件相互之间的电磁兼容性；后者指的是给定系统与其工作的电磁环境中的其他系统之间的电磁兼容性。

电磁兼容性是一个新概念，它是抗干扰概念的扩展和延伸。从最初的设法防止射频频段内的电磁噪声、电磁干扰，到防止和对抗各种电磁干扰，人们在认识上进一步产生了质的飞跃，把主动采取措施抑制电磁干扰贯穿于设备或系统的设计、产生和使用的整个过程中。这样才能保证电子、电气设备或系统实现电磁兼容性。

应该指出，在技术发展的早期阶段，保证设备兼容主要是靠改进个别电路和结构的方案，以及使用频率的计划分配。但现在，采用个别的局部措施已远远不够。从整体上说，兼容性问题具有明显的系统性特点。在电子、电气设备寿命期的所有阶段，都必须考虑电磁兼容性问题。如果因忽视电磁兼容性而使设备的兼容性遭到破坏，此时若要保证电子、电气设备的电磁兼容性，则需要付出更昂贵的代价，且得不到满意的效果。

1.2 电磁兼容的标准和规范

为了确保系统及各项设备必须满足的电磁兼容工作特性，国际有关机构、各国政府和军事部门，以及其他相关组织制定了一系列的电磁兼容标准和规范，以对设备或系统进行规定和限制，所以执行标准和规范是实现电磁兼容性、提高系统和设备性能的重要保证。

1. 标准和规范的主要内容及特点

标准和规范是两个不同的概念。标准是一个一般性准则，由它可以导出各种规范；规范是一个包含详细数据，且必须按合同遵守的文件。标准和规范的类别与数量是相当多的，其主要内容可以归纳为以下四个部分。

（1）规定名词术语。

（2）规定电磁发射和敏感度的极限值。

（3）规定统一的测试方法。

（4）规定电磁兼容控制方法或设计方法。

电磁兼容标准和规范表示的是，如果每个部件都符合该规范的要求，则设备的电磁兼容性就能得到保障。由于电磁兼容讨论和处理的是设备或系统的非设计性能和非工作性能，很自然，电磁兼容标准和规范也要强调设备或系统的非预期方面，并用相应的词句描述。

2. 国外电磁兼容的标准和规范

国外在研究、制定和实施电磁兼容标准方面已有较长的历史。美国从 20 世纪 40 年代起到现在已先后制定了 100 多个有关的军用标准和规范。

国际无线电干扰特别委员会(CISPR)作为国际电工技术委员会(IEC)的下属机构，是国际间从事无线电干扰研究的权威组织。它以出版物的形式向世界各国推荐各种电磁兼容标准和规范，并已被许多国家直接采纳，成为电磁兼容民用标准和通用标准。

由于各个国家的实际情况不同，各国制定的电磁兼容标准和规范也不尽相同，这给电子设备的国际贸易带来了一定的不便，较好的解决方法是制定一个全球统一的 EMC 标准和规范。显然这是一项艰巨的任务，需要国际间长期不懈的努力与合作。

3. 国内电磁兼容的标准和规范

我国的电磁兼容标准规范制度工作开展较晚，与国际发展水平还存在一定差距。国内第一个无线电干扰标准是于 1966 年制定的 JB854－66《船用电气设备工作无线电端子电压测试方法与允许值》，它比美国的第一个无线电干扰标准晚 20 年。1981 年，由国家标准局召集有关部门和单位成立了"全国无线电干扰标准化工作组"，提出制定包括国家级和部级共 32 项电磁兼容标准和规范计划。1986 年，国防科工委正式颁布了 GJB151、GJB152 和 GJB72 等我国第一套三军通用的电磁兼容标准。

这些标准和规范的制定及实施，使我国电子、电气产品的工作可靠性和稳定性得到了显著提高，环境的电磁污染也得到了一定的控制。电磁兼容标准的规范对电子设备和系统的研制及生产提出了新的要求，相关工厂、研究所都把电子设备的电磁兼容性设计作为重要的设计内容。

1.3 频 谱 工 程

1. 电磁频谱

一个电磁振荡的能量在频域上的分布称为该振荡的频谱，可以用频谱函数或频谱图来表示。电磁频谱在极宽的频域内存在，其频率范围为 5×10^{-4} Hz～6×10^{22} Hz。人类目前利用的无线电频谱大约在 3 Hz～3000 GHz，但最拥挤的频段为中频(300 kHz～3000 kHz)、高频（3 MHz～30 MHz）、甚高频(30 MHz～300 MHz)、特高频(300 MHz～3000 MHz)

等几个频段。

可见，电磁频谱是一个有限的自然资源。在科学技术特别是电子技术高度发达的今天，对频谱的需求越来越多，使用的频率越来越拥挤。因此，如何合理、有效地利用无线电频谱已成为一个重要的研究课题。

2. 频谱管理

1）频谱管理机构

我国现行的无线电管理机构为国家无线电管理局，又称国家无线电办公室，其办事机构挂靠在信息产业部，下设各省市（地区）的无线电管理委员会（隶属于当地政府，主要负责地方的无线电管理）、中国人民解放军无线电管理委员会（简称全军无委）。全军无委以及各军区无委负责军队的无线电管理。使用者若需占用电磁频谱中某一频段的某个频道，必须向相应的无委会提出申请，得到批准后才能开始使用。

国际电信联盟（ITU）是负责协调国际无线电事宜的组织，是联合国处理电信问题的专门机构。ITU 有四个常设机构，即总秘书处、国际电报电话咨询委员会（CCITT）、国际无线电咨询委员会（CCIR）和国际频率登记委员会（IFRB）。国际无线电规则是 ITU 进行无线电频率协调和管理的唯一依据，具有国际法性质。

2）频谱管理方法

（1）频率分配。频率分配是指给某一种业务划定一个或一组使用频率的范围，如移动通信的频率为 900 MHz 和 1800 MHz，它一般遵循以下原则：

① 所选用的频率和频段须符合国际和国家有关无线电管理部门的有关规定，根据系统和设备的业务种类，在指定的频段内选用工作频段或工作频率，并向相应的管理部门（无委会）提出频率申请。

② 在确定新系统的工作频率时，应避开使用部门现有的和规划中的频率，避开使用环境中其他系统的频率，以免新系统投入使用后发生相互干扰。

③ 综合考虑系统或设备的技术体制、信息带宽、电波传播特性、战术或使用性能要求，以及元器件水平、成本、技术成熟程度等因素，选取合适的工作频段。尽可能避免选用已经十分拥挤的频段。

④ 含有若干分系统、子系统的大型无线电工程，在分配频率时，应注意勿使大量设备集中于同一频段而难以实现电磁兼容性。

（2）频率指配。对无线电设备制定具体工作频率的过程称为频率指配。在进行频率指配时，除了必须按有关无线电管理文件的规定，在规定的频段内进行指配外，还应注意以下问题：

① 避开有关保护频率（如标准时间信号频率、遇险呼救频率）以及常规无线电广播、电视等频率及其谐波。

② 为在使用区域内避免同频干扰、邻道干扰、中频干扰、镜像干扰以及相互干扰，故指配频率时必须进行干扰预测分析，并根据业务性质、通信质量等要求确定干扰余量及保护比。

③ 除频率因素外，还需考虑使用环境、作用距离、发射功率、谐波与杂波电平、占有带宽等因素。

3）无线电监测

无线电监测是维护电波秩序，实现频谱管理的重要手段，是各级无线电管理部门的首要任务之一。各省市无线电管理委员会都设有无线电监测计算站，其监测的主要内容包括本区所有发射台的无线电发射是否符合规定、记录频谱占有度、对未经允许的无线电活动进行测向定位等。

3. 频谱工程

频谱工程是研究电磁频谱特性及其应用的一门科学，其主要内容就是以充分利用频谱资源、实现电磁兼容为目的，从频谱特性、电波传播、频率分配、干扰分析、系统的技术体制和设备性能以及频谱管理方法等方面，研究节省频谱、实现电磁兼容性的技术问题，具体包括以下内容。

（1）从频谱管理人员的角度出发，主要有频率的指配，短期兼容规划，利用的政策，为压缩所用的频谱而改进设备技术而准备，过载的解决和在实际工作中发生的干扰问题，附属设备调度的考虑。

（2）从频谱规划者的角度出发，主要有最佳频率分配和分布研究，频谱过载研究（现在的和预测的），目前和预测的干扰问题的研究，频谱使用的规定和测试，为提高频率的使用率而实现设备和系统特性的最优化，大范围兼容规划，自然的和人为的无线电干扰方面的知识以及可能的控制，其他通信手段的评价，设备、系统和操作规则的目标，频谱使用对信息传递的研究。

（3）从设备设计者的角度出发，主要有降低寄生辐射，接收机截止频率以外响应的降低，在给定带宽下接收特性的最佳化，发射机和接收机产生相互调制的控制，使覆盖范围最大、干扰最小、天线系统设计最优化，辐射噪声的抑制和减少。

4. 有效利用频谱的有关技术

频谱利用是通信系统电磁兼容性研究的重要课题，有效地利用频谱是实现兼容性的技术手段之一。

（1）短波预测和实时选频技术。短波通信是远距离通信的主要手段之一。但是，短波信道是以电离层为主要媒介实现信号传输的，由于电离层的不稳定性，短波信道成为时变色散通道。短波预测和实时选频技术就是为了克服这一缺点，自动选择最佳工作频率，实现自适应通信，确保通信质量的一种手段。

实时选频基于对电离层的实施探测和预报，以实现最佳通信。它可以针对任何一种通信体制选择最佳频率，从而提高短波频段的利用率。

（2）频率自适应和功率自适应技术。频率自适应技术是一种载频自动转换技术，或称自动躲避干扰技术。在复杂的电磁环境下，利用频率自适应技术可在遇到干扰时自动寻找可用信道，将载频转换到不受干扰的频道上去。

功率自适应即功率自动控制，多用于移动通信网中。移动台在运动中随着距离的变化，其发射功率也会受接收信号强度控制，即当接收信号强度增加时，在保证本信道通信质量的条件下，通过电台的控制单元降低本台的发射功率，从而可降低或消除基地台附近由移动台造成的邻道干扰、强信号干扰和互调干扰，达到多信道兼容的目的。

（3）频率共用和频率再用技术。频率共用和频率再用是充分有效地利用频谱资源的方法之一,两者在本质上没有严格的区别,都是实现同一频率的重复使用。通常,同一地区(或相邻地区)在不同的业务之间共同使用一个频段(或一个频率)称为频率共用。频率再用则是指在同一种业务或同一通信系统中,同一地区(或相邻地区)的许多用户使用同一频率。

最小必需的有用信号和干扰信号之比称为同频干扰保护比。频率共用与频率再用技术的关键是解决同频干扰,使干扰信号小于正常接收的有用信号。满足这个要求时,虽有同频干扰信号存在,也不会影响正常接收。

通过限制发射功率、使用窄波束定向天线、采用不同极化、使用自适应抗干扰天线、扩展频谱调制等手段可以满足同频干扰保护比的要求,以实现频率共用和频率再用。

(4)信道复用技术。在一个无线信道上实现多用户同时通信的方式称为信道复用。与一对用户占用一个射频信道的方式相比,采用信道复用技术显然大大提高了频谱利用率。采用频分复用(FDM)和时分复用(TDM)方法就可以实现信道的多路复用。

(5)扩频通信技术。在码分多址(CDMA)体制中,各站发送的载波包含两种调制:一种是基带信号(可以是数字的或模拟的)的调制,另一种是地址码的调制。接收时则根据地址码的不同来区分识别地址。用地址码对已调载波进行了再调制,使其频谱宽度比原来大为扩展,这就是扩频通信技术。

1.4　电磁兼容性的实施

实施电磁兼容性的目的是保证系统和设备的电磁兼容性。从总体上看,电子、电气设备或系统的电磁兼容性实施,必须采取技术和组织两个方面的措施。技术措施是系统工程方法、电路技术方法、设计和工艺方法的总和,其目的是改善电子、电气设备性能,降低干扰源产生的干扰电平,增加干扰在传输途径上的衰减,降低敏感设备对干扰的敏感性等。组织措施是对各设备和系统进行合理的频谱分配,并选择设备或系统分布的空间位置,还制定和采用某些限制和规定,其目的就在于整顿电子、电气设备的工作,以便排除非有意干扰。

在现代电子技术发展过程中,先后利用问题解决法、规范法和系统法来实施设备和系统的电磁兼容性。

问题解决法是先行研制,然后根据研制成的设备和系统在联试中出现的电磁干扰问题,运用各种抑制干扰的技术逐个解决。这是一种落后而冒险的方法,因为系统已经装配好后再去"解决"电磁干扰问题是很困难的。为了解决问题,可能要进行大量的拆卸和修改,甚至还要重新设计,这种方法显然不可取。

规范法是按颁布的电磁兼容标准和规范进行设备和系统设计制造。这种方法可以在一定程度上预防电磁干扰问题的出现,较之问题解决法更为合理。但由于标准和规范不可能是针对某个设备和系统而制定的,因此,试图解决的问题不一定是真正存在的问题。

系统法是用计算机技术针对某个特定系统和设备的设计方案进行电磁兼容性预测和分析。系统法从设计开始就预测和分析设备与系统的电磁兼容性,并在设备与系统设计、制造、组装和实验过程中不断地对其电磁兼容性进行预测分析。若预测结果表明存在不兼容问题或存在太大的过量设计,则可修改设计后再进行预测,直到测试结果表明完全合理,再进行硬件生产。用这种方法进行系统与设备的设计和研制，基本上可以避免一般出现的电磁干扰问题或过量的电磁兼容性设计。因此，系统法被广泛地应用于现代电子系统或设备的设计和制造中。

通过利用系统法对系统和设备进行电磁干扰预测和分析后，还应进行系统的电磁兼容性设计，这与干扰的预测、分析是紧密相连的。最后，还必须进行系统的电磁兼容性试验或预测试予以验证。这是实施电磁兼容性的三大步骤。

1.5　电磁兼容研究的内容

电磁兼容的研究是围绕构成电磁干扰的三要素，即干扰源、干扰传输途径和干扰接收器进行的，主要研究干扰产生的机理、干扰源的发射特性以及如何抑制干扰的发射；研究干扰是以何种方式、通过什么途径传输的，以及如何切断这些传输通道；研究干扰接收器对干扰产生何种响应以及如何提高接收器的抗干扰能力（即敏感度）。围绕这些问题，通常可把电磁兼容的研究分为以下几类。

1. 干扰源的研究

干扰源通常分为自然干扰源和人为干扰源。自然干扰源是自然界本身产生的，例如：主要由雷电引起的大气噪声，由磁暴引起的太阳噪声和来自银河系统的宇宙噪声等，它对无线电通信广播会产生相当大的影响；另外，下雨时发生的雷电还可能直接危害电子设备的安全。人为干扰主要由人们制造的各种电气电子设备产生，这里指的是无意识干扰，至于为达到某种目的而施放的有意识干扰，例如电子对抗等则不属于电磁兼容的研究领域。

2. 传输途径的研究

干扰主要是通过空间辐射和导线传导方式从干扰源传输到干扰接收器的。当两者间的距离与波长相比较大（例如研究系统间的兼容问题）时，干扰多以电磁波的形式传播，因此干扰电波的传输特性也是研究的内容之一。当两者间的距离与波长相比较小时，干扰的传输可看成是近场感应，即电场（电容）耦合或磁场（电感）耦合，主要讨论线与线、机壳与机壳、天线与天线和场与导线、机壳、天线间的耦合问题。干扰的传导主要讨论通过电源线、控制线、信号线和其他金属体传输的共模干扰和差模干扰，还讨论由于不同设备使用公共电源或公共地线而产生的共阻抗干扰。

3. 干扰接收器的研究

干扰接收器在受到干扰侵入后会降低其性能或产生误动作，甚至危及其安全。该部分主要研究接收器对干扰的响应以及与抗干扰能力有关的指标。接收器的规模根据研究层次不同可以分为系统、分系统、设备、印刷电路板和各种元件，其研究对象涉及通信、导航、雷达、广播、电视、信息处理、遥控遥测、自动控制等很多领域中的电磁敏感设备。此外，人体也是一种干扰接收器，电磁辐射对人体的生态效应是电磁兼容性的重要研究内容之一。强电磁辐射引起燃油燃烧、武器弹药的爆炸等也在研究之列。

应该指出的是，所有发射电磁能量的设备在一定的条件下都可以成为干扰源，同时也可能是干扰接收器。

4. 电磁干扰抑制技术的研究

屏蔽、滤波、接地是三项最基本的干扰抑制技术。

（1）屏蔽技术主要用于切断通过空间辐射干扰的传输途径，根据其性质可分为电场屏蔽、磁场屏蔽和电磁屏蔽。屏蔽体可能很小，如元件的屏蔽壳；也可能很大，例如屏蔽室。衡量屏蔽的好坏，采用屏蔽效能这一指标来衡量。屏蔽问题主要研究各种材料（如金属和磁性材料）、各种结构（如多层、单层、孔缝等）及各种形状的屏蔽体的屏蔽效能以及屏蔽体的设计。

（2）滤波技术用来抑制沿导线传输的传导干扰。该技术主要研究滤波电路和装置的设计。

（3）接地技术除了提供设备的安全保护地以外，还提供了设备运行必需的信号参考地。该技术主要研究如何正确地布置地线以及接地体的设计等。搭接是实现接地的实际技术，如何减小搭接电阻也是接地需要研究的问题之一。

屏蔽、接地和滤波技术主要用来切断干扰的传输途径。从广义上看，电磁干扰的抑制还应包括抑制干扰源的发射和提高敏感器的抗干扰能力，但由于干扰源和敏感器种类繁多、功能不同，其控制技术已延伸到了其他学科领域。

5. 测试技术的研究

对电磁兼容性测试的研究是非常重要的，它贯穿于电磁兼容性实施的各个阶段，主要对测试方法、测试仪器设备和测试场所进行研究。

1.6 电磁兼容测试简介

电磁兼容测试是指按照某种标准，对产品、设备、系统内部或之间的电磁兼容性指标的测试，涉及测试方法、测试仪器设备和测试场所等内容。

EMC 测试研究的内容主要就是针对那些用于 EMC 测试的场地和设备，定期对它们进行计量和校准。一方面验证它们的各项性能指标是否仍在标准规定的范围之内，另一方面也起到量值校准的作用，保证测试结果的准确性。

为了确保电磁兼容设计的正确性和可靠性，科学地评价设备的电磁兼容性能，必须在研制的整个过程中，对各种干扰源的干扰量、传输特性和敏感器的敏感度进行定量测试，验证设备是否符合电磁兼容标准和规范；找出设备设计及生产过程中在电磁兼容方面的薄弱环节，为设备使用提供有效的数据，因此电磁兼容测试是电磁兼容设计所必不可少的重要内容。由于电磁兼容分析与设计的复杂性，以及各种杂散发射千差万别，很难控制，因此，对于电磁兼容技术来说，其理论计算结果更加需要实际测试来检验，至今在电磁兼容领域对大多数情况仍主要依靠测试来分析、判断、解决问题。美国肯塔基大学 Dr. Paul 曾说过"对于最后的成功验证，也许没有任何其他领域像电磁兼容领域那样强烈地依赖于测试。"并且随着电磁兼容理论研究的不断发展，测试技术、测试项目也在不断地拓展。

任何一个电子设备既可能是一个干扰源，也可能是敏感设备，因此电磁兼容测试分为电磁干扰发射（EMI）和电磁干扰敏感度（EMS）测试两大类，通常再细分为四类：辐射发射测试、传导发射测试、辐射敏感度（抗扰度）测试和传导敏感度（抗扰度）测试。

辐射发射测试考察被测设备经空间发射的信号，这类测试的典型频率范围为 10 kHz~1 GHz，但对于磁场测试要求低至 25 Hz，而对于工作在微波频段的设备，要测到 40 GHz。传导发射测试考察在交、直流电源线上是否存在由被测设备产生的干扰信号，这类测试的频率范围通常为 25 Hz~30 MHz。辐射敏感度(抗扰度)测试考察设备防范辐射电磁场的能力，传导敏感度(抗扰度)测试考察设备防范来自电源线或数据线上的电磁干扰的能力。

电磁兼容技术是和测试场地的不断发展和改进息息相关的。开阔试验场地是精确测定受试设备辐射发射值的理想场地；但现在城市里电磁环境复杂，已经很难找到合适的场地了，因此模拟开阔试验场的电波暗室便应运而生；但电波暗室的造价仍然很高，于是 GTEM 小室出现了。为了适应尺寸很大的设备高频高场强的要求，混响室技术逐渐成熟并走向实用。

1.7　电磁兼容技术常用的度量单位和元件

1.7.1　电磁兼容技术常用的度量单位

1. 音量的单位

声音其实是经媒介传递的快速压力变化。当声音在空气中传递时，大气压力会循环变化。每一秒内压力变化的次数叫做频率，量度单位是赫兹(Hz)，其定义为每秒的周期数目。频率越高，声音的音调越高。响亮度是声音或噪音的另一个特性。强的噪音通常有较大的压力变化，弱的噪音压力变化则较小。压力和压力变化的量度单位为帕斯卡(Pa)，其定义为牛顿/平方米。

人类的耳朵能感应到的声压的范围很大。正常的人耳能够听到最微弱的声音叫做听觉阈，为 20 微帕斯卡(μPa)的压力变化，即 20×10^{-6} Pa。

通常，我们不用帕斯卡(Pa)来表达声音或噪音，而是用一个以 10 作为基数的对数标度(logarithmic scale)来表达声音或噪音的音量并称之分贝(dB)标度。该标度以听觉阈 20 μPa 作为参考声压值，并定义这声压水平为 0 分贝(dB)。

用对数标度来表达声音和噪音还有另一个优点，即人类的听觉反应是基于声音的相对变化而非绝对的变化。对数标度正好能模仿人类耳朵对声音的反应。

分贝是音量的单位，分贝数越大，代表声音越大，在计算上分贝每增加 10 分贝，声音大小约为原来的十倍。

2. 通信系统传输单位

在电信技术中，一般都是选择某一特定的功率为基准，取另一个信号相对于这一基准的比值的对数来表示信号功率传输变化的情况，经常是取以 10 为底的常用对数和以 e 为底的自然对数来表示，其所取的相应单位分别为贝尔(B)和奈培(Np)。贝尔(B)和奈培(Np)都是没有量纲的对数计量单位。分贝(dB)的英文为 decibel，它的词冠来源于拉丁文 decimus，意思是十分之一，decibel 就是十分之一贝尔。分贝一词于 1924 年首先被应用到电话工程中。

在 1926 年国际长途电话咨询委员会召开的第一次全体会议上，讨论并通过了使用传输单位的建议，贝尔和奈培正式在通信领域中普遍使用。分贝的代号也有过多种形式：DB、Db、db、dB。1968 年，国际电报电话咨询委员会（CCITT）第四次全会考虑到在通信领域里同时使用两种传输单位非常不方便，而当时无线电领域中却只使用着一种传输单位 dB，因此全会规定在国际上只使用分贝一种传输单位，并统一书写为 dB。

测量电信号（功率、电压、电流）的基准点是人为选择的特定基准，这个基准我们暂且把它叫做"零电平"。这个特定的功率基准就是取一毫瓦（mW）功率作为基准值，这里要特别强调的是：这一毫瓦基准值是在 600 欧姆（Ω）的纯电阻上耗散一毫瓦功率，此时电阻上的电压有效值为 0.775 伏（V），所流过的电流为 1.291 毫安（mA）。取作基准值的 1 mW、0.707 V、1.291 mA 分别称为零电平功率、零电平电压和零电平电流。（我国不采用电流电平测量基准。）

1）功率电平

利用功率关系所确定的电平称为功率电平（需要计量的功率值和功率为一毫瓦的零电平功率比较），用数学表达式可表示为

$$P_{dBm} = 10 \lg \frac{P_{mW}}{1} \tag{1.7.1}$$

式中：P_{dBm} 表示以 1 mW 为基准的功率电平的分贝值；P_{mW} 表示需要计量的绝对功率值，单位为 mW，0 dBm 为 1 mW。不同的绝对功率值所对应的以 1 mW 为基准的功率电平值。

如果相对值的功率为 1 W，此时是以带有功率量纲的分贝 dBW 表示 P，所以

$$P_{dBW} = 10 \lg \frac{P_W}{1\ W} = 10 \lg P_W \tag{1.7.2}$$

式中：P_W 是实际功率值，以 W 为单位；P_{dBW} 是用 dBW 表示的功率值。

类似地，1 μW 作为基准参考量，表示 0 dBμW，称为分贝微瓦。dBW、dBmW、dBμW 之间的换算关系如下：

$$P_{dBW} = 10 \lg(P_W)$$
$$P_{dBmW} = 10 \lg(P_{mW}) = 10 \lg(P_W) + 30$$
$$P_{dB\mu W} = 10 \lg(P_{\mu W}) = 10 \lg(P_{mW}) + 30 = 10 \lg(P_W) + 60$$

2）电压电平

电压的单位有伏（V）、毫伏（mV）、微伏（μV），电压的分贝单位（dBV、dBmV、dBμV）可表示为

$$U_{dBV} = 20 \lg \frac{U_V}{1\ V} = 20 \lg U_V \tag{1.7.3}$$

$$U_{dBmV} = 20 \lg \frac{U_{mV}}{1\ mV} = 20 \lg U_{mV} \tag{1.7.4}$$

$$U_{dB\mu V} = 20 \lg \frac{U_{\mu V}}{1\ \mu V} = 20 \lg U_{\mu V} \tag{1.7.5}$$

电压以 V、mV、μV 为单位和以 dBV、dBmV、dBμV 为单位的换算关系为

$$U_{dBmV} = 20 \lg \frac{U_V}{10^{-3}\ V} = 20 \lg U_V + 60 = 20 \lg U_{mV}$$

$$U_{dB\mu V} = 20 \lg \frac{U_V}{10^{-6}\ V} = 20 \lg U_V + 120 = 20 \lg U_{mV} + 60$$

3）电流电平

电流的单位分别有安（A）、毫安（mA）、微安（μA），电流的分贝单位（dBA、dBmA、dBμA）可表示为

$$I_{dBA} = 20 \lg \frac{I_A}{1\ A} = 20 \lg I_A \tag{1.7.6}$$

$$I_{dBmA} = 20 \lg \frac{I_{mA}}{1\ mA} = 20 \lg I_{mA} \tag{1.7.7}$$

$$I_{dB\mu A} = 20 \lg \frac{I_{\mu A}}{1\ \mu A} = 20 \lg I_{\mu A} \tag{1.7.8}$$

电流以 A、mA、μA 为单位和以 dBA、dBmA、dBμA 为单位的换算关系如下：

$$I_{dBmA} = 20 \lg \frac{I_A}{10^{-3}\ A} = 20 \lg I_A + 60$$

$$I_{dB\mu A} = 20 \lg \frac{I_A}{10^{-6}\ A} = 20 \lg I_A + 120 = 20 \lg I_{mA} + 60$$

4）电场强度

电场强度的单位分别有伏每米（V/m）、毫伏每米（mV/m）、微伏每米（μV/m），电场强度的分贝单位 dBV/m、dBmV/m、dBμV/m 可表示为

$$E_{dB(\mu V/m)} = 20 \lg \frac{E_{\mu V/m}}{1\ \mu V/m} = 20 \lg E_{\mu V/m} \tag{1.7.9}$$

因为

$$1\ V/m = 10^3\ mV/m = 10^6\ \mu V/m$$

则

$$1\ V/m = 0\ dBV/m = 60\ dBmV/m = 120\ dB\mu V/m \tag{1.7.10}$$

5）磁场强度

磁场强度的分贝 dBA/m 是以 1 A/m 为基准的磁场强度的分贝数,同理,可定义 dBmA/m 和 dBA/m 等。有些标准如在 GJB151—86 中,用的是磁通密度（B）单位,考虑到

$$B = \mu H \tag{1.7.11}$$

因为真空中

$$\mu = 4\pi \times 10^{-7}\ H/m$$

所以在数量上存在如下关系：

$$\{B\}_{dBT} = \{H\}_{dBA/m} - 118\ dB \tag{1.7.12}$$

因为

$$1T（特拉斯） = 10^{12}\ PT$$

则 0 dBT＝240 dBPT，所以

$$\{B\}_{dBPT} = \{H\}_{dBT} + 240\ dB \tag{1.7.13}$$

$$\{B\}_{dBPT} = \{H\}_{dBA/m} + 122\ dB \tag{1.7.14}$$

6）功率密度

功率密度的基本单位为 W/m²，常用单位为 mW/cm² 或 μW/cm²，它们之间的关系如下：

$$S_{W/m^2} = 0.1 S_{mW/cm^2} = 10^2 S_{\mu W/cm^2}$$

采用分贝表示时，有

$$S_{dB(W/m^2)} = S_{dB(mW/cm^2)} - 10 \text{ dB} = S_{dB(\mu W/cm^2)} + 20 \text{ dB}$$

7）电磁干扰（EMI）度量单位

电磁干扰（EMI）度量单位分为宽带和窄带两种。宽带 EMI 单位是将上述规定的分贝单位再归一化到单位带宽即可得出，例如，dBmV/kHz 为归一化到每 1 kHz 带宽内的以 1 mV 为基准的电压分贝数。窄带 EMI 单位就是上述规定的分贝单位。

表 1.7.1 列出了电磁发射和敏感度极限值的单位。

表 1.7.1　电磁发射和敏感度极限值的单位

	窄　带	宽　带
传导发射	dBV、dBmV、dBμV 等 dBV、dBmA、dBμA 等	dBV/kHz、dBmV/MHz 等 dBA/kHz、dBmA/MHz 等
传导敏感度	dBV、dBmV、dBμV 等	dBV/kHz、dBmV/MHz 等
辐射发射	dBV/m、dBT 等	dVB/(m·kHz)等 dBmV/kHz 等
辐射敏感度	dBV/m、dBT 等	dBV/(m·kHz)等 dBmV/MHz 等

1.7.2　电磁兼容技术常用的元件

1. 共模电感

由于 EMC 所面临的问题大多是共模干扰，因此共模电感是常用的元件之一。共模电感是一个以铁氧体为磁芯的共模干扰抑制器件，它由两个尺寸相同、匝数相同的线圈对称地绕制在同一个铁氧体环形磁芯上，从而形成一个四端器件。共模电感主要对共模信号呈现出的大电感具有抑制作用，而对差模信号呈现出很小的漏电感几乎不起作用，其原理是：当有共模电流流过时，磁环中的磁通相互叠加，从而具有相当大的电感量，这对共模电流起到抑制作用；而当两线圈流过差模电流时，磁环中的磁通相互抵消，几乎没有电感量，所以差模电流可以无衰减地通过。因此共模电感在平衡线路中能有效地抑制共模干扰信号，而对线路正常传输的差模信号无影响。

在制作共模电感时应考虑以下要求：

（1）绕制在线圈磁芯上的导线要相互绝缘，以保证在瞬时过电压作用下线圈的匝间不发生击穿短路。

（2）当线圈流过瞬时大电流时，磁芯不要出现饱和。

（3）线圈中的磁芯应与线圈绝缘，以防止在瞬时过电压作用下两者之间发生击穿。

（4）线圈应尽可能单层绕制，这样做可减小线圈的寄生电容，增强线圈对瞬时过电压的耐授能力。

通常情况下，在选择共模电感时，主要根据其阻抗频率曲线选择。另外，选择时还需考虑差模阻抗对信号的影响。

2. 磁珠

铁镁合金或铁镍合金是铁氧体材料，这种材料具有很高的导磁率，在低频时，它们主要呈电感特性，在高频情况下主要呈电抗特性。实际应用中，铁氧体材料多是作为射频电路的高频衰减器使用的。铁氧体磁珠比普通的电感具有更好的高频滤波特性。

铁氧体抑制元件广泛应用于印制电路板、电源线和数据线上，如在印制板的电源线入口端加上铁氧体抑制元件，就可以滤除高频干扰。铁氧体磁环或磁珠专用于抑制信号线、电源线上的高频干扰和尖峰干扰，也具有吸收静电放电脉冲干扰的能力。

具体应用中，是使用磁珠还是电感主要取决于应用场合。在谐振电路中需要使用片式电感；若要消除 EMI 噪声时，使用片式磁珠为最佳选择。

磁珠是按照它在某一频率产生的阻抗来标称的，而阻抗的单位是欧姆。磁珠的数据手册上一般会提供频率和阻抗的特性曲线图，一般以 100 MHz 为标准，比如是在 100 MHz 频率的时候磁珠的阻抗相当于 1000 Ω。针对要滤波的频段，选取磁珠阻抗越大越好，通常情况下，选取 600 Ω 阻抗以上的。另外，选择磁珠时需要注意磁珠的流通量，一般需要降额 80％处理，用在电源电路时要考虑直流阻抗对压降影响。

3. 滤波电容器

尽管从滤除高频噪声的角度看，不希望发生电容的谐振，但电容的谐振并不总是有害的。当要滤除的噪声频率确定时，可以通过调整电容的容量，使谐振点刚好落在干扰频率上。在实际工程中，要滤除的电磁噪声频率往往高达数百兆赫兹，甚至超过 1 GHz。对这样高频的电磁噪声必须使用穿心电容才能有效地滤除。普通电容不能有效地滤除高频噪声的原因有两个：一是电容引线电感造成电容谐振，对高频信号呈现较大的阻抗，削弱了对高频信号的旁路作用；二是导线之间的寄生电容使高频信号发生失真，降低了滤波效果。

穿心电容之所以能有效地滤除高频噪声，是因为穿心电容不但没有引线电感造成电容谐振频率过低的问题，而且可以直接安装在金属面板上，利用金属面板起到高频隔离的作用。在使用穿心电容时，一定要注意安装问题。穿心电容怕高温和温度冲击，这使得将穿心电容往金属面板上焊接时比较困难，许多电容在焊接过程中会发生损坏。特别是当需要将大量的穿心电容安装在面板上时，只要有一个损坏，就很难修复，因为在将损坏的电容拆下时，会造成邻近其他电容的损坏。

1.8　电磁兼容技术的历史与现状

随着城市人口的迅速增长，汽车、电子、通信、计算机与电气设备大量进入家庭，使空间人为电磁能量每年都在增长。21 世纪的电磁环境恶化已成定局，严重恶化的电磁环境对通信、计算机与各种电子系统都将造成灾难性的危害。

电磁兼容技术是由过去的"电磁干扰（Electromagnetic Interference）"演变而来的，而人们对电磁干扰的研究工作可追溯到 19 世纪，希维赛德于 1881 年写的《论干扰》一文可算得上最重要的早期文献；1883 年，法拉第发现的电磁感应定律指出，变化的磁场在导线中将产生感应电动势。1884 年，麦克斯韦引入了位移电流的概念，指出变化的电场将激发变化的磁场，并由此预言电磁波的存在，这种电磁场的相互激发并在空间传播，正是电磁骚扰存在的理论基础；1887 年，柏林电气协会成立了"全部干扰问题委员会"，成员包括著名的赫姆霍兹、西门子等人。1888 年，赫兹用实验证明了电磁波的存在，同时该实验也指出了各种打火系统均会向空间发射电磁骚扰，从此人们开始了对电磁骚扰问题的实验研究；

1889 年，英国邮电部门开始研究其通信干扰问题，同期美国的《电子世界》杂志也刊登了电磁感应方面的论文。到 20 世纪 20 年代以后，各先进工业国家都日益重视 EMC 的研究，成立了许多相关的国际组织。20 世纪 40 年代，为了解决由于飞机通信系统受到电磁干扰造成飞行事故的问题，开始较为系统地进行 EMC 技术的研究。1934 年，英国有关部门对一千例干扰问题进行了分析，发现其中 50％ 是由电气设备引起的。美国自 1945 年开始，颁布了一系列电磁兼容方面的军用标准和设计规范，并不断加以充实和完善，使得 EMC 技术进入新的阶段。之后，现代电子科学技术向高频、高速、高灵敏度、高安装密度、高集成度、高可靠性方向发展，其应用范围越来越广，渗透到了整个社会的每个角落。

民用射频干扰 RFI(Radio Frequency Interference)的研究始于无线电广播。约从 20 世纪 20 年代开始，各国都相继开展了广播业务，由于接收质量受到环境噪声的干扰，工程刊物上开始发表有关这方面的文章。1933 年，有关国际组织在巴黎举行了一次特别会议，研究如何处理国际性无线电干扰问题。与会者普遍认为，为避免商品贸易和无线电业务中出现障碍，需要在无线电干扰测试方法和限值方面保证有一定的统一和制定国际标准。会议建议由国际电工委员会(IEC)和国际广播联盟(UIR)的国家委员会，并邀请有关国际组织，共同组织一个联合委员会。1934 年 6 月 28 日至 30 日在巴黎举行了国际无线电干扰特别委员会(CIEPR)第一次正式会议，从此开始了对电磁干扰及其控制技术世界性的有组织的研究。

由于电磁干扰的频谱很宽，可以覆盖 0～400 GHz 的频率范围，因此电磁污染已和水与空气受到的污染一样，正在引起人们极大的关注。电磁干扰有可能使设备或系统的工作性能偏离预期的指标或使工作性能出现不希望的偏差，即工作性能发生了"降级"；甚至还可能使设备或系统失灵，或导致寿命缩短，或使系统效能发生不允许的永久性下降；严重时，不但能摧毁设备或系统，还将影响人体健康，若不对其加以重视，势必将受到不同程度的惩罚，甚至会为此付出巨大的代价。为了保障电子设备和系统的正常工作，许多国家和国际组织都先后开展了控制和抑制电磁干扰的研究。早期的研究还只是局限于抗电磁干扰，被动地只是从防范或补救出发，这样不仅费用高、效果也差。自从电磁兼容这个新概念出现以后，抗电磁干扰技术才进入了一个新的时期，即从防范或补救的时期，进入到主动进行预测分析、设计、采取防护措施的新时期。还应当指出，电磁兼容是抗电磁干扰的扩展与延伸，它研究的重点是设备或系统的非预期效果和非工作性能、非预期发射和非预期响应，而在分析干扰的迭加和出现概率时，还需按最不利的情况考虑，即所谓的"最不利原则"，这些都要比研究设备或系统的工作性能复杂得多。现在，电磁兼容已成为受国内外瞩目的、迅速发展的学科，在 21 世纪，它还将获得更加迅速的发展。

人们对电磁干扰进行的有组织的对抗，从一开始就是国际性的。各种世界性组织和地区性组织不断进行国际间的协调行动，在世界范围内进行合理的频谱分配与管理，以对人为干扰提出规定性限制及对一些固定业务进行合理地保护等。目前，主要的世界性国际组织有：

(1) 国际电信联盟(ITU)，是目前最早、最大的国际组织之一。无线电通信的国际合作始于 1903 年无线电报预备会议；1906 年第一次无线电报大会上签订了国际无线电公约；1927 年召开了国际无线电报大会，有 80 个国家参加；1932 年马德里大会将组织改为国际电信联盟，首次签署了国际电信公约和无线电规则。至今已拥有 180 多个会员国，主要从事电磁频谱管理和通信系统的协调工作，定期召开政府级会议，制定通信领域内各种规则和建议。ITU 的常设咨询委员会是国际无线电咨询委员会（CCIR），其主要任务是研究无线电技术的应用问题，并针对这些问题提出建议，内容包括频谱利用、无线电波传播等。ITU 的组成部分之一是国际电报电话咨询委员会（CCITT），其第五和第六研究组经常研究与电磁兼容有关的问题。

（2）国际电工技术委员会（IEC），是世界上最具权威性的国际标准化机构之一，1906 年 10 月在伦敦成立。它负责制定电气和电子领域的国际标准，围绕这一中心工作，建立了较为严密的组织体制，现已成立了 82 个技术委员会，以及国际无线电干扰特别委员会（CISPR）、IEC/ISO 联合技术委员会（JTCI）、电磁兼容性咨询委员会（ACEC），还有 127 个分技术委员会和 700 个工作组。上述组织中，约有半数涉及 EMC 问题，尤其是 IEC/TC－77 电气设备（含网络）之间 EMC 技术委员会和 IEC/TC－65 工业过程测试和控制技术委员会，前者主要研究非无线电干扰引起的 EMC 问题；后者在进行 EMC 研究和制定标准方面与 CISPR 协调一致，目前就传导影响及磁影响将电磁环境分为完善防护型环境、防护型环境、有代表性的工业环境、严重恶劣的工业环境和需要进行分析的专门情况几个等级。

（3）国际频率登记委员会（IFRB），主要负责国际无线电频率的协调工作。

（4）国际无线电科学联盟（URSI），成立于 1919 年。其中专门研究电磁噪声与干扰的委员会，其研究范围涉及宇宙空间电磁环境、雷电、天电、人为噪声以及电子电路 EMC 等。

（5）跨国电气电子工程师学会 EMC 专业委员会（IEEE－EMC），IEEE 的前身是美国无线电工程师学会（IRE），于 1957 年成立了射频干扰专业组，1959 年改为 EMC 专业组，1978 年又改为 EMC 专业委员会。该委员会的研究领域涉及 EMC 检测、电波传播、强电噪声及静电放电、EMC 教育、生态效应等二十多个方面。

20 世纪 90 年代以来，世界各国对环境问题，包括电磁环境问题的关注越来越强烈。随着科学技术的发展，大量技术含量高、内部结构复杂的电子/电气产品得到了广泛的应用，由此而产生的电磁环境污染在对电子、电气产品的安全与可靠性产生影响和危害的同时，也对人类的健康与生存产生了直接影响。因此，保护电磁环境、防止杂散电磁波的污染，已引起世界各国及有关国际组织的普遍关注。前几年，国际上提出了可持续发展的概念，把环境等问题与经济发展有机地结合了起来，并且提高到发展战略的高度来认识，引起了广泛的重视，已构成世界经济和国际贸易发展的大趋势。与此同时，世界上一些发达国家在 EMC 技术的研究、标准的制定、EMC 试验及认证等领域的活动也日益频繁。

1989 年 5 月 3 日，欧洲共同体委员会通过了一项理事会指令，即《各成员国就有关电磁兼容性的法律达成的共识》（编号为 89/336/EEC）。该指令自 1992 年开始试行，并作为法规经过 4 年过渡期，于 1996 年 1 月 1 日起进入实质性实施阶段。按该指令的规定，所有电子、电气产品须经过 EMC 性能的认证，其 EMC 指标合格与否更成为欧共体市场准入或市场流通的必要备件。该指令的目的在于消除成员国在 EMC 领域所存在的贸易壁垒，保证共同体内部的自由贸易；同时确保产品符合 EMC 要求，从而净化电磁环境，防止电磁干扰，此举在世界范围引起较大反响，EMC 已成为影响国际贸易的重要性能指标，各国政府也开始从商业贸易的角度考虑 EMC 问题，并纷纷采取措施加强 EMC 标准的制定和认证制度的建立与完善，以及有关法规的制定、贯彻和实施。

电磁兼容作为一门新兴的学科，其理论基础涉及数学、电磁场理论、电路基础、信号分析等学科与技术，其理论和应用研究始终在不断地发展。电磁兼容的理论研究主要由一些国立研究机构、较著名的大学和研究所承担，少数实力雄厚的大公司也只进行一些基础理论的研究。

电磁兼容理论的研究内容主要包括设备抗干扰措施的研究、设备的电磁兼容测试技术的研究、设备电磁发射控制措施的研究、电磁兼容防护元器件特性的研究、电磁兼容测试场地的研究以及电磁干扰机理分析研究等。解决电磁兼容等电磁问题的主要方法有基于传播空间离散化的微分方程方法和基于散射体表面或内部离散化的积分方程方法以及各种混合方法。微分方程方法能够得到稀疏阵，但求解区域远大于散射体本身，且场的传播在空间离散，从而造成空间色散误差。另外，由于只能在有限区域内计算，这就要求必须设置边界条件。积分方程方法通过求解散射体表面或体积内的感应电流来分析散射问题，不存在空间色散误差。微分方程方法往往比积分方程方法更容易实现求解任意复杂媒体环境下的电磁问题。对于均匀背景介质中的开放域问题，常常采用积分方程方法进行求解。对于单独利用微分方程方法和积分方程方法均难以求解的问题，往往采用混合方法分析。常见的积分方程方法有矩量法、体积分方程方法（VIEM），常见的微分方程方法有时域有限差分法（FDTD）、有限元法（FEM）、区域分解法（DDM）等。此外，基于上述方法的许多商业软件在 EMC 的分析与预测方面正发挥着越来越重要的作用。

1.9　电磁兼容的发展趋势

电磁兼容以及由此发展的方法、技术、理论、仪器设备、系统管理、试验环境等问题的研究一直是人们关注的热点。电磁兼容从最初发展到今天，已经成为一门综合性的新型学科，电磁兼容问题已经随同电磁能的广泛应用深入到了人类科学技术、生产、军事、生活的各个领域。应该说，目前人类享受到的高科技带给人们的各种效益，同人类几十年来在电磁兼容方面的研究所进行的努力是密不可分的。目前，许多电磁干扰问题仍在困扰、制约着人们的生产和生活，随着电子技术的迅猛发展，电磁兼容性问题也将越来越严重和复杂，也将越来越得到人们的重视和研究。在今后的发展中，电磁兼容有以下几个重要的发展趋势：

（1）设备或系统数据采集自动化。数据主要指在试验、鉴定、测试设备等方面获得的数据，以前表征单项电磁干扰参数，今后将向集成化参数发展，也就是用多种传感测试手段搜集、整理和处理这些数据。

（2）设备与系统评价技术的发展。由于电磁兼容技术是多维考虑、多样分析、多方位设置、多参数处理以及多机或多系统联合设计，所以不可能单以某一参数的好坏、某一性能指标的优劣来评价电磁兼容性。

（3）设计程序化与自动化。进行系统的电磁兼容性设计是一个复杂的过程，且其设计又必须依附于电子设备或系统本身的功能任务。当对电磁环境、电磁干扰、干扰控制系统研究达到一定的水平时，就可逐步实现设计程序化与自动化。

（4）电磁兼容教育的不断加强。电磁兼容是涉及多种学科的边缘学科，目前已经发展成为一门独立的学科。但电磁兼容教育还跟不上需要，世界各国包括工业发达的国家普遍感到电磁兼容专业人员不足。

（5）其他新技术的发展必将促进电磁兼容的发展。随着科学技术的不断发展，各种新技术的发展和应用将会对电磁兼容提出新的挑战。例如，先进材料特别是合成材料和聚合材料，由于其重量轻、易装配，正普遍应用于家用电器和电子设备上，但在缝隙和接口处很难维持良好的电联系，降低了屏蔽效能。用合成材料代替铝作飞机外壳，由于其导电能力较差，在遭受雷击时损坏严重。先进的半导体器件一方面增加了元件的密度，另一方面加快了运行的速度，并且实行低能量驱动，这都可能带来新的电磁兼容问题。

生物工艺学、医学设备和诊断学的发展有可能使人们对电磁场影响人体的机理获得更好的解释，一旦了解了电磁场的频率、功率等与生态效应的关系，就可以更安全有效地利用电磁能量。

习　题

1. 什么是电磁兼容和电磁兼容性？
2. 电磁干扰的危害有哪些？
3. 电磁兼容研究的内容有哪些？
4. 频谱管理的重要性何在？
5. 为什么要进行电磁兼容测试？
6. 电磁干扰的三要素是什么？
7. 简述电磁兼容的发展趋势。
8. 在电磁兼容领域中，为什么总用分贝的单位？10 V 是多少 dBV？

第二章　电磁干扰三要素

本章主要介绍产生电磁干扰必须具备三个要素，即电磁干扰源的特性、传输途径及电磁敏感性现象和标准。

2.1　电磁干扰源

电磁干扰源是产生电磁干扰的三要素之一，通常将它分成若干类。按干扰源的来源可分为自然干扰源和人为干扰源；按电磁耦合途径可分为传导干扰源和辐射干扰源；按传输的频带可分为窄带干扰源和宽带干扰源；按干扰波形可分为连续波、周期脉冲波和非周期脉冲波。

2.1.1　自然干扰源

自然干扰源主要有两类：大气干扰和宇宙干扰。

大气干扰主要是由夏季本地雷电和冬季热带地区雷电产生的。全世界平均每秒钟发生100次左右的雷电。雷电是一连串的干扰脉冲，它从极低频至50 MHz都有能量分布，主要能量分布在100 kHz左右，高频分量随$1/f^2$衰减。

除了雷电引起的大气干扰外，沙暴和尘暴也属于大气干扰的类型，带电尘粒与导电表面或介质表面相撞后，交换电荷形成电晕放电。

宇宙干扰包括太空背景噪声、太阳无线电噪声以及月亮、木星等发射的无线电噪声。太空背景噪声是由电离层和各种射线组所组成，在20 MHz～500 MHz的频率范围内，宇宙噪声的影响相当大。这些噪声会使航天飞行器产生一些随机失效或异常现象，还可能造成通信和遥测中断。

太阳无线电噪声随着太阳的活动，特别是黑子的发生而显著增加。另外，太阳雀斑也是太阳噪声源的重要形式。1981年5月，南京紫金山天文台观察到两次奇异的三级双带雀斑，当雀斑发展到极大时，导致全球无线电通信中断两个小时。

2.1.2　人为干扰源

人为干扰源包括了各种电子设备和系统，从我们熟悉的电视接收机到尖端的通信系统。人为干扰源可以分为两类：一类是非功能性干扰源，如电源线、电力线、旋转机械、点火系统等；另一类是功能性干扰源，如雷达、通信设施及其辅助设备。一般情况下，人为电磁干扰源比自然干扰源发射的强度大，对电磁环境的影响严重。

1. 电力线干扰源

电力线是潜在的辐射电磁干扰源，它的干扰通常是随机的，并包含低电平和高电平。例如，电力传输线上的阻抗不连续点、分布变压器、开关和功率因数校正装置等就是低电平干扰源；而高电平干扰源则包括负载短路、雷电放电感应等。这些高、低电平干扰将脉冲形式的干扰馈入电力线，并经电力线以辐射和传导的方式传输到与电力线连接或在电力线附近的电子设备。高压电力线的电晕放电是一种准随机的高电平干扰源，这在雨天或潮湿天气中尤为严重。

电力线的干扰辐射效应通常局限在电力线附近的区域；辐射的分量与频率成反比。电力线上的干扰可以传导方式传输至更远距离。传导的电力线干扰与传输线的衰减特性有关，并在低中频率范围内尤为严重，只有在与干扰源邻近的地方，传导干扰的高频分量才较为突出。

2. 电源线传导干扰源

当许多设备公用一个电源时，相互之间是很容易干扰的，称之为电源线传导干扰，它与电力线干扰有一定的区别。例如，一台计算机和大功率设备共用电源时，当启动或关闭大功率设备时，会在电源线上产生尖峰脉冲，这种脉冲极可能使计算机出错甚至损坏。电源线本来一般只是输送 50 Hz 交流电的，但是由于连接设备的电磁干扰，往往使电源线上的电流很不纯净。图 2.1-1 所示为在 10 所医院测得的交流电源线上的传导干扰值。

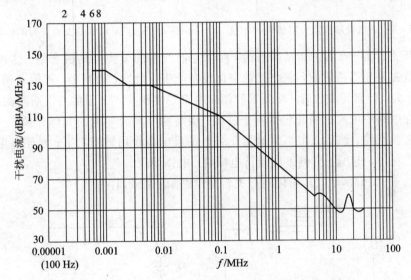

图 2.1-1　在 10 所医院测得的交流电源线上的传导干扰

由电源线产生的传导干扰，最严重的干扰源是转换开关、继电器、发电机和电动机等装置。图 2.1-2～图 2.1-4 示出了开关、继电器通断时的干扰波形和测得的干扰电平。

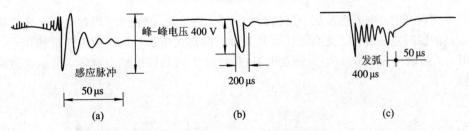

图 2.1-2　典型的开关转换瞬态波形
（a）乒乓开关所产生的电磁干扰；（b）电子开关所产生的电磁干扰；（c）六级继电器断开时的电磁干扰

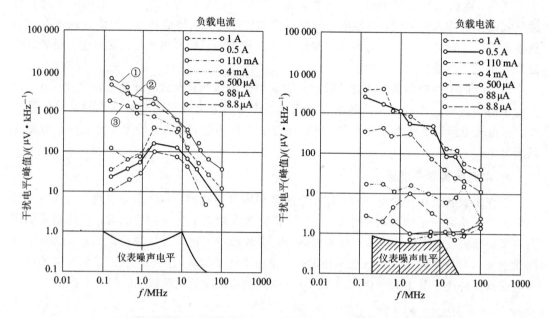

图 2.1-3　继电器触点闭合时的传导干扰　　图 2.1-4　继电器触发点开时的传导干扰

由于开关、继电器的工作是瞬态的，所以它们产生的干扰也是瞬态的。这种干扰对数字电路的危害是相当严重的，它能使数字化设备产生假触发、假判断、逻辑或循环出错。

(1) 开关。任何开关装置，在断开和闭合时都产生瞬变，在正常工作期间会出现电弧。这是因为在电路中电流的中断包括两个过程：被高度电离后导电的气体介质——电弧，代替了部分金属线路，然后该电弧对被置于强烈的反电离作用影响之下；当储存电路电感中的能量被消耗掉，电压下降到不能维持电弧时，电弧熄灭。

如图 2.1-5(a)所示，其简化的开关转换电路示于图 2.1-5(b)中。

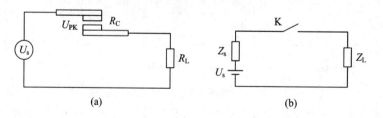

图 2.1-5　开关触点断开示意

当开关断开时，电流迅速从一定值减小到零，由于 $\mathrm{d}i/\mathrm{d}t$ 很大，因此电路电感两端产生幅值很高的瞬时电压脉冲。此高电压使开关触点间形成电弧，从而使电流继续流动。若触点断开时，接触电导 $1/R_\mathrm{c}$（R_c 为触点电阻）在时间 T 内线性地减少到零，则触点两端的峰值电压

$$U_{\mathrm{PK}} = \frac{U}{1 - \dfrac{L}{R_\mathrm{c}T}} \tag{2.1.1}$$

式中，T 为触点转换时间，L 为回路电感。

对典型电路来说，T 大于且近似等于 L/R_c，所以 U_{PK} 可能比 U 大得多，从而击穿触点间空气介质，形成电弧。

当开关闭合时，会在负载阻抗两端产生电压或使电流流过负载，如果回路中是纯电阻，其电压（电流）幅度波形是阶跃函数。而对于图 2.1-5 所示的电路，负载两端的电压

$$U(t) = U\left[1 - \exp\left(-\frac{t}{T}\right)\right] \tag{2.1.2}$$

式中：U 为终止电压；T 为电路的时间常数，且 $T = L/R_c$，其波形为一上升指数函数。T 越小，上升越快，就越近似于阶跃函数，其频谱幅值 $S(f)$ 可用下式求出：

$$S(f) = \frac{U}{2\pi f \left[(2\pi f T)^2 + 1\right]^{1/2}} \tag{2.1.3}$$

显然，当 $2\pi f T \ll 1$ 时，频谱就成为阶跃函数的频谱。图 2.1-6 为式(2.1.3)的波形图。

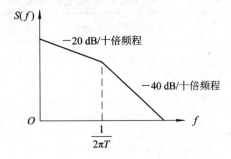

图 2.1-6　式(2.1.3)的幅频特性

当开关闭合时，触点要反跳几次后才能闭合，电流的迅速变化不只是一次，整个瞬态电压实际是一群脉冲组成的。一般说来，其反跳和开关断开时电弧发生的间隔时间为几毫秒，电压尖峰的持续时间为几微秒。

（2）继电器。继电器是在自动控制中用得很多的一种开关器件。它是一种回路中有线圈电感的触点开关，因此上面的分析完全适用于继电器。

通常假定，在所考虑的时间内，回路的电感不变。因此，穿过电感回路的电流，在理论上不能突变，在实际上甚至不能接近突变。在系统或设备中，开关控制着一个或多个回路的复合电感的通、断。每一次通、断都伴随着迅速的电流浪涌以及高压浪涌，实际上发生过几百伏的浪涌电压。假定回路中电容器两端的电压不能突变，但这仅当连接到一个节点的总电容保持不变时是正确的。而当电容接入电路或从电路断开时，电容两端以及接到此节点的其他元件两端的电压会发生变化，不能突变的是在一个节点上的总电荷。

用高速示波器测量继电器产生的干扰，可以得出如下结论：

第一，当继电器的线圈通、断电流时，在开始的几微秒内，不改变瞬态的形式。这表明，在此短间隔内，分布电容使线圈有效地短路，它是引起干扰瞬态的原因之一。

第二，典型的继电器线圈的电感与分布电容的比很大，这样，当电流截断时，继电器线圈周围的磁场消失，产生具有陡峭波前的大幅度浪涌电压。当电路闭合时，线圈两端的电压很快上升到供电电压的 7/10；而当电路断开时，大约在 $3~\mu s$ 内，电压上升到近似为电源电压的 100 倍，然后按线圈电感、分布电容和电阻所决定的速率下降到零。特别要指出，继电器的浪涌电压具有陡峭的波前，它能对大范围内调谐的接收机产生强烈冲击和激励。

第三，除了水银开关以外，触点开关均呈现机械弹性震颤。当开关闭合时，它引起电流的重复闭合和断开，这时所产生的瞬态，比起断开时所产生的瞬态具有更长的持续时间，而且干扰也更严重。

第四，除了机械弹性的瞬变之外，还会产生电路的迅速闭合与中断。这种瞬变具有更快的速率，其波形也比较陡峭，对邻近的电子电路会产生无线电干扰。

从图2.1-3可以看出，继电器线圈电路闭合时，除电流很小外，传导干扰电平与电流强度成正比。当电流较大时（图中①②③曲线），频谱曲线随频率上升，有可能是触点电路的负载电阻增大使电路电感的阻尼减少引起的。图2.1-4是继电器断开时产生的传导干扰频谱图。

表2.1.1列出了各种用途的继电器和电磁线圈控制的元器件的干扰频率范围。

表 2.1.1　电磁开关的电磁干扰频率范围

开关类型	电磁干扰频率范围	干扰形式
电源自锁继电器	15 kHz～400 kHz	辐射
	1 MHz～25 MHz	传导（线圈电路）
	30 kHz～25 MHz	传导（触点电路）
转换继电器	130 kHz～60 MHz	辐射
	600 kHz～60 MHz	振荡、传导（线圈电路）
	87 kHz～150 kHz	振荡、传导（线圈电路）
电磁阀	1 kHz～8 kHz	传导
电源接触器	150 kHz～25 MHz	传导
线圈控制的同轴开关	150 kHz	振荡、传导（线圈线路）

3. 点火系统干扰源

发动机点火是最强的宽带干扰源之一。产生干扰最主要的原因仍是电流的突变和电弧现象。点火时产生波形前沿陡峭的火花电流脉冲群和电弧，火花电流峰值可达几千安，并且具有振荡性质，振荡频率为20 kHz～1 MHz，其频谱包括基波及其谐波，一直延伸到X波段。点火噪声干扰场对环境影响很大，下面以机动车辆点火噪声为例加以说明。

机动车辆点火噪声在100 MHz以下时，往往是垂直极化的，其电平服从正态分布，干扰最强的频段在10 MHz～100 MHz。机动车辆点火系统噪声的数学模型为

$$L_E = 34 + 10 \lg B + 17 \lg C - 20 \lg R - 10 \lg F \qquad (2.1.4)$$

式中：L_E 为中值场强，概率为50%(dBμV/m)；B 为测量接收机通带(kHz)；C 为车辆频度（车次/分）；R 为测量接收机离马路的距离(m)；F 为频率(Hz)。

由上式可以看出，点火系统噪声的干扰场强是与交通车辆频度有关的，车辆频度增加，噪声场强随之增加。

4. 功能干扰源

当系统中一部分的正常工作直接干扰另一部分正常工作时，就产生功能干扰。在人为的电磁干扰源中，射频发射机是最常见和最典型的功能性干扰源。对发射机来讲，由于不能按设计产生、放大和调制纯净的工作频率，因而会产生电磁干扰。射频发射机和雷达的射频载波的产生和调制都是由非线性装置完成的，这是产生工作频率以外的频率分量的重要原因。谐波分量通常随发射机、振荡幅度和负载而增加。调制过程中的非线性也能产生非期望的频率分量。若没有足够的滤波衰减，这些分量会经天线辐射出来。

射频加热器就是射频发射机的一种典型应用。射频加热器主要有感应加热器和介质加热器。感应加热器主要用于锻造、淬火、焊接和退火等工艺，其基本频率是 1 kHz～1 MHz；而介质加热器专用于塑料封装，其基本工作频率为 13 MHz～5.8 GHz。这两种 RF 加热器大体上为窄带干扰源，但是谐波可以高达 9 次以上。

RF 加热器的功率虽然强大，但只要进行良好的 EMC 控制，其电磁干扰是不足为害的。例如，英国曾经对 12 个月内 35 434 份关于干扰无线电通信的投诉书进行过粗略的调查。其中，143 份是控告工业、科学和医疗设备的，11 份是控告医学仪器的，66 份是控告没有调到指定频率的 RF 装置，但没有一份是控告感应加热器或介质加热器的。

5. 其他人为干扰源

除了上面谈到的人为干扰源外，还存在另外一些人为干扰源。可以毫不夸张地说，随着科学技术的发展，每一个电子产品的问世，都可能成为新的人为干扰源。

现代医学中越来越多地使用电子仪器帮助医生做出诊断，所以医院内的各种电子仪器设备都是潜在的人为干扰源，电磁干扰的问题也就与日俱增。

荧光灯和气体放电管也是一种人为干扰源。它们产生的脉冲无线电噪声的特性类似于电力输电线噪声。它产生的干扰虽然不大，但对于电磁屏蔽室这种环境是不行的，所以屏蔽室内应避免使用荧光灯照明，而是使用白炽灯。

随着人们生活水平的提高，微波炉已经进入了城市居民的家庭，一般微波炉的工作频率为 2450 MHz，微波炉在设计时尽可能保证最小的能量泄漏，因此从微波炉中泄漏出来的能量一般很小，国际标准规定泄漏能量密度不得大于 5 mW/cm²，我国一些生产厂家的出厂技术要求控制在国际标准的 1/5 以下，对人体是没什么危害的。当然，如果设计不好，或者炉门封不严，微波炉的泄漏就是不可忽视的一个干扰源。

以上所述的人为干扰源，都是希望把电磁能只集中在工作的局部区域。但另外一种辐射源却相反，它的目的是有意将电磁能辐射到空间，在一定范围或一定方向上辐射规定的能量。这就是广播、电视、无线通信和雷达等发射机的工作目的。按照工作的目的不同，每一种发射机应该在一定距离和方向上只发射有用的频率。但事实上很难做到这一点，在发射有用频率的同时，总要附加一些寄生和谐波频率。这些寄生频率和谐波频率就会对其他设备产生电磁干扰。

2.1.3 电磁环境与电磁污染

自然电磁过程，从其一开始产生就在宇宙中有了发展，并构成了地球环境的一个基本要素——电磁环境。

在无线电发展的初期，人们并没有电磁环境这样的概念。那时，人们对环境的认识仅限于自然环境（包括空气、水、土地、建筑等）。随着科学技术的发展，人类越来越多地应用无线电技术，制造了各种电子、电气产品，使人为电磁的干扰源变得越来越多，直到对无线电通信产生有害影响时，人们才意识到电磁环境的存在。因为人类生存在这样一个电磁环境中，谁也无法摆脱电磁波的影响，电视、广播、无线电通信已成为人们生活中必不可少的一个组成部分。

图 2.1-7 所示为美国 10 所医院测得的综合电磁环境情况，图 2.1-8 所示为国外 14 个不同厂区的工业、科学和医疗设备生产的电磁干扰电平，图 2.1-9 所示为电力输电线的电磁干扰情况。

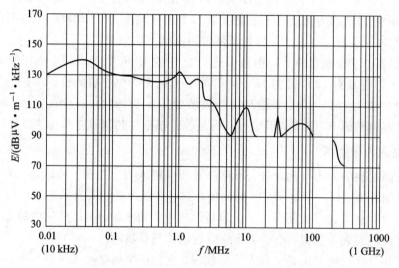

图 2.1-7　美国 10 所医院的综合电磁环境电平

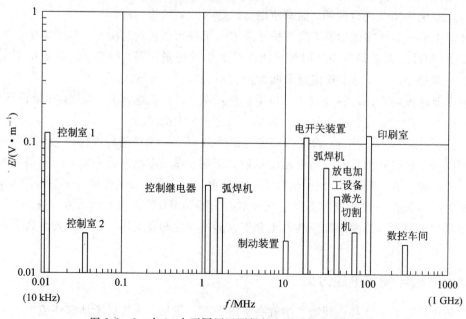

图 2.1-8　在 14 个不同厂区测得的电磁干扰最大场强值

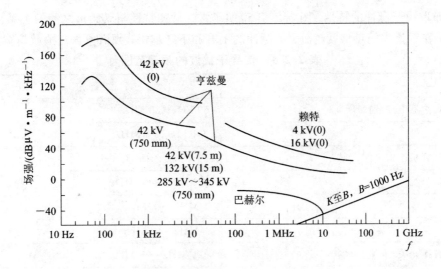

图 2.1-9　电力输电线的电磁干扰频谱

可以看出，电磁污染虽然像电磁波一样看不见、摸不着，但却是实实在在地存在着，它对人类的生活必定会带来不同程度的危害。所以环境保护不应局限于对空气、水等自然环境的保护，还应包括对电磁环境的保护。

2.2　电磁干扰的传输途径

电磁干扰的传输形式与电磁能量的传输形式基本相同，通常分为两大类，即传导干扰和辐射干扰。通过导体传播的电磁干扰叫做传导干扰，其耦合形式有电耦合、磁耦合和电磁耦合；通过空间传播的干扰叫做辐射干扰，其耦合形式有近场感应耦合（近场磁感应和近场电感应）和远场感应耦合。系统间的辐射耦合主要是远场辐射耦合，而系统内的辐射耦合主要是近场辐射耦合。此外，还有辐射与传导同时存在的复合干扰。

本节对传导干扰和辐射干扰的一般性质进行分析，并给出一些干扰的实例和计算。

2.2.1　传导干扰

1. 传导干扰波的一般性质

传导干扰波的一般性质有频谱、幅度、波形和出现率。

1）频谱

多数电子设备都具有从最低可测到的频率一直伸展到 1 GHz 以上的传导频谱，低频时按集总参数电路处理，高频时则按分布参数电路处理。当频率再高时，由于导体损耗以及分布电感、分布电容的作用，传导电流大为衰减，因而干扰波更趋向于辐射干扰波，表2.2.1 给出了一些传导干扰源的频谱范围。

传导干扰频谱又可分为窄带干扰和宽带干扰。所谓窄带干扰，是指带宽只有几十赫兹到几百赫兹。例如，调幅（AM）、调频（FM）、单边带发射机（SSB）的单工无线电系统、基本电源（50 Hz 和 400 Hz）等都是窄带干扰。所谓宽带干扰，是指带宽分布在几十到几百兆赫甚至更宽的频带范围内。这种干扰通常是由上升时间和下降时间很短的窄脉冲形成的，其频谱分布取决于脉冲的特性。图2.2-1说明了雷达脉冲特性与其频谱之间的关系。脉冲周期越短，在频谱中能量谱就越分散；脉冲的上升和下降越快，频谱覆盖范围就越宽。

表2.2.1 传导干扰波的频谱范围

干 扰 源	频谱范围
加热器电路(通断周期)	50 kHz～25 MHz
荧光灯	0.1 MHz～3 MHz
计算机逻辑组件	50 kHz～20 MHz
信号线	0.1 MHz～25 MHz
电源线	1 MHz～25 MHz
多路通信设备	1 MHz～10 MHz
转换开关	0.1 MHz～25 MHz
电源开关电路	0.5 MHz～25 MHz
功率转换控制器	50 kHz～25 MHz
磁铁电枢	2 MHz～4 MHz
电晕放电	0.1 MHz～10 MHz
真空吸尘器	0.1 MHz～1 MHz

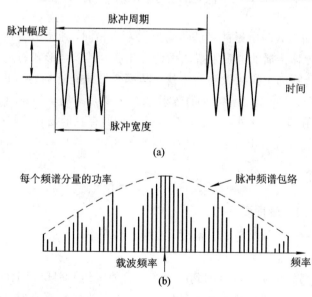

图2.2-1 雷达脉冲及其频谱

2）幅度

干扰幅度可表现为多种形式，除了用不同型号的幅度分布(即概率，它是确定的幅度值出现次数的百分率)表示外，还可用正弦的(具有确定的幅度分布)或"随机的"概念来说明干扰的性质。随机简单地说，就是未来值不能确定地预测。例如：随机噪声可能是一种冲击噪声，它们是一些在时间上明显地分开的、稀疏的且前后很陡的脉冲；也可能是热噪声，它们是彼此重叠的、多次发生的且在时间上不易分开的密集脉冲。这些密集脉冲在幅度性质上是不易确定的干扰。典型的代表是热噪声和冲击噪声。

热噪声即约翰逊噪声，如用 x 表示噪声电压或电流，它具有高斯分布的幅度概率，可表示为

$$P(x) = \left[\frac{1}{\sigma(2\pi)^{1/2}} \right] \exp\left(\frac{-x^2}{2\sigma^2} \right) \tag{2.2.1}$$

式中：$P(x)$ 为瞬时幅度为 x 的概率；σ 为归一化偏差，即噪声的均方根值。

一般情况下，热噪声的电压或电流的峰值或平均值都正比于检测设备的带宽 B。不受带宽限制的热噪声称为白噪声。

冲击噪声的电流或电压峰值正比于频带 B，但其平均值则与频带无关。内燃机点火系统、充气管发电等都产生冲击噪声。另外，许多噪声是由热噪声和冲击噪声混合而成的，所以，它们的带宽特性在介于两者之间。

3）波形

电气干扰有各种不同的波形，如矩形波、三角波、余弦形波、高斯形波等。由于波形是决定带宽的重要因素，设计者应很好地控制波形。为了保持事件的定时准确度或保证某种形式的准确动作，有时需要上升很陡的波形。然而，上升斜率越陡，所占的带宽就越宽。通常脉冲下的面积决定了频谱中的低频含量，而其高频含量与脉冲沿的陡度有关。在所有脉冲中，高斯脉冲占有的频谱最窄。

4）出现率

干扰信号在时间轴上出现的规律称为出现率。按出现率把电函数分为周期性、非周期性和随机的三种类型。周期性函数是指在确定的时间间隔（称为周期）内能重复出现的；非周期性函数则是不重复的，即没有周期，但出现是确定的，而且是可以预测的；随机函数则是以不能预测的方式变化的电函数，即它的表现特性是没有规律的。随机函数的定义允许限定其幅度或频率成分，但要防止用时间函数来分析、描述它。

2. 传导干扰传输线路的性质

传导干扰主要靠传输线路的电流和电压而起作用，因而传输线路在不同频率下所呈现的性质不同，处理方法也有所差异。

1）低频域传输线路

低频域是指传输线路的几何长度 l 远远小于工作波长 λ，即 $l \ll \lambda$，亦即微波技术中所说的短线，电压、电流仅随时间改变，可以作为集总参数来处理。

在数字电路中，将传输的脉冲按其宽度分为窄脉冲和宽脉冲。前者必须考虑由线路阻抗而产生的电压下降，以及由于线路间的寄生电路而产生的波形变钝等现象；后者还必须考虑传输时间的滞后，以及线路反射等问题。只有在脉冲宽度 Δt 远远小于线路内的传输时间的情况下，才能作为低频处理，即

$$l \ll v\Delta t \tag{2.2.2}$$

式中，l 为传输线的几何长度，v 为波的传输速度，Δt 为脉冲宽度。

当式（2.2.2）得到满足时，即为满足低频处理的条件。

2）低频域的集总参数电路

低频时的等效电路如图 2.2-2 所示，分布在整个线路的寄生电容集中在一个地方，用

C_L 表示，往复线路的电阻接在回路之中。接收端电压 U_r 的大小有如下三种情况。

（1）正弦波。考虑到 $\dfrac{1}{\omega C_L} \gg \dfrac{(R_s + R_L)(R_r + R_L)}{R_s + R_r + 2R_L}$，可得

$$U_r = U_R \sin\omega t = \frac{R_r}{R_s + 2R_L + R_r} U_s \sin(\omega t - \varphi) \tag{2.2.3}$$

$$\varphi = \arctan\left[\omega C_L \frac{(R_s + R_L)(R_r + R_L)}{R_r + R_s + 2R_L}\right] \tag{2.2.4}$$

（2）脉冲前沿，即

$$U_{r1} = \frac{R_r}{R_s + R_r + 2R_L} U_s (1 - e^{-t/\tau}) \tag{2.2.5}$$

$$\tau = C_L \left[\frac{(R_s + R_L)(R_L + R_r)}{R_r + R_s + 2R_L}\right] \tag{2.2.6}$$

这里，用 U_{r1} 表示接收端电压，以示与正弦波时的区别。

（3）脉冲后沿，即

$$U_{r2} = \frac{R_r}{R_s + R_r + 2R_1} U_s e^{-t/\tau} \tag{2.2.7}$$

τ 的表示式与脉冲前沿时相同，即式(2.2.6)。

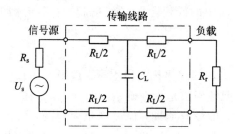

图 2.2-2　集总参数等效电路

当线路阻抗 R_L 很小时，接收端电压 U_r 则由电源阻抗 R_s 和负载阻抗 R_r 来决定。从负载看进去的干扰阻抗，大致同干扰发生源的阻抗 R_s 相等，则可认为与线路阻抗特性无关。

3）高频域的分布参数电路

当线路的几何长度 l 大致与工作波长可比拟时，线路应看做分布参数电路，这时的传输线称为长线。线路的特性主要取决于分布电感 L 和分布电容 C，其中最主要的参数为线路传输波的速度 v 和线路的特性阻抗 Z_c。它们与 L、C 的关系为

$$v = \frac{1}{\sqrt{LC}} \tag{2.2.8}$$

$$Z_c = \sqrt{\frac{L}{C}} \tag{2.2.9}$$

由上述可见，波的传输速率 v 和线的特性阻抗 Z_c 只与分布参数 L、C 有关，亦即仅与传输线的尺寸及周围的媒质有关。常用的传输线有双导线和同轴线，它们在空气中的特性阻抗和波速分别为

双导线时，

$$v = c \tag{2.2.10}$$

$$Z_c = 120 \ln \frac{d}{r} \qquad (2.2.11)$$

同轴线时，

$$v = c \qquad (2.2.12)$$

$$Z_c = 60 \ln \frac{R}{r} \qquad (2.2.13)$$

式中：c 代表光速；式(2.2.11)中的 d 为双导线轴心的间距，r 为导线半径；式(2.2.13)中的 R 为同轴线外导体半径，r 为内导体半径。

特性阻抗的另一种定义是传输线上行波电压与行波电流之比，或入射电压与入射电流之比。行波即没有反射波。但一般情况下，反射波总是存在的，线上传输的是行驻波，当电磁波被全反射时，则传输驻波。所以，传输线上的电压是入射波电压与反射波电压的叠加，电流也是如此。传输线上任一点的输入阻抗 Z_{in} 就是该点的电压与电流之比，当线无耗时，有

$$Z_{in} = Z_c \frac{Z_L + jZ_c \tan\beta l}{Z_c + jZ_L \tan\beta l} \qquad (2.2.14)$$

式中，$\beta = 2\pi/\lambda$，λ 为传输波长；Z_L 为负载阻抗；l 为负载阻抗至输入点传输线的长度。

可见，高频时，线路的输入阻抗是线路电长度 l/λ 的函数。特别地，当线路终端短路（$Z_L = 0$）时，式(2.2.14)变为

$$Z_{in} = jZ_c \tan\beta l = jZ_c \tan\left(2\pi \frac{l}{\lambda}\right) \qquad (2.2.15)$$

当终端开路（$Z_L = \infty$）时，式(2.2.14)变为

$$Z_{in} = -jZ_c \cot\beta l = -jZ_c \cot\left(2\pi \frac{l}{\lambda}\right) \qquad (2.2.16)$$

仔细观察式(2.2.15)可以发现，终端短路时，沿传输线上各点的输入阻抗呈正切规律变化，且具有周期性，在距负载 $\lambda/2$、λ、$3\lambda/2$ 等处的输入阻抗均为零，在距负载 $\lambda/4$、$3\lambda/4$ 等处的输入阻抗为无穷大。阻抗的这种变化必定会引起沿线电压和电流的变化。根据电压、电流与阻抗的关系，可知当阻抗为零时，电流最大，电压最小；当阻抗为无穷大时，电流为零，电压最大。线上阻抗、电压、电流都是沿线发生变化的。在处理高频线路时，一定要注意这一点。

4）线间电压和对地电压，共模干扰与异模干扰

传输电磁干扰的导线多像电灯线或电话线那样，采取平行成对的形式处理这种情况的导线干扰。如图 2.2-3 所示，把线路分为两个分量，一个是两根导线间所产生的线间分量，另一个是线路对地间产生的对地分量。分开讨论的原因主要是，两者之间传输回路的阻抗特性不同，因此称这种情况下的电压为线间电压和对地电压。其中，信号源线间电压和两导线间负

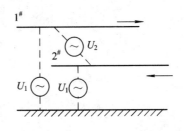

图 2.2-3　平行成对线

载所构成的回路，属于线间回路；而导线或单线对地电压，以及对地导线所构成的回路，属于对地回路。

共模干扰（common-mode interference）是指两导线上的干扰电流振幅相差甚小，而相位相同；异模干扰（differential-mode interference）指的是两导线上的干扰电流振幅相等，

而相位相反。

在导线上被感应的电磁干扰,除了被感应产生的电动势外,对于对地回路来说,还应增加一项接地点间的大地电位差引起的共模干扰电压;而对线间回路来说,还应在电源或信号源电压上叠加一项异模干扰电压,即

对地电压:

$$U_{\mathrm{L}} = U_1 + U_{\mathrm{c}} \tag{2.2.17}$$

线间电压:

$$U_{\mathrm{M}} = U_2 + U_{\mathrm{d}} \tag{2.2.18}$$

式中,U_1 为原对地电压,U_{c} 为由对地回路地电位差引起的共模干扰电压,U_2 为原信号源电压,U_{d} 为由线间回路受干扰引起的异模干扰电压。

将电磁干扰分解成两个分量的分析方法,不仅适用于传输线路,还适用于电子装置的内部回路。

3. 传导干扰电耦合途径

电耦合包含两种耦合形式:一种是由两个回路经公共阻抗耦合而产生的电路性干扰,干扰量是电流 i,或变化的电流 $\mathrm{d}i/\mathrm{d}t$;另一种是由在干扰源与干扰对象之间存在的分布电容而产生的电容性干扰,干扰量是变化的电场,即变化的电压 $\mathrm{d}u/\mathrm{d}t$。

1) 电路性干扰的物理模型

电路性干扰的产生至少存在两个相互耦合的电流回路,其电流全部或部分地在公共阻抗中流过。因此反映电路性干扰的物理模型的典型代表如图 2.2-4 所示。

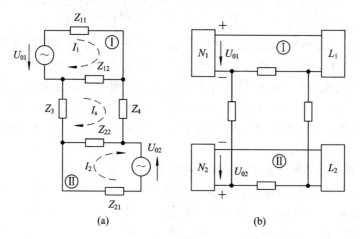

图 2.2-4 电路性干扰的物理模型

在每一个电流回路中流过的电流是该回路本身的电流与另一相耦合的电路在其中产生的电流总和。

由图 2.2-4 所见,当 $U_{02}=0$ 时,由 U_{01} 产生的有效电流为

$$I_1 = \cfrac{U_{01}}{Z_{11} + \cfrac{Z_{12}\left(Z_3 + Z_4 + \cfrac{Z_{21}Z_{22}}{Z_{21}+Z_{22}}\right)}{Z_{12} + Z_3 + Z_4 + \cfrac{Z_{21}Z_{22}}{Z_{21}+Z_{22}}}} \tag{2.2.19}$$

U_{02}经阻抗 Z_3、Z_4 在回路 1 中产生的干扰电流为

$$I_s = U_{02} \frac{Z_{22}}{Z_{21}Z_{22} + \left[(Z_{21} + Z_{22})\left(Z_3 + Z_4 + \frac{Z_{11}Z_{12}}{Z_{11} + Z_{12}}\right) \right]} \qquad (2.2.20)$$

当电压、电流的方向如图 2.2-4 所示时，在阻抗 Z_{11} 上，I_s 的一部分与 I_1 同相，在 Z_{12} 上则与 I_1 反相。

通过 Z_{12} 的电流为

$$I_{12} = I_1 \frac{Z_3 + Z_4 + \frac{Z_{21}Z_{22}}{Z_{21} + Z_{22}}}{Z_{12} + Z_3 + Z_4 + \frac{Z_{21}Z_{22}}{Z_{21} + Z_{22}}} - I_s \frac{Z_{11}}{Z_{21} + Z_{22}} \qquad (2.2.21)$$

式中，第一项是有效电流的一部分，第二项是干扰电流的一部分。

干扰电流的一部分在被干扰回路的阻抗 Z_{11} 和 Z_{12} 上产生的干扰电压分别为

$$U_{s11} = Z_{11} I_s \frac{Z_{12}}{Z_{11} + Z_{12}} \qquad (2.2.22)$$

$$U_{s12} = Z_{12} I_s \frac{Z_{11}}{Z_{11} + Z_{12}} \qquad (2.2.23)$$

在给定的工作频率范围内，如果干扰电流或干扰电压足够大，以至超过了干扰对象的敏感门限区，便会出现干扰效应，产生不良后果。

特别地，当 Z_3、Z_4 为零时，就成为一个特殊情况。如图 2.2-5 所示，这种情况用得很多，当多个电流回路共用一根导线时便会出现这种情况。例如，公共电源耦合电路或公共接地阻抗耦合电路，如图 2.2-6 和图 2.2-7 所示。

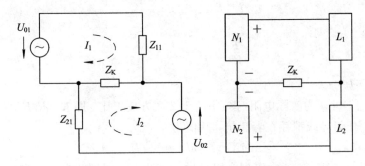

图 2.2-5　$Z_3 = 0$、$Z_4 = 0$ 时的电路模型

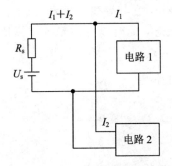

图 2.2-6　公共电源耦合电路

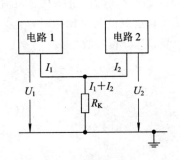

图 2.2-7　公共接地耦合阻抗电路

对于图 2.2-5 可作如下分析：

信号量是电流时，如果干扰电流通过 Z_{11} 的一部分达到或超过了对象的敏感区门限，则会产生干扰作用。Z_{11} 的电流是有效电流和部分干扰电流的总和，即

$$I_{11} = \frac{U_{01}}{Z_{11} + \dfrac{Z_\text{K} Z_{21}}{Z_\text{K} + Z_{21}}} + \frac{U_{02} Z_\text{K}}{Z_\text{K} Z_{21} + Z_{11} Z_{21} + Z_\text{K} Z_{11}} \tag{2.2.24}$$

信号量是电压时，如果 Z_K 上的干扰电压（计有效电压叠加）达到或超过了对象的敏感门限区，也将出现干扰作用。

阻抗 Z_K 上的干扰电压降为

$$U_{s\text{K}} = I_2 \frac{Z_\text{K} Z_{11}}{Z_\text{K} + Z_{11}} \tag{2.2.25}$$

显而易见，当耦合阻抗 Z_K 趋于零时，通过 Z_{11} 的干扰电流和 Z_K 上的干扰电压 $U_{s\text{K}}$ 均将消失。此时，在有效电流电路与干扰电流电路间即使存在电气连接，它们也不再互相干扰。这种情况称为电路去耦。

2）电路性干扰抑制方法简介

为了抑制电路干扰，首先必须对电流回路的阻抗，特别是耦合阻抗的特性有所了解，耦合阻抗包括电阻、感抗和容抗。

（1）电阻。设 R 为与频率有关的电阻，R_0 为直流电阻，f 为频率，r 为导线半径，σ 为导线电导率，μ 为导线导磁率，则实际电阻的相对值为

低频时（$x < 1$），

$$\frac{R}{R_0} = 1 + \frac{x^4}{3} \tag{2.2.26a}$$

高频时（$x > 1$），

$$\frac{R}{R_0} = x + \frac{1}{4} + \frac{3}{64x} \tag{2.2.26b}$$

式中，$x = 0.5 r \pi f \sigma \mu$。

近似计算时，可认为实际电阻与频率的 1/2 次方成正比，即 $R \approx R_0 K \sqrt{f}$。

（2）感抗。任何导线都存在着感抗，其值为

$$jX_\text{L} = j\omega L = j2\pi f L \tag{2.2.27}$$

式中，L 为导线的自感，它通常以耦合阻抗的形式出现，同别的电流回路发生电路耦合并产生干扰。一根导线的内自感在直流时为 $0.05\ \text{mH/km}$，它与导线直径无关。

当导线长度与波长可比拟时，宜采用分布参数概念，此时以特性阻抗计算比较恰当。对于双导线，其分布参数为

$$L_1 = \frac{\mu_\text{r} \mu_0}{\pi} \ln \frac{2D}{d} \ \ (\text{H/m}) \tag{2.2.28}$$

$$C_1 = \frac{\pi \varepsilon_0 \varepsilon_\text{r}}{\ln \dfrac{2D}{d}} \ \ (\text{F/m}) \tag{2.2.29}$$

$$R_1 = \frac{2 \times 1.46}{d \sqrt{\lambda}} \ \ (\Omega/\text{m}) \tag{2.2.30}$$

式中，D 为双导线中心距离，d 为导线直径，ε_r 为相对介电常数，μ_r 为相对磁导率，L_1、

C_1、R_1 分别为单位长度的量值，ε_0、μ_0 分别为真空中的介电常数和磁导率。

通常所用的普通柜式布线中，导线的电感为 1 μH/m 的量级。

设有一驱动电路，使 1 μs 内电流由 0 升至 600 mA，则在一根 1 m 长的供电线上产生的电压降为

$$U = L \frac{\Delta i}{\Delta t} \tag{2.2.31}$$

式中，L 为导线单位长电感，代入数据得

$$U = 1\ \text{m} \times 1\ \mu\text{H/m} \times 600\ \text{mA/}\mu\text{s} = 600\ \text{mV} = 0.6\ \text{V}$$

图 2.2-8 和图 2.2-9 所示分别是电阻和感抗与频率的关系。

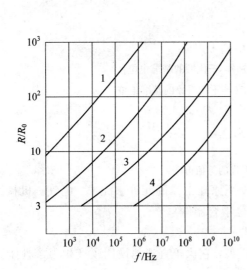

1—$r=100$ mm；2—$r=10$ mm；
3—$r=1$ mm；4—$r=0.1$ mm

图 2.2-8　相对电阻与频率的关系

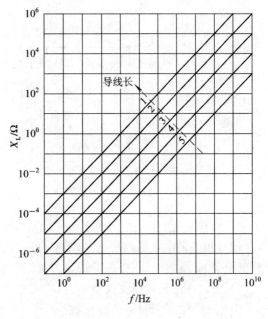

1—导线长 100 m；2—导线长 10 m；3—导线长 1 m；
4—导线长 0.4 m；5—导线长 0.001 m

导线半径—毫米量级；导线间距—厘米量级

图 2.2-9　导线感抗与频率的关系

（3）容抗。容抗的表示式为

$$jX_C = \frac{1}{j\omega C} \tag{2.2.32}$$

图 2.2-10 给出了电流回路之间通过公共的导线阻抗和内阻抗而互相影响并产生干扰的图示。电容越大，干扰越小。

（4）电路性干扰的抑制与避免措施：

① 让两个电流回路或系统彼此无关。信号相互独立，避免电路的连接。

② 限制耦合阻抗，使耦合阻抗 Z_K、Z_{11}、Z_{12} 越小越好。为使耦合阻抗小，必须使导线电阻和导线电感都尽可能小。

③ 各个不同的电流回路之间仅在唯一的一点作电的连接，在这一点都不可能流过电路性干扰。图 2.2-11 给出正误两种连接方法。

④ 对电平相差悬殊的相关系统(例如,信号传输设备和大功率电气设备之间),采用电位隔离较好。

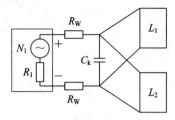

图 2.2-10 电流回路经容抗产生的耦合

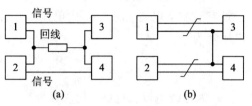

图 2.2-11 两个信号回路的正误接法
(a) 错;(b) 对

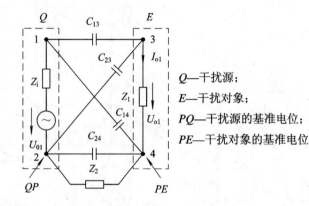

图 2.2-12 电容性干扰的等值电路图

Q—干扰源;

E—干扰对象;

PQ—干扰源的基准电位;

PE—干扰对象的基准电位

信号相关的电流回路的电位隔离,可采用以下原理工作的元件来完成:电气—机械原理(继电器);电磁原理(变压器);光电原理(光电耦合器件)。

3) 电容性干扰的物理模型

图 2.2-12 所示是电容性干扰的一个物理模型,它比较直观地说明了产生电容性干扰的条件如下:

(1) 在两个导体表面 1 和 2 之间存在有一个干扰源。它可用初始电压源 U_{01} 和一个电源阻抗 Z_i 来表示。

(2) 存在于两个导体表面 3 和 4 之间的一个干扰对象,它具有内阻抗 Z_1。

干扰源和干扰对象的基准电位(导体 2 和 4)在一般情况下是经复阻抗 Z_2 相互连接的。干扰源产生的电力线由导体 1 和 2 指向干扰对象的导体 3 和 4,在等值电路图中用耦合电容 C_{13}、C_{14}、C_{23}、C_{24} 来表示。

当存在公共的基准电位时($Z_2 = 0$),干扰源(导体 1、2)和干扰对象(导体 3、4)的基准电位相同。由图 2.2-13 可得干扰电流

$$I_{o1} = \frac{U_{01}}{Z_i + Z_1 + \dfrac{1}{\mathrm{j}\omega C}} \tag{2.2.33}$$

干扰电压

$$U_{o1} = \frac{U_{01} Z_i}{Z_i + Z_1 + \dfrac{1}{\mathrm{j}\omega C}} \tag{2.2.34}$$

导体 1 和 3 之间的耦合电容一般可简化为三种情形进行估算：3 和 4 是平行圆导线；或是两个球体；或是两个相互平行的平面。各种情况下的电容值可如图 2.2-14、图 2.2-15 和图 2.2-16 所示求得。

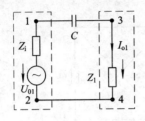

图 2.2-13　干扰源和干扰对象的基准电位
相同时的电容性干扰 C_{23}、C_{24}
认为是 Z_i 和 Z_1 的一部分

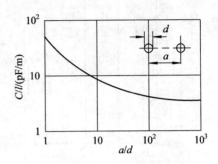

图 2.2-14　平行导线的电容

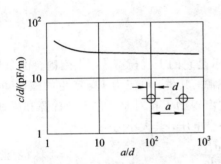

图 2.2-15　两球体之间的电容

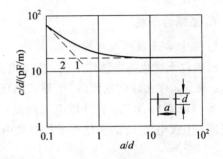

1—均匀场 $a/d \leqslant 1$；2—非均匀场 $a/d \geqslant 1$
图 2.2-16　两个圆盘之间的电容

4）电容性干扰的抑制方法

为了抑制电容性干扰，可考虑从干扰源、干扰对象和耦合途径方面采取措施。

（1）针对干扰源和干扰对象可采取如下措施：

① 干扰源系统的电气参数应使电压变化幅度和变化率尽可能地小。

② 被干扰系统应尽可能设计成低阻及高信噪比的系统。

③ 两个系统的结构应尽量紧凑，并且彼此在空间上相互隔离。

（2）针对减小电容性耦合可采取如下措施：

① 两个系统的耦合部分的布置应使耦合电容（等值电路图中的 C_{13}、C_{24}）尽量小。例如，电线、电缆系统，应使其间距尽量大些，导线短些，避免平行走线等。

② 可对干扰源和干扰对象进行电气屏蔽，如图 2.2-17 所示。屏蔽的目的在于切断干扰源的导体表面 1 和干扰对象的导体表面 3 之间的电力线通路，使耦合电容 C_{13} 变得最小。

③ 将耦合电容（C_{13}、C_{24}）彼此电气对称地连接，以抵消耦合的干扰信号，即所谓采用平衡措施来消除电容性干扰，图 2.2-18 为平衡措施的原理和实例图。

平衡条件为

$$C_{13} : C_{23} = C_{14} : C_{24} \tag{2.2.35}$$

这可以采用结构性措施来实现，例如采用多芯导线互相绞合的办法。

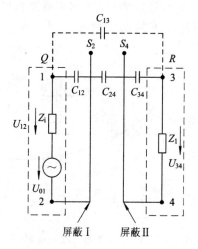

图 2.2-17　抑制电容性干扰的屏蔽

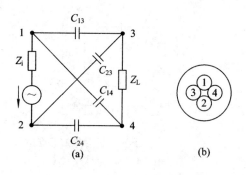

图 2.2-18　平衡措施原理与实例
（a）原理；（b）实例

4. 磁耦合干扰

1）磁耦合干扰的物理模型

磁耦合干扰也叫电感性干扰，图 2.2-19 所示是它的干扰模型。产生磁耦合的条件有两个：第一，存在以电流回路 U_{01} 形式出现的干扰源，其中，电流为 I_1，产生的磁通 Φ_1（见图 2.2-19(a)）；第二，存在以电流回路 U_{02} 形式出现的干扰对象，它与干扰源和磁通 Φ_1 相交连，干扰电流 I_1 的变化在干扰对象中感应一个电压，其大小为

$$U_K = M_K \frac{\mathrm{d}I_1}{\mathrm{d}t} \tag{2.2.36}$$

这是一个典型的表达式，当互感 M_K 较大或电流 I_1 对时间的变化率较高时，产生的干扰电压也大。

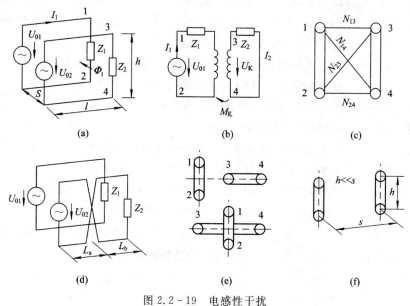

图 2.2-19　电感性干扰
（a）干扰模型；（b）等值电路；（c）导线排列；（d）导线绞合；（e）平衡；（f）增大间距

两个电感耦合的电流回路可用如图 2.2-19(b)所示的等值电路表示。当 U_{01} 为正弦波，$U_{02}=0$ 时，其幅值有

$$U_{01} = I_1 Z_1 - I_2 \mathrm{j}\omega M_{\mathrm{K}} \tag{2.2.37}$$

$$0 = I_2 Z_2 - I_1 \mathrm{j}\omega M_{\mathrm{K}} \tag{2.2.38}$$

式(2.2.38)表明，耦合程度将由互感来确定。如果导线排列形式如图 2.2-19(c)所示，则互感为

$$M_{\mathrm{K}} = l\frac{\mu_0}{2\pi} \ln \frac{N_{14} N_{23}}{N_{13} N_{24}} \tag{2.2.39}$$

式中，l 是导线的长度。

由上式可见，要减小耦合，可采用导线绞合的形式来降低 M_{K}，如图 2.2-19(d)所示。另外，还可以减小导线环所围成的面积，增大两个回路的间距，如图 2.2-19(f)所示。

2) 抑制磁耦合干扰的措施

为了抑制磁耦合带来的电磁干扰，可从干扰的三个要素着手采取一定的措施。

(1) 针对干扰源和干扰对象采取的措施：① 干扰源系统的电气参数应使电流变化的幅度和速率尽量小。② 干扰对象应该具有低阻抗、高信噪比。③ 干扰源和干扰对象在结构上应尽量紧凑，在空间上彼此隔开。

(2) 针对减小电感耦合的措施：① 减少两个系统的互感(主要指电线电缆)，让导线尽量短，间距尽量大，避免平行走线，采用双线结构时应缩小电流回路所围成的面积。② 对于干扰源或干扰对象设置磁屏蔽，以抑制干扰磁场。屏蔽可以采用铁磁性导体，也可以用感应的涡流。③ 采用结构平衡措施，使干扰磁场以及耦合的干扰信号大部分相互抵消。主要有两种方法：一种是磁场去耦，使被干扰的导线环在干扰场中的放置处于切割磁力线最小的方式，则耦合的干扰源信号也最小，如图 2.2-20 所示；另一种是导线环平衡，将一个电流的来回线间的表面积分成极性交错的若干局部耦合环，如图 2.2-21 所示。

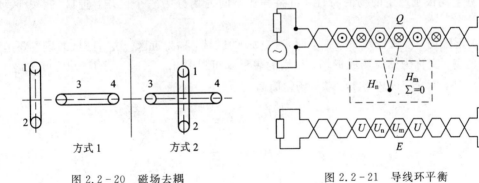

图 2.2-20　磁场去耦　　　　　　　　图 2.2-21　导线环平衡

2.2.2　辐射干扰

1. 辐射干扰源的基本单元

辐射干扰源的种类很多，就人为干扰源来说，都可归为电偶极子和磁偶极子的辐射，任何辐射源的辐射都可从这两个基本单元的辐射进行分析推导。

1) 电偶极子的辐射

所谓电偶极子，是一段很短的载流导线，线长远远小于线上电流的波长，线上电流为

均匀分布，随时间作正弦变化。

为了分析方便，将电偶极子置于一个球坐标系下，如图 2.2 - 22 所示。电偶极子元线长为 dz，线上电流为 $Ie^{j\omega t}$，则该电偶极子产生电场和磁场为

$$E_r = 60K^2 I dz \left[\frac{1}{(Kr)^2} - \frac{j}{(Kr)^3} \right] \cos\theta e^{-jKr} \tag{2.2.40}$$

$$E_\theta = j30K^2 I dz \left[\frac{1}{Kr} - \frac{j}{(Kr)^2} - \frac{1}{(Kr)^2} \right] \sin\theta e^{-jKr} \tag{2.2.41}$$

$$H_\varphi = j \frac{K^2}{4\pi} I dz \left[\frac{1}{Kr} - \frac{j}{(Kr)^2} \right] \sin\theta e^{-jKr} \tag{2.2.42}$$

式中：$K = 2\pi/\lambda$，λ 为波长；E 为电场强度；H 为磁场强度。式中的时间因子 $e^{j\omega t}$ 已略去，E_r、E_θ、H_φ 分别为球坐标系下的三个分量，其他分量的场均为零。

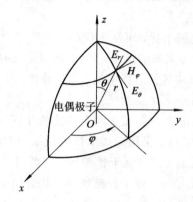

图 2.2 - 22　电偶极子坐标

2）场区划分

根据电偶极子产生的场的特性，可将其在空间的场分为三个区域：近区场、中区场、远区场。

（1）近区场。当满足 $Kr \ll 1$ 时，即 $r \ll \lambda/2\pi$ 的区域，称为近区。这一区域的场主要是感应性质的场，又称为感应场或近场。从场的表示式可以看出，这时，对 E_0、E_r 可忽略 $1/r$ 和 $(1/r)^2$ 项，对 H_φ 可忽略 $1/r$ 项，场化简为

$$E_r = -j60I dz \cos\theta \frac{1}{Kr^3} e^{-jKr} \tag{2.2.43}$$

$$E_\theta = -j30I dz \sin\theta \frac{1}{Kr^3} e^{-jKr} \tag{2.2.44}$$

$$H_\varphi = \frac{1}{4\pi} I dz \sin\theta \frac{1}{r^2} e^{-jKr} \tag{2.2.45}$$

可见，电场和磁场相位差 90°，是一个场的振荡，其电场按 $1/r^3$ 关系衰减，磁场按 $1/r^2$ 关系衰减。

（2）远区场。当满足 $Kr \gg 1$ 时，即 r 在 $r \gg \lambda/2\pi$ 的区域称之为远区。这时，可忽略场表示式中的高次项，仅保留 $1/r$ 项，场化简为

$$E_r = 0 \tag{2.2.46}$$

$$E_\theta = j \frac{60\pi I dz}{r\lambda} \sin\theta e^{-jKr} \tag{2.2.47}$$

$$H_{\varphi} = j \frac{KI\,dz}{4\pi r}\sin\theta e^{-jKr} \tag{2.2.48}$$

且有，

$$\frac{E_{\theta}}{H_{\varphi}} = \sqrt{\frac{\mu}{\varepsilon}} = \eta \tag{2.2.49}$$

称 η 为空间的波阻抗。

由以上可见，电场与磁场同相位，能量传输方向为 r 径向，表示场在向 r 径向传输或辐射，所以称这一区域的场为远场或辐射场。

场量 E_{θ} 和 H_{φ} 均正比于因子 e^{-jKr}/r，这表明电偶极子的辐射场是一个球面波，当 r 足够大时，局部可认为是平面波。另外，场量还与 $\sin\theta$ 成比例，表明辐射场是有方向性的，在不同的方向产生的辐射场也不同。

以上结论虽然仅适用于电偶极子，但也能很容易地用它们求出任何电流分布已知时导线的辐射场。具体方法是把导线进行微分，每一个微分元可看做一个电偶极子，然后把所有的电偶极子产生的场相加，实际上是一个积分的过程。如果导线为直导线，长为 l，其上电流的分布为 $I(z)$，则该导线的辐射场为

$$E_A = j \frac{60\pi\sin\theta}{\lambda}\frac{e^{-jKr}}{r}\int_0^l I(z)\,dz\,e^{-jKr}\cos\theta \tag{2.2.50}$$

$$H_{\varphi} = \frac{E_{\theta}}{\eta} \tag{2.2.51}$$

（3）中区场。在远区场与近区场的分界区域，即 $r=\lambda/2\pi$ 附近，称为中区。这时，场的各项都不能忽略，因而保持式(2.2.40)～(2.2.42)的形式，这一区域既有感应场，又有辐射场。

3）磁偶极子的辐射

磁偶极子可认为是一个直径远小于波长的载流圆环导线，将其置于球坐标系下，如图 2.2-23 所示。

该坐标系下，磁偶极子产生的场为

$$E_{\varphi} = 30K^2\,dm\left[\frac{1}{Kr} - \frac{j}{(Kr)^2}\right]\sin\theta e^{-jKr} \tag{2.2.52}$$

$$H_r = \frac{K^2}{2\pi}\,dm\left[\frac{j}{(Kr)^2} + \frac{1}{(Kr)^3}\right]\cos\theta e^{-jKr} \tag{2.2.53}$$

$$H_{\theta} = -\frac{K^2}{4\pi}\,dm\left[\frac{1}{Kr} - \frac{1}{(Kr)^2} - \frac{1}{(Kr)^3}\right]\sin\theta e^{-jKr} \tag{2.2.54}$$

式中，dm 为磁偶极子的微分磁矩，它的大小为导线电流 I 与圆环的面积 A 的乘积。

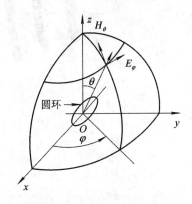

图 2.2-23　磁偶极子坐标

仔细观察磁偶极子的场，发现它与电偶极子的场极为相似，不同之处仅仅是将电与磁的量互换。这正是电磁理论中的对偶原理。所以，对磁偶极子的分析可以仿照电偶极子的分析，把场区分为三个区域，每个区域的特性与电偶极子基本相同。

应该指出，自然界中至今还没有发现理想的磁偶极子，这里讲的磁偶极子只是一种假定，因为，微分小环的辐射与理想的磁偶极子的辐射完全相同。当圆环的直径小于 $\lambda/10$ 时，场的表示式是相当精确的。

4）无穷大金属平面的窄缝辐射

还有一种结构，其辐射特性与磁偶极子的辐射特性非常相似，那就是无穷大金属平面上的窄缝。这种结构的电场横跨缝隙的窄边，它的辐射相当于一个正好填满该缝隙的电偶极子的辐射。两者的唯一区别仅在于是将电和磁的量互换。

2. 辐射干扰的物理模型

1）物理模型

一个干扰源，它向空间传播电磁波，其电场强度为 E，磁场强度为 H，它的普通表示式是式（2.2.40）～（2.2.42）。当 $r \gg \lambda/(2\pi)$ 时，有 $E/H = \eta$；当 $r \ll \lambda/(2\pi)$ 时，如果干扰源具有大电流低电压，则磁场 H 起主要作用，如果干扰源具有高电压小电流，则电场 E 起主要作用。

另有一个干扰对象，它的两根导线 3 和 4 就好像是天线，接收 E 和 H。这两根导线可能连成一个环，也可能其中一根导线接地。

2）高阻抗场与低阻抗场

自由空间远区场的波阻抗 $\eta_0 = 120\pi$，而在近区场时，对于电偶极子作为干扰源的感应场区间，则会出现高阻抗场，并且干扰场主要是电场发生源起主要作用。

关于阻抗场源和电场强度之间的关系概念图如图 2.2-24 所示。

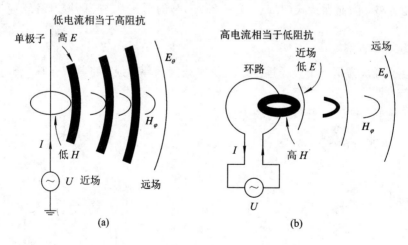

图 2.2-24　源种类与场强之间的关系

(a) 高阻抗场的源及波；(b) 低阻抗场的源及波

从式（2.2.44）和式（2.2.45）出发，设定电场与磁场的比值为近场区的空间阻抗，记为 Z_E，则有

$$Z_E = \frac{E_\theta}{H_\varphi} = -\mathrm{j}\eta_0 \frac{\lambda}{2\pi r} \qquad (2.2.55)$$

令 $x = \dfrac{2\pi r}{\lambda}$，则

$$Z_E = \frac{-j\eta_0}{x} \tag{2.2.56}$$

由于是近区场，故 $x < 1$。这时，必然有

$$Z_E > \eta_0 = 120\pi \tag{2.2.57}$$

正因为 Z_E 大于自由空间波阻抗，所以称为高阻抗场，它与距离的关系如图 2.2 - 25 所示。

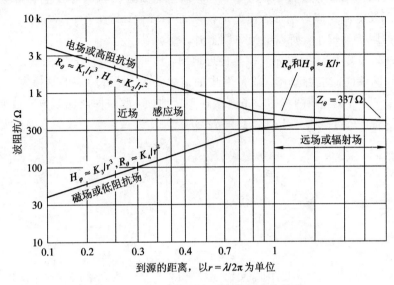

图 2.2 - 25　空间阻抗源的距离变化情况

同样道理，对于磁偶极子作为干扰源的感应场区间，即磁场源的远场区，将会出现低阻抗场，用 Z_H 表示。很易推得

$$Z_H < \eta_0 = 120\pi \tag{2.2.58}$$

3）减小辐射干扰的措施

根据辐射干扰的性质，就可以制定减小辐射干扰的措施，主要如下：

（1）辐射屏蔽，即在干扰源和干扰对象之间插入一金属屏蔽物，以阻挡干扰的传播，如图 2.2 - 26 所示。

（2）极化隔离，即干扰源与干扰对象在布局上采取极化隔离措施，使二者的极化正交。

（3）距离隔离，即增大干扰源与干扰对象之间的距离，这是由于在近场区，场强与距离成 $1/r^2$ 或 $1/r^3$ 的比例关系。

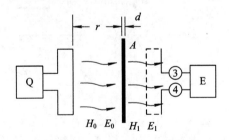

图 2.2 - 26　辐射屏蔽示意图

（4）方向性隔离，即利用天线方向性的特点，让干扰源方向性最小点对准干扰对象，以达到减小干扰的目的。

（5）吸收涂层，即在干扰对象表面涂覆一层吸波材料。

3. 辐射对电路产生的共模干扰

电磁辐射干扰源产生的辐射场，在设备之间的连接上会感应一个干扰电压 U，且有

$$U = \int_0^l E \, \mathrm{d}l \approx El \quad (l \ll \lambda) \tag{2.2.59}$$

此干扰电压将在导线上产生一共模干扰电流，它通过位移电流或地回路电流流动，形成一个闭合回路，从而存在一个回路面积。

如图2.2-27所示为一设备连线的回路面积，就是天线的等效面积，因低频处容抗较高，其电流值较小。

如果导线的两端接有设备，如图2.2-28所示。回路面积与导线电容都会增加，从而导致共模电压及电流相应地增加，但电流的增加率较快，因大的回路面积产生的电压高，而高电容值的阻抗又较小，所以电流急剧上升。

图2.2-29所示将悬浮的导线拉至接近地面，这种情况会使导线两端对接地面的容量增加，而导线两端间的电容较图2.2-28中的情况要小。因此感应的共模电流仍然较大。

在图2.2-30中，导线两端的设备直接连到接地面，此时回路面积没有改变多少，但共模电流会因设备内的导线都接于机壳上和导线为同轴电缆或屏蔽导线等原因而大量地增加。

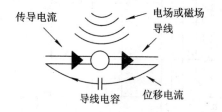

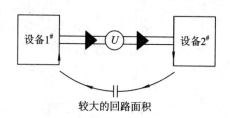

图2.2-27 直接引入导线上的闭路电流　　图2.2-28 电容容量的增加，使共模电流增加

图2.2-29和图2.2-30所示都属于设备接地的情况。在某些频率下，图2.2-29中阻抗较低，这是因为图2.2-30所示的电路含有一并联的谐振电路（机壳至地端的电容及导线的电感值），所以对回路面积和回路阻抗应分开讨论。

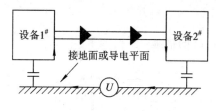

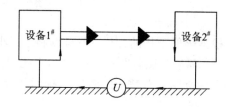

图2.2-29 导线靠近地面的情况　　　　图2.2-30 设备接地的情况

然而，并非所有的接地回路都与图2.2-29和图2.2-30所示相同。如图2.2-31所示就是其中一例。直接把设备置于金属接地面上，形成的回路相当具体。连接线的长度可近似和设备间的距离相等，连接线的高度可取其平均高度。

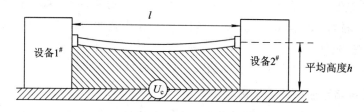

图2.2-31 较具体的接地回路

实际中常常存在另外一种情况，如图2.2-32所示。这种情况的接地回路就不容易确

定。如果其中一个电气设备或二者为浮接，则设备机壳底部与接地面很容易形成杂散电容。造成浮接的原因可能为这些设备置于钢筋混凝土的地面，或是设备上有橡胶轮支撑，故无法直接与金属接地面接触。图中的阴影部分提出一个计算接地回路的方法。有时连接线太长，某些部分甚至落在电气设备底端的地面上，使地回路更难确定。

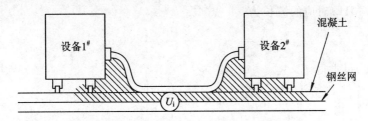

图 2.2-32　不太明显的地回路

电场或磁场对封闭的回路很容易形成噪声电流而串入导线中。电场对电路形成的共模干扰(Common Mode Coupling，CMC)为

$$\text{CMC} = 20 \lg\left(\frac{U_c}{E}\right) = 20 \lg\left[2l\,\cos\theta\,\sin\left(\frac{\pi h}{\lambda}\cos\alpha\right)\right] \text{dB} \tag{2.2.60}$$

式中：U_c 为感应的回路电压(V)，即共模干扰电压；E 为进入的电场强度(V/m)；h 为回路的平均高度，$h \ll \lambda$；l 为回路长度，$l \ll \lambda$；λ 为波长；α 为回路所在平面与电场传播方向的夹角；θ 为 l 与 $\boldsymbol{E}$ 的夹角。

通常设 $\alpha = \theta = \dfrac{\pi}{4}$；当 $\dfrac{l}{\lambda}$，$\dfrac{h}{\lambda} \leqslant 0.5$ 时，则由式(2.2.60)可得

$$\frac{U_c}{E} = \sqrt{2}\,l\,\sin\frac{\pi h}{\sqrt{2}\lambda} \tag{2.2.61}$$

由式(2.2.61)可知，当 l、$h \ll \lambda$ 时，共模干扰随着频率的增加而增加，直到 $l/\lambda = 0.5$ 时为止。当 $l/\lambda > 0.5$ 时，式(2.2.61)不再适用，而需要做一些修正。将 $l = \lambda/2$ 代入式(2.2.61)，有

$$\frac{U_c}{E} = \frac{\sqrt{2}}{2}\lambda\,\sin\left(\frac{\pi h}{\sqrt{2}\lambda}\right) \approx \frac{212}{f}\,\sin\frac{2.22h}{\lambda} \tag{2.2.62}$$

这便是 $l \geqslant 0.5\lambda$，$h < 0.5\lambda$ 时适用的公式。当 $l < 0.5\lambda$、$h \geqslant 0.5\lambda$ 时，有

$$\frac{U_c}{E} \approx \sqrt{2}\,l \tag{2.2.63}$$

这时的共模干扰与频率无关。

式(2.2.61)~(2.2.63)就是计算辐射电场对电路形成的共模干扰电压的公式。

同样道理，磁场对电路形成的共模干扰为

$$\text{CMC} = 20 \lg\left(\frac{U_c}{B}\right) = 20 \lg\left[2lc\,\sin\left(\frac{\pi h}{\lambda}\cos\alpha\right)\right] \text{dB} \tag{2.2.64}$$

式中：B 为磁感应强度(T)；c 为电磁波速度，空气中 $c = 3 \times 10^8$ m/s；α 为回路平面与磁场传输方向的夹角。

当 l、h 取不同值时，U_c/B 分别为

$$\frac{U_c}{B} = \sqrt{2}\,lc\,\sin\frac{\pi h}{\sqrt{2}\lambda}, \quad l、h \leqslant 0.5\lambda \tag{2.2.65}$$

$$\frac{U_c}{B} = \frac{\sqrt{2}}{2}\lambda c \sin \frac{\pi h}{\sqrt{2}\lambda}, \quad l > 0.5\lambda, h < 0.5\lambda \tag{2.2.66}$$

例 2.2.1 设 $f = 1$ MHz 的干扰场强为 $E = 1$ V/m，两设备连线长 $l = 1$ m，平均高度 $h = 20$ cm，试计算电磁辐射对该回路产生的共模干扰电压 U_c 和共模干扰 CMC。

解 $f = 1$ MHz 对应的波长为

$$\lambda = \frac{c}{f} = \frac{3 \times 10^8}{10^6} = 300 \text{ m}$$

由公式(2.2.61)可求得

$$\frac{U_c}{E} = \sqrt{2} \times 1 \times \sin \frac{\pi \times 0.2}{\sqrt{2} \times 300} = 0.002\,09$$

将 $E = 1$ V/m 代入，得

$$U_c = 0.002\,09 \text{ V} = 2.09 \text{ mV}$$

$$\text{CMC} = 20 \lg\left(\frac{U_c}{E}\right) = -53.6 \text{ dB}$$

4. 电磁辐射对电路产生的异模干扰

电磁辐射对电路产生的异模干扰通常出现在电路的输入端。图 2.2-33 所示就是一个产生异模干扰的典型情况。

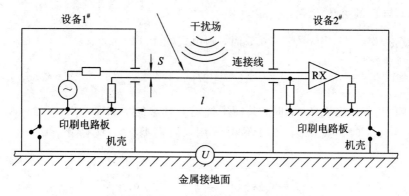

图 2.2-33 电路的异模干扰

异模干扰电压的计算与共模干扰电压的计算基本相同，只需将导线间隔 S 代替平均高度 h 代入共模干扰电压的计算公式即可，且把 U_c 换成 U_d，即

$$\frac{U_d}{E} = \sqrt{2}\lambda \sin \frac{\pi s}{\sqrt{2}\lambda}, \quad l, s < 0.5\lambda \tag{2.2.67}$$

$$\frac{U_d}{E} = \frac{\sqrt{2}}{2}\lambda \sin \frac{\pi s}{\sqrt{2}\lambda}, \quad l \geqslant 0.5\lambda, s < 0.5\lambda \tag{2.2.68}$$

$$\frac{U_d}{B} = \sqrt{2}lc \sin \frac{\pi s}{\sqrt{2}\lambda}, \quad l, s \leqslant 0.5\lambda \tag{2.2.69}$$

$$\frac{U_d}{B} = \frac{\sqrt{2}}{2}\lambda c \sin \frac{\pi s}{\sqrt{2}\lambda}, \quad l > 0.5\lambda, s \leqslant 0.5\lambda \tag{2.2.70}$$

异模干扰值用符号 DMG 表示，其定义为

$$\text{DMG} = 20 \lg \frac{U_d}{E} \tag{2.2.71}$$

同轴线也会产生异模干扰，可以将其分成两部分：第一部分为辐射场的干扰，使同轴线表层产生干扰电流；第二部分为同轴线的阻抗转换，它将干扰电流转换为异模干扰电压。同轴线的异模干扰值为

$$\text{DMG} = 20\lg\left(\frac{I_c}{E} \times \frac{Z_t}{2}\right) = 20\lg\left(\frac{I_c}{E}\right) + Z_t(\text{dB}\Omega) - 6\ \text{dB} \qquad (2.2.72)$$

式中，I_c 为同轴线表层的干扰电流；Z_t 为同轴线的转换阻抗。

同轴线 I_c 的推导较为繁琐，在此给出的 I_c/E 的结果如下：

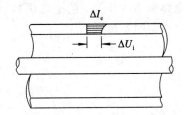

$$\frac{I_c}{E} = 3.9 \times 10^{-5} l^2 f, \quad \frac{l}{\lambda} \leqslant 0.5 \qquad (2.2.73)$$

$$\frac{I_c}{E} = \frac{0.88}{f}, \quad \frac{l}{\lambda} > 0.5 \qquad (2.2.74)$$

式中，l 为同轴线长度，f 用 MHz。

图 2.2 - 34 同轴线转换阻抗
含义示意图

Z_t 定义为同轴线外导体表层单位长度的干扰电压与干扰电流之比，如图 2.2-34 所示。必须注意，转换阻抗与特性阻抗是两个完全不同的概念，为便于计算，图 2.2-35 给出了几种同轴线的转换阻抗与频率的关系曲线。

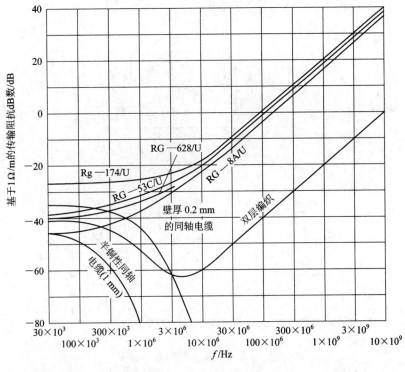

图 2.2 - 35 同轴线的转换阻抗

5. 外导线及地回路产生的辐射

当引出线的长度大于设备的最大外尺寸时，此导线将成为电磁干扰发射源的主要部分。若当线位于接地面上 h 高度处，并带有信号时，导线与接地面间会形成一共模电压，

迫使其产生共模电流。这个共模电流就会产生一个共模辐射场。图 2.2-36 所示为导线及地回路产生共模辐射干扰的结构图，产生的共模电流为

$$I_{CM} = \frac{U_c}{Z_{CE} + Z_{EF}} + \frac{U_c}{R_L + Z_{DE} + Z_{EF}} \tag{2.2.75}$$

式中，U_c 为共模电压，Z_{CE} 为 R_L 的"热端"至设备的机架上的杂散电容阻抗，Z_{EF} 为设备至接地面的阻抗。若设备接地，则此值为零；若为浮接，则此值为电路板至机架的容抗。Z_{DE} 为电路板零伏特至机架上的阻抗。若电路板接地，则此值为零；若为浮接，则此值为电路板至机架的容抗。

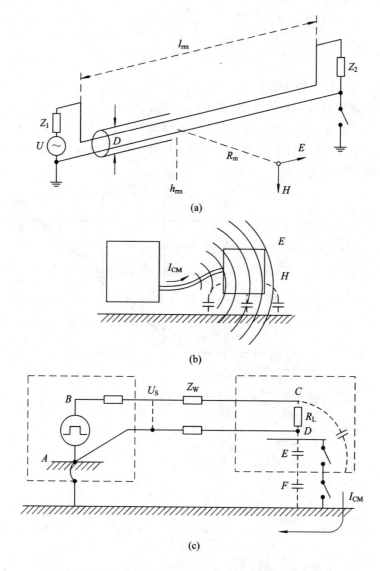

图 2.2-36 外导线及地回路产生的共模辐射

（a）外导线与地回路示意图；（b）外导线与设备连接图；（c）外导线与设备连接等效电路

某些情况下，$Z_{CE} \gg Z_{DE}$（若电路板零伏特接地，更容易得到满足），式(2.2.75)第一项可略去不计，共模电流可简化为

$$I_{CM} \approx \frac{U_c}{R_L + Z_{DE} + Z_{EF}} = \frac{U_S}{Z_W + R_L + Z_{DE} + Z_{EF}} \qquad (2.2.76)$$

式中，$Z_{DE} + Z_{EF}$ 为电路板零伏特点至接地面的浮接阻抗，令 $Z = R_L + Z_{DE} + Z_{EF}$，则

$$I_{CM} = \frac{U_S}{Z_W + Z} \qquad (2.2.77)$$

6. 长载流导线的磁场

当观测距离与直导线或环路尺寸相差不远时，不属于近场的情况，须作以下讨论。

由安培环路定律可知，一载有电流 I 的长导线所产生的磁感应强度 B 为

$$B = \mu_0 H = 4\pi \times 10^{-7} \times \frac{1}{2\pi R} = \frac{2I}{R} \times 10^{-7} \, (\text{T}) \qquad (2.2.78)$$

$$H = \frac{I}{2\pi R} \, (\text{A/m}) \qquad (2.2.79)$$

式中，R 为场点与导线间的距离，如图 2.2-37(a)所示。

根据共模电流和异模电流的含义，单根导线上的电流可以看成是共模电流。而对于如图 2.2-37(b)所示的导线对，则可看成是异模电流的情况，其产生的磁场为

$$B = \mu H_1 - \mu H_2 = \frac{\mu I}{2\pi} \left[\frac{1}{R - \dfrac{S}{2}} - \frac{1}{R + \dfrac{S}{2}} \right] \qquad (2.2.80)$$

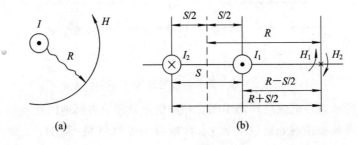

图 2.2-37　直导线共模及导模电流产生的磁场

7. 地回路耦合干扰

场对导线的共模干扰和共地阻抗的共模干扰，均是地回路耦合的主要干扰源，为讨论共模干扰电压对受害的电路会有多大的影响，定义一个地回路耦合（Ground Loop Coupling，GLC），它与共模抑制密切相关。

$$\text{GLC} = 20 \lg \frac{U_0}{U_c} \qquad (2.2.81)$$

式中，U_0 为受害放大器或逻辑电路输入端的电压，U_c 为由公共地阻抗或电磁辐射耦合到回路面积所产生的共模电压。

图 2.2-38 所示是一个平衡系统，信号源与负载皆为平衡型。它也可以改为非平衡系统，适用于同轴电缆传输线，如图 2.2-39 所示。当然，不同的结构会有不同的性能，所以地回路的干扰将根据传输线的种类分别加以讨论。

在如图 2.2-38 所示回路中，感应的共模电压 U_c 产生一共模电流沿回路 *ABCDEF-GHA* 及 *ABCIJGHA* 单导线对流动。因两个回路的阻抗并不相同，故会在受害放大器或逻辑电路的输入端产生一电压 U_0。

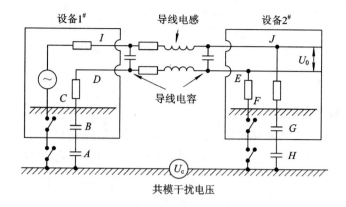

图 2.2-38 平衡系统的地回路耦合

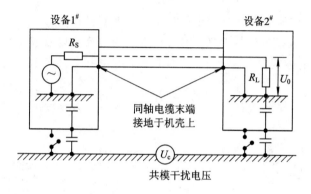

图 2.2-39 非平衡系统的地回路耦合

图 2.2-40 所示为一电磁场作用于闭合回路的示意图,当到地的连线如 A 点到机壳或 F 点到机壳的连线被去掉时,杂散电容 C_p 就相当于等效电路 C,且 C_p 成为地回路的一部分。

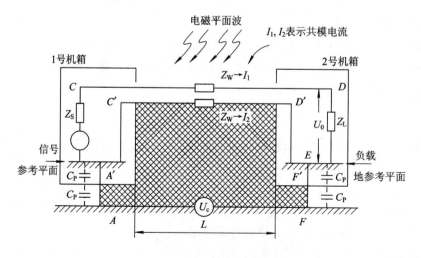

图 2.2-40 电磁场作用于闭合回路

在电路一端或两端浮地的情况下,由于寄生电容 C_P(见图 2.2-40)的阻抗减小,GLC

就随频率而增加。当频率进一步增加时，由于电缆的串联电感和并联电容的作用，地回路耦合下降。但当频率进一步增加，电缆长度变得可与波长相比拟时，如图 2.2－41 所示，电缆长度超过 $\lambda/2$ 时，地回路耦合特性呈现振荡形式，出现的最大值与最小值的位置，取决于电缆参数（单位长度的电感、电容、电阻、电导）、电缆长度与电路阻抗。这些参数随各电缆的型号、源以及负载阻抗而变，必须按各种应用场合确定。

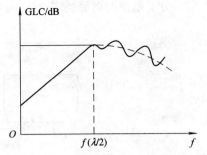

图 2.2－41　地回路耦合随频率变化情况

8. 输电线与电源系统的耦合干扰

输电线和电源之间的电磁耦合涉及交流和直流非稳压输电线上的传导发射，其发射频率可以是 50 Hz、60 Hz 或 400 Hz 电源的谐波，来自有害发射器的窄带信号或来自脉冲型或瞬变发生源的宽带能量。有害发射形式可能耦合到电源线上，因为其他用户也连接在同一电源线上。每当两个或两个以上的负载从公共电源或配电系统取自变量功率时，总会发生公共阻抗耦合。每当负载之一从配电系统吸取功率时，由于配电系统存在内部阻抗，在电力系统与导线上，总会发生稳态或瞬变异模电压降。此异模电压降落在电力系统的所有负载上都可能呈现，若它超过设备敏感度电平就会造成系统失效。它对上升时间快的高速开关数字系统与高频模拟系统服务的配电系统是特别危险的。除此之外，若输电线受到外来辐射（特别是闪电）能量影响，则有害发射表现为共模瞬变过程或共模噪声。

图 2.2－42 所示为电力线及电源系统的共模与异模阻抗以及相关接地结构的示意图，它可作为一般的通用耦合模型。

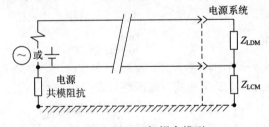

图 2.2－42　一般耦合模型

对于实际的接地及相关的阻抗应注意以下事项：

（1）了解从电网到设备电源系统或从设备电源系统到电网占优势的耦合通路；

（2）求出共模（CM）及异模（DM）的转换比；

（3）选择适当的滤波器来抑制发射和减小敏感度；

（4）确定系统的安全要求。

主要电网的耦合模型如图 2.2－43 所示，其中 Z_S 表示电网源阻抗，Z_L 是电力线系统输入阻抗。对于图 2.2－43 所示的电网，首先应考虑电网的阻抗值，原则上在直流至几千赫频率时，电网的共模与异模阻抗大致等于其直流电阻，其值约在 1 Ω 左右，如果直流至数千赫低频处的阻值未知，则可使用下面的参数值：

（1）大型高压的建筑物用户进线，3 mΩ～10 mΩ。

（2）大型商业/工业用室内配电盘（100 kVA），20 mΩ。

(3) 分支电路的电源插座，20 mΩ～1 Ω。

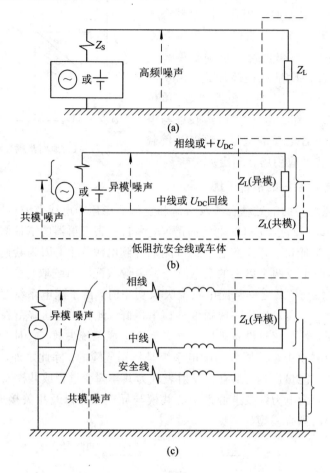

图 2.2‑43　基本的电源耦合模型

(a) 基本等效电路；(b) 频率为直流自几千赫兹；(c) 频率高于几千赫兹

这些值为电源总阻抗，即安全地线、地回路以及源供应线三者阻抗之和。

当频率高于几千赫兹时，电网的共模及异模阻抗值取决于如下因素：频率、配电网长度以及电网的性质和线路(导线尺寸、架空线或地下线、电线管类型等)，在电网中的电抗装置(功率因数补偿电容器组、消谐波扼流圈等)，在一天的特定时间内给定位置上的用户负荷量的波动。

图 2.2‑44 给出了电网耦合的通用发射与敏感度模型，图 2.2‑44 给出了欧美国家确定的集合电网阻抗值的范围。参看如图 2.2‑44 所示的推荐准则。

(1) 对发射准则而言，临界情况是由于设备发射而出现的交流电网上电压，应使用比电网阻抗高 10% 的值，以便在多达 90% 的有代表性的整个电网系统中能容忍最高的干扰风险。

(2) 对敏感度准则而言，应使用比电网阻抗低 10% 的值，以保证 90% 有代表性的全体产品安装后，敏感度的合格率达到 90%。

其次是产品的电源系统的输入阻抗的取值问题？这个问题要从电源系统的前端电路谈起。在使用输入电源变压器(假设无输入滤波器)的情况下，低频时异模输入阻抗相当于输入电压与额定电流之比。随着频率的增加，异模输入阻抗因导线与变压器输入电感的缘故

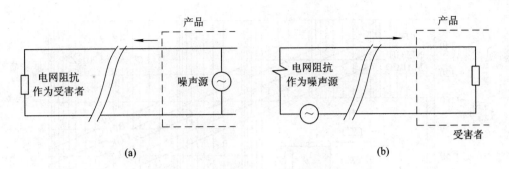

图 2.2-44 电网耦合中的发射/敏感度的一般概念

（a）发射准则；（b）敏感度准则

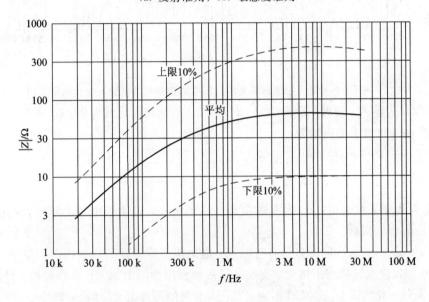

图 2.2-45 综合美国和欧洲电网的电网阻抗绝对值（CM 或 DM）

而直线增加，共模输入阻抗在低频下通常是较高的，这是因为电源输入相对于底板是浮地的。它随着频率的增加而减小，主要是因为布线、印制电路板和底板对地电容的缘故。电源系统输入阻抗的态势如图 2.2-46 所示。

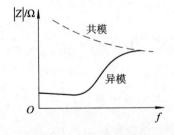

图 2.2-46 电源系统输入阻抗的态势

欲精确地确定共模与异模输入阻抗，可以进行实际测量。

（1）电源系统的共模干扰。电源系统本身出现的共模干扰会对受害电路产生干扰—干扰取决于输入与输出之间的绝缘阻抗及漏电容，如图 2.2-47 所示。

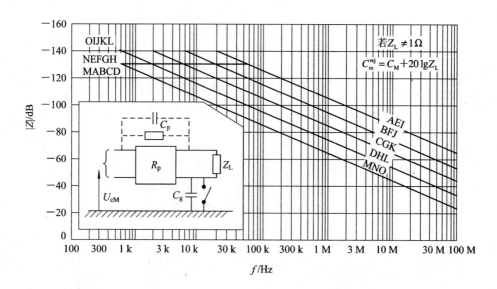

图 2.2-47　各种输入、输出隔离的变压器的抑制对共模输入变化的作用图

图中，C_p 为输入、输出间杂散电容，R_p 为输入、输出间绝缘电阻，C_g 为次级对地杂散电容。落在次级负载上的电压为

$$U_L = U_{cM} = \cfrac{Z_L}{\cfrac{Z_{C_p}}{R_p + Z_L + Z_{C_g}}} \qquad (2.2.82)$$

式中，U_{cM} 为共模干扰电压；Z_{C_g} 为次级参考点接于机壳，且次级电压为零时，零伏特点至接地端杂散电容的阻抗。

图 2.2-47 中的曲线同时显示各种输入、输出隔离变压器的抑制值对共模输入变化的作用。其中，假设次级接地于机壳，或次级不接地而用于一个 30 pF 电容接地。另外，图中的负载阻抗归一化为 1 Ω，若负载不为 1 Ω，则求出值再加上 20 lgZ_L，即

$$共模抑制值 = K_{dB} + 20\,{\lg}Z_L \qquad (2.2.83)$$

式中，K_{dB} 为通过曲线求得的值。

（2）电源系统的异模干扰。抑制异模干扰的能力取决于电源系统对输入变化的动态程压程度 A。

稳压程度可以表示为

$$A = 20\,{\lg}\frac{\Delta U_{输出}}{\Delta U_{输入}} \qquad (2.2.84)$$

对于异模输入，有

$$A = 20\,{\lg}\frac{U_0}{U_{DM}} \qquad (2.2.85)$$

从而 $\qquad\qquad\qquad U_0 = U_{DM} \times 10^{A/20}$

式中，U_0 为次级输入电压，U_{DM} 为初级输入异模电压。

当频率较低时，A 的衰减量不随频率变化，仅与电力调整度有关。当频率超过电源稳压系统可以控制的最大频率后，衰减量以 20 dB/10 倍频率的速率减小。所以在已知电源可以控制的最大频率 f_{max} 的情况下，如果设电力调整度为 0.1%，则有

$$A = \begin{cases} -60 \ \text{dB}, & f < f_{\max} \\ -60 + 20 \lg \dfrac{f}{f_{\max}}, & f \geqslant f_{\max} \end{cases}$$

图 2.2 - 48 示出了电力调整度为 0.01%、0.1%、1% 三种情况下衰减量对异模输入变化的作用。

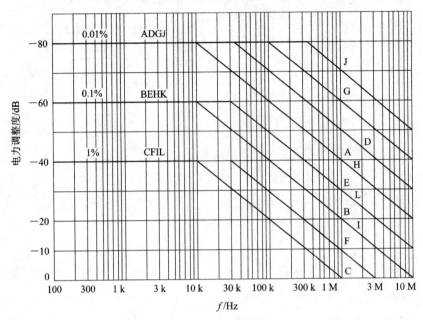

图 2.2 - 48　不同电力调整度时,稳压电源系统对异模输入变化的动态响应

9. 电磁脉冲辐射干扰

电磁脉冲辐射干扰是辐射干扰中的一类特殊而重要的干扰形式。电磁脉冲(EMP)产生于瞬态的电磁场变化。电磁脉冲大致分为三种:第一种为系统产生的电磁脉冲;第二种为雷电脉冲;第三种为核电磁脉冲。系统产生的电磁脉冲是最常见的脉冲现象,例如感性负载的接通和断开瞬间,会产生高压放电。雷电脉冲和核电磁脉冲的形式相近,但强度远大于系统的电磁脉冲。雷电脉冲产生于雷电放电的瞬间,核电磁脉冲产生于核武器爆炸的瞬间。一般核电磁脉冲的强度和影响范围都比雷电脉冲大。然而,无论何种形式的电磁脉冲,都伴随着很强的辐射产生,即使在传导线路中(非辐射装置)产生的电磁脉冲,也会沿传输导线或从其产生空间向外辐射脉冲电磁场,干扰附近甚至远处的电子设备。因此,电磁脉冲辐射干扰的强度大、频谱宽,干扰危害更大。

1) 系统产生的电磁脉冲干扰

在电子系统的工作环境中,往往存在各种电气控制装置和电气运行装置。这些装置一般都是感性负载,如交/直流继电器、交/直流电磁铁和交/直流电机等。这些感性负载的控制器件,有触点式开关,也有电子式开关(又称无触点开关)。无论是哪一种控制器件,当其断开或接通负载的供电电源时,都将在电感线圈的两端产生高于电源电压数倍至数十倍的高反压。这一高达百伏甚至数千伏的冲击电压,不仅能使触点或控制器件的触点间产生电击穿,出现飞弧放电和辉光放电现象,还能使电子式开关产生破坏性击穿。与此同时,还能够产生对低电平电子系统危害很大的高频电磁辐射。因此,为区别来自系统外部的电磁脉冲辐射,特将此类电磁脉冲归类为系统产生的电磁脉冲。

（1）高反压脉冲的产生。感性负载的工作回路如图2.2-49所示。图中,U为电源电压,L为负载电感,r_0为负载内阻。当开关S闭合或断开时,在电感L两端就会产生高反压(反向电动势)。该高反压除与电感L的大小有关外,还与继电器的触点S的开关特性、回路分布电容C_{fb}及工作电流有关。在此先讨论不计开关特性的情形。

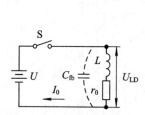

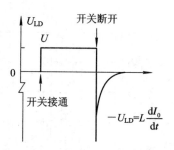

图2.2-49 电感性负载回路   图2.2-50 负载两端的电压波形

当开关断开时,负载两端的电压波形如图2.2-50所示。电感两端的电压U_{LD}为

$$|U_{LD}| = L\frac{dI_0}{dt} \tag{2.2.86}$$

式(2.2.86)表明,当电感中的电流突然中断时,将产生一个很高的瞬间电压。如果$\frac{dI_0}{dt}$变化很大,且为负值时,则可形成一个高的反向冲击电压。从理论上来讲,当电流以某一个有限值瞬间变化到零时,可以产生一个无限大的感应电压,但由于开关接点的击穿放电以及回路分布电容C_{fb}的影响,电路断开时的波形如图2.2-51所示。

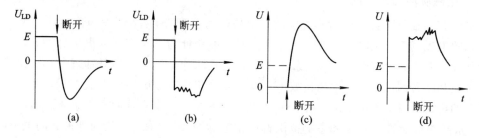

图2.2-51 电路断开时的电压波形

在实际电路中,当一个电感线圈被不同控制电器触点通断时,由于触点的分布电容不同,动作速度不同,以及触点间电压击穿程度不同,那么所产生的反向电势也不会一样。再者,不同的电流回路,稳态电流I_0也不同。即使是同一电路,各次断开的反向电势也不相同。因此,感性负载引起的高反压脉冲干扰具有难以确定的属性。这对研究此类干扰带来一定的困难。

然而,理论和实验已显示出一些规律:反向电势与稳态电流I_0的关系很大,工作电流大的反向电势就高;反之,反向电势就低。

实际上,从电感线圈的储能和断路时能量转换的角度,可以粗略地找出反向电势与电流I_0和电感L之间的关系。设断路时线圈引起储存的磁能全部转移到分部电容C_{fb}上,则有

$$W_C = W_L \tag{2.2.87}$$

$$W_\mathrm{C} = \frac{1}{2} C_\mathrm{fb} U_\mathrm{C}^2 \qquad (2.2.88)$$

$$W_\mathrm{L} = \frac{1}{2} L I_0^2 \qquad (2.2.89)$$

式中，U_C 为分布电容两端的等效电压

$$U_\mathrm{C} = I_0 \sqrt{\frac{L}{C_\mathrm{fb}}} \qquad (2.2.90)$$

由式(2.2.90)可知，在忽略了线圈内阻及假定断路时不产生电击穿的情况下，分布电容 C_fb 上的电压(即线圈两端的电压)与电感线圈中流过的稳态电流成正比，与电感 L 的平方根成正比。通常，这个高反向电压脉冲幅值是电源电压 U 的 20～200 倍。

(2) 开关接点放电。断开感性负载所产生的高反向电压迅速加在开关接点两端，在两接点脱离过程中，该高反向电压产生火花放电。高反向电压是前沿很陡的传导电压脉冲；火花放电则将高反向电压能量转换成瞬间的空间电磁场变化。它们对邻近的敏感电路，尤其是数字电路，有很强的干扰影响，严重时还能造成数字电路的信息错误，存储丢失，程序混乱等严重错误。

火花放电可分为两个过程：一是飞弧放电；一是辉光放电。二者不一定在一次放电中都出现。

① 飞弧放电(低电压大电流击穿)。开关接点由高反压形成的场强导致接点表面电子发散。电子发射所产生的高温使金属表面汽化，引起电离导电，形成飞弧放电。飞弧放电的微观物理描述是，接点表面微小点的电场强度最高，因而从负极上拉出电子流，由于焦耳效应使负极温升很高；又由于电子冲撞，正极金属原子发生电离，正离子向负极移动，在负极表面附近形成空间正电荷区；该正电荷分布加强这一区域的电场，使更多的电子发射和电子冲撞，形成雪崩过程。这个雪崩过程的物理表现就是飞弧放电。飞弧放电的条件如下：

起弧条件

$$E_\mathrm{F} \geqslant 2 \times 10^8 \ \mathrm{V/m} \qquad (2.2.91)$$

保弧条件

$$I_\mathrm{A} \geqslant 0.4 \ \mathrm{A} \qquad (2.2.92)$$

式中，E_F 是开关接点间的电场强度，I_A 是最小飞弧电流。

飞弧放电与金属汽化有关，故在飞弧放电过程中，两接点可能发生熔性粘着，构成"金属桥路"使飞弧放电中断。随着接点的进一步断开，又发生第二次飞弧放电。这种断续的飞弧放电对外界的干扰极大。同时对接点的损坏也很大，如图 2.2-52 所示。

② 辉光放电(高电压小电流击穿)。开关接点间的气体分子在高电压下电离导电，形成辉光放电。辉光放电的微观过程是，原存在于空气中的少数电离子，在极大的场强作用下加速，与其他气体分子碰撞产生新的电子和离

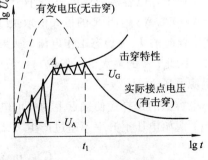

图 2.2-52 U_c 与时间对数的关系曲线

子，形成链式反应；两种电荷相向运动，撞击开关正负极板，在正极上产生二次电子，加剧链式反应，最终形成电子流导电，其过程伴随辉光。辉光放电的条件是：足够高的电场强度；起辉电压 U_H 大于 300 V。

辉光放电条件不满足时，亦呈现断续的辉光放电，如图 2.2-52 所示。

上述放电形成的尖峰脉冲将极宽频带的电磁能量向周围空间辐射，对外界环境中的电子设备构成高频干扰。

为了保护感性负载的控制开关接点，同时也为了减小电磁脉冲辐射干扰，在接点或电感负载两端须加保护网络。接点保护网络有多种形式，其中一些已经实践和理论验证，具有显著效果。通过在接点或负载两端加装保护网络，可以使电源在断开时感性负载的高反压降到最低值。图 2.2-53 所示为几种典型的保护网络。

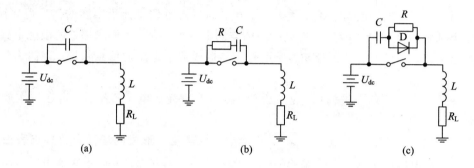

图 2.2-53　典型的保护网络

图 2.2-53(a) 为 C 网络，它是在接点上跨接一个电容器。如果电容器的容量足够大，当接点断开瞬间，负载电流可以通过电容器流过；当接点完全断开后，电容器充电到电源电压 U_{dc}；当接点再闭合时，电容器通过接点放电，这时放电电流只受配线和接点电阻限制，电容器容量越大，供电电压越高，电容器中所储存的能量就越大，则接点闭合时所受到的损坏程度也越大。闭合接点产生弹跳时，由于电流多次断续，会形成更严重的干扰和破坏现象。因此，只在接点间跨接电容器的方法一般不采用。

图 2.2-53(b) 是将一个电阻器与一个电容器串联后再跨接到接点两端，称为 R-C 网络。这个电阻可以克服图 2.2-53(a) 的缺点。当接点闭合时，希望有一个尽可能大的电阻限制放电电流；但当接点断开时，则希望有一个尽可能小的电阻，以防止发生飞弧放电。所以，在选定电阻值时必须兼顾这两个方面的要求。电阻 R 的最小值取决于接点闭合状态。应使闭合电容器的放电电流小于接点的最小飞弧电流 I_A。对于一般接点，I_A 可取为 0.1 A～0.5 A。电阻 R 的最大值取决于接点的断开状态，接点在断开瞬间的起始电压为 $I_0 R_L$，此时的 I_0 为稳态工作电流。如果电阻 R 与 R_L 相等，则接点上的瞬时电压等于供电电压。因此，R 的最大值一般取与负载电阻 R_L 相等的值，以便控制断开后的接点电压不超过电源电压。

电容值的选择应使接点上的峰值电压不超过能产生辉光放电的电压(300 V)，并使接点上的起始电压上升率不超过产生飞弧的电压梯度(1 V/μs)。电容取值按下式确定：

$$C \geqslant \max\left[\left(\frac{I_0}{300}\right)^2 LI_0 \times 10^{-6}\right] \tag{2.2.93}$$

因为 R-C 保护网络价格低、体积小，所以应用广泛，但它对负载的释放时间有影响。

此外，由于电阻的存在，在被断开的接点上会加载瞬间电压(I_0R)，这可能导致早期飞弧。

图 2.2-53(c)为一 R-C-D 保护网络，它可以提供很好的接点保护，但成本较高。由于使用了二极管，该网络不适用于交流电路。当接点断开时，电容 C 按图示的极性充电，二极管导通，将电阻短路。这样，负载电流将在瞬间通过电容器。当接点闭合时，电容 C 将通过内阻 R 来限制放电电流，所用二极管应具有比供电电压稍高的击穿电压。电阻 R 的值应能把电流限制在飞弧电流的 1/10 以下，即

$$R \geqslant \frac{10U_{dc}}{I_A} \tag{2.2.94}$$

接点保护网络还有单二极管、双二极管、压敏电阻等形式。从效果上看，它们一般都没有 R-C-D 网络好，这里不作介绍。

2）雷电电磁脉冲干扰

雷电放电是一种自然现象，这种现象虽为人们所熟知，但对其放电机理、效应及防护方法，仍是人们长期研究的课题。这里着重讨论雷电的产生机理和电磁脉冲效应。

(1) 产生机理。利用高速摄影观察方法，人们知道雷电的放电过程大致分为三个阶段。首先是先导阶段或称先导放电。此时，从雷云向大地方向的电离空气分子，一步一步地发展出一条导电通道。为紧接而来的主放电阶段提供良好的放电途径。这就像用导线一段一段地把雷云和大地连接起来，为即将流过强大电流做好准备一样。在这一过程中，电流不大，发光非常微弱，肉眼难以觉察。接着是主放电阶段，雷云中的电荷沿着先导阶段形成的放电通道，迅速泄放进入大地。这一过程电流很大，时间短促，瞬时功率极大，闪光耀眼，空气受热膨胀，发出强烈的雷鸣声。人们平常所说的雷电就是这一阶段的放电。最后是余辉放电阶段，云中的剩余电荷继续沿上述放电通道向大地泄放，虽然电流较小，但持续时间较长，能量也较大。

一次雷电放电经过三个阶段即告结束。但有一半以上的雷击，在第一次对地闪击后，隔了几十毫秒的时间，又会发生第二次或连续多次沿通道的对地闪击，这就是多重雷击。它与初次闪击的区别是没有先导放电阶段，有一插到底的所谓标枪先导，它的主放电电流也较小。图 2.2-54 所示是高速相机拍得的三次主放电的多重雷击，其先导放电、主放电、标枪先导等清晰可见。

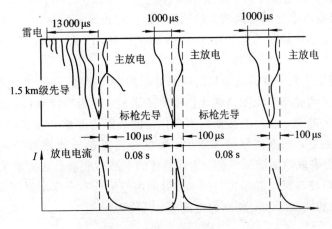

图 2.2-54　三次主放电的多重雷击

下面介绍一些雷电放电的主要参数，这些参数对于解释雷电的电磁脉冲特性，研究防雷措施和制订防雷标准是不可缺少的。

① 雷电电流峰值。是指主放电闪击于接地良好的物体时，流经其上的入地电流峰值。雷电放电的电流是随时间变化的。图 2.2-55 是理想化的雷电电流波形，其中 I_m 定义为雷电电流峰值。雷电电流随时间增加而近似于指数规律上升，至峰值后，又按近似指数规律下降，因此又称做双指数函数波，可用下式表示：

$$I = I_m(e^{-\alpha t} - e^{-\beta t}) \tag{2.2.95}$$

式中，I_m 为指数波峰值，α、β 均为指数波的衰减因子。

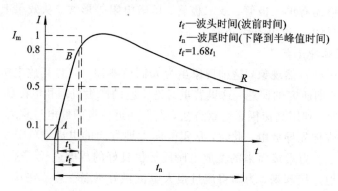

图 2.2-55　理想化的雷电电流波形

实际的雷电电流波形并没有那么平滑，形状不可能那么规则，甚至还有振荡。但不管怎样，总可以在曲线上找到最大电流值（峰值）I_m。根据多数资料介绍，最大电流值可达 300 kA。一般来说，100 kA 的雷电流已属少见，200 kA 则属罕见。

② 波头波尾时间。图 2.2-55 所示的电流波形具有电流上升和下降阶段。上升阶段称为波头时间或波前时间（t_1），为 1 μs~4 μs，平均为 2.6 μs。从电流峰值至电流值下降为峰值一半的时间称为波尾时间（t_n），约为 20 μs~90 μs，平均 43 μs。波头和波尾时间是理想化上升和下降沿时间。实际中，常用"波头时间/波尾时间"的形式来描述一个近似双指数曲线的雷电波。如 1.5/40 μs，指的就是波头时间为 1.5 μs、波尾时间为 40 μs 的雷电冲击波。波尾时间越长，雷电波形所含能量越大。

③ 陡度是指雷电电流随时间增大的速度，该值均为 8 kA/μs，最大可达 50 kA/μs。由于设备上感应的电感压降是与电流陡度 di/dt 成正比的，因此，陡度越大，对电子设备的危害越大。

④ 雷电频谱是我们了解雷电能量的频率分布的重要参数。一个雷电脉冲，理论上可以看成从零频（直流）到频率为无限高的无数个波所组成，称为连续频谱。该频谱中的每一个频段包含着一定的能量。这种能量依频率变化的曲线即为能量分布密度。对采用频率分割的多路通信模拟系统，根据能量分布密度，可估计实际落入使用频带内雷电冲击的能量值，进而确定是否采取防雷措施，或应达到怎样的水平才能满足防雷要求。

为了估算雷电波在某一频带内的影响，可利用能量分布密度求出能量随频率升高的累积分布 $P(\omega)$，对如式（2.2.95）所示的电流波，其值为

$$P(\omega) = \frac{2P_0}{\pi(\alpha - \beta)}\left(\arctan\frac{\omega}{\beta} - \beta\arctan\frac{\omega}{\alpha}\right) \tag{2.2.96}$$

式中，P_0 为雷电波的总能量，ω 为角频率。

当雷电波的波头时间较波尾时间短很多，即 $\alpha \geqslant \beta$ 时，式(2.2.96)可写成

$$P(\omega) = \frac{2P_0}{\pi} \arctan \frac{\omega}{\alpha} \qquad (2.2.97)$$

现举例说明如下：已知雷电流波为 1.5/40 μs 及 10/700 μs，试求其能量累积分布规律。

因为给定波的波头时间较波尾时间短得多，所以可用式(2.2.97)计算，得能量累积百分比，如表 2.2.2 所示。由计算结果可见，1.5/40 μs 雷电波约为 90% 的能量集中在 17 kHz 以下；而 10/700 μs 波，同样能量比例的频率分界点为 1 kHz 左右。因此，后一波形的低频能量要多得多。

表 2.2.2　雷电能量累积分布($\alpha = 0.0174 \times 10^6$)

P/P_0/%　　　波形 上限频率/kHz	1.5/40	10/700
0.5	11.3	80.4
1	22	90
12	85.4	99.2
17	90	99.4
20	91.2	99.4

如果要知道某一频段某一电子设备对雷电放电能量的实际接受值，只要求出 P_0 值代入相关公式即可。P_0 的计算方法如下：

设袭入设备的冲击电压峰值为 U_0，设备的输入阻抗为 Z，并设 $\beta \geqslant \alpha$，则进入设备的雷电波总能量为

$$P_0 = \frac{U_0^2}{2Z} \qquad (2.2.98)$$

(2) 雷电电磁脉冲效应。雷电放电的效应有热效应、机械效应和电磁脉冲效应(静电感应、电磁感应和行波及干扰效应)。这里着重介绍电磁脉冲效应。

① 静电感应。出现雷云放电前，雷云及随后的先导阶段中的通道与大地之间形成了一定的电场，此时位于其中的金属物体会出现与雷云异号的感生电荷，一旦发生了雷云放电，该物体上的电荷来不及泄放，本身就会出现很高的对地电位，可能引起对其他物体的火花放电。如果这种情况发生在存储有易燃、易爆的油库，弹药库的内部就会引起起火灾和爆炸事故。

② 电磁感应。雷击时，主放电的电流幅值很高，陡度甚大。雷电通道就像一条良好的发射天线。当雷电电流流经通道时，会在周围空间辐射出强大且变化迅速的电磁场。处在辐射范围内的金属物体因此而感应高幅值的脉冲电压或电流，对与该物体相连的电子设备造成危害。

③ 行波及干扰效应。雷电直击通信线路时，除通过热和机械效应可能造成通信线路损坏外，还会在线路上形成行波，行波也可能由上述的静电和电磁感应引起，不论是雷电直

击或雷电感应所形成的行波场要沿线路向两边传播，都会危害较远处的设备，影响通信质量或产生危害人体健康的音响冲击。

对通信系统来说，无线电接收天线和有线电通信线路都能接收雷电放电所辐射的电磁脉冲波，使通信受到干扰。通信系统受干扰的程度除取决于雷电波在该通信系统的使用频段内所含能量的多少外，还与可视作发射天线的雷电通道在该频段上的辐射能力有关。

3）核电磁脉冲干扰

核武器爆炸时产生的杀伤与破坏效应有冲击波、热辐射、核辐射和放射性污染等。此外，由于这些主要效应作用于周围环境会产生一些其他次级效应，例如，核爆炸所引起的地震现象，便是一种次级效应，还有另一种次级效应，这就是核电磁脉冲，即核辐射与周围环境相作用，发生带电粒子运动，从而产生可以传播很远距离的电磁场。在爆点附近，这种场具有很高的场强，而且可以传播至远的地方，其距离是核爆炸其他效应所望尘莫及的，甚至比核辐射本身传播的距离还要远。这一次级效应会对未加固和采用防护措施的电子设备和武器系统产生干扰和破坏作用。

由于核爆炸产生的电磁脉冲的产生机理、辐射规律、干扰与破坏效应，以及防护措施等所涉及的理论与实践问题较复杂，这里只能从概念上予以介绍。

（1）核爆电磁效应。核爆炸环境是一个相当复杂的问题，除冲击波、热辐射和核辐射等主要效应外，还有各种电磁效应，如瞬发辐射效应、电波传播效应、噪声效应和"百眼巨人"效应等。

① 瞬发辐射效应。这指的是核爆炸所产生的瞬发辐射对电子元器件和系统的破坏效应，主要是中子流和 γ 射线与其直接作用，从而引起位错、电离和化学等作用，使电子电路发生故障。

② 电波传播效应。核爆炸产生的各种辐射使大气发生异常电离，电离层受到骚扰，使电波传播发生衰减、反射、折射等现象，从而影响电子设备或系统的正常工作。

③ 噪声效应。当大量核爆炸时，由于爆炸区附近或其共轭区中的电缆的噪声大大增加，长时间超过正常接收信号电平几十分贝，对电子设备或系统的正常工作产生一定的影响。噪声效应分为三种：核电磁脉冲效应、火球噪声和同步加速噪声。对于核电磁脉冲效应将专门讨论，这里先介绍火球噪声和同步加速噪声。

· 火球噪声：低空核爆炸时所形成的早期火球，其辐射噪声不仅有可见光波长，而且也有电磁频谱的射频部分，在爆炸后的头几分钟里，高灵敏度的低噪声微波雷达接收系统如果直接将高增益天线对准火球，由于接收信号时伴有噪声而使雷达系统灵敏度降低，而且接收机前端也会受到损伤。

· 同步加速噪声：这是核爆炸时 β 粒子沿地球磁力线按螺旋形轨道运动时辐射出的噪声，β 粒子是核爆炸裂变碎片的放射性衰变所释放的产物，这种噪声可能长达数小时甚至数天。

④ "百眼巨人"效应。这个效应是 1958 年美国在南大西洋上空进行"百眼巨人"系列高空核试验时发现的，因而得此名。当时，核试验当量约为 2000 I，爆高约为 480 km，爆炸空域，地球磁场受到严重骚扰；而且，在地球赤道的镜像点上也产生"共轭"效应。

综上所述，可以把核爆炸电磁效应分为直接效应和间接效应两类。核爆炸时辐射出的射频电磁信号，如直接为电子设备或系统的天线所接收，可使保险丝熔断，电子线路损伤，或使接收的有用信号受到干扰，此即为直接效应。前述的核电磁脉冲、瞬发辐射效应、噪声等，就同属直接效应一类；核爆炸产生的中子、x 射线、γ 射线和 β 粒子等，使大气严重电离，形成附加电离区，电波传播发生衰减、反射和折射等现象，从而影响无线电通信和电子系统的工作，这种效应一般称为间接效应。

（2）核电磁脉冲。核电磁脉冲与雷电电磁脉冲都是高强度的瞬态电磁现象，但它在产生机理、频谱分布以及影响范围等方面都不相同。雷电放电产生的电流，密度高并且是耗散的；核电磁脉冲产生的电流，密度低且呈球形分布，核电磁脉冲的上升时间极快，比雷电高两三个数量级，与雷电脉冲比，核电磁脉冲的影响范围更广，而雷电则仅影响局部区域。

核电磁脉冲效应是核武器爆炸时产生的电磁脉冲与电子系统相作用，在其内感应出电流或电压的结果，这种效应轻则使电路收到的电磁能量增加，从而影响正常工作；重则因焦耳热使电子系统本身受到破坏。

① 核电磁脉冲的产生机理。核爆炸产生电流脉冲的机理主要有三个：康普顿电流、磁场-电子作用和地磁排斥作用。

· 康普顿电流：核爆炸时产生的高能粒子（γ 射线）以非弹性散射方式与空气分子撞击，产生康普顿反冲电子，后者形成康普顿电流。在散射电子与体离子之间产生一个电场，如果这时存在不对称条件，不平衡电流将产生电场和磁场，共同辐射出电磁信号。所谓不对称条件包括：地球与空气的界面（地面爆炸产生电磁脉冲时，这种不对称性起主要作用）；核武器弹体的不对称性；大气层空气密度按指数规律变化，因而出现不对称性（中等高压核爆时，这种不对称性对产生电磁脉冲起重要作用）；宇宙空间与大气层的界面（高核爆炸时，这种不对称性起重要作用）。

· 磁场-电子作用：这里所指的磁场，包括地球磁场和康普顿电流自身产生的磁场。磁场使运动电子在洛仑兹力作用下产生曲线运动，磁场-电子作用的空域有两个，一是离地面 20 km～30 km 处，一是离地面约 100 km～110 km 处，在这两个空域内，地球磁场使电子按圆形轨道运动，被加速的电子产生电磁辐射。这一辐射的电磁信号具有较低频率，能量较高，并能传播到很远的距离。

· 地磁排斥作用：核爆炸时产生的电离球体在膨胀时对磁场进行排斥；此时，磁力线发生张弛现象，辐射出电磁信号。该机理的作用次于前两个机理的作用，因而不是重要的电磁脉冲源。

② 高空核爆电磁脉冲。高空核爆炸，一般指在稠密大气层以上的核爆炸，爆高约在30 km 以上。在此高度或更高，由于空气十分稀薄，高空核爆炸在地球表面并不产生强的冲击波，几乎所有其他核武器爆炸效应都因大气稀薄而大大减弱，以至失去威力。但高空核爆炸产生的 x 射线和 γ 射线，具有很大的平均自由程，分别在 100 km～110 km 和20 km～40 km 的空域与大气强烈作用，形成范围十分宽广的源区，从而产生很强的电磁脉冲。可以说，核电磁脉冲是高空核爆炸唯一而重要的干扰和破坏源。

（3）核电磁脉冲的传播与接收。同其他辐射电磁场一样，核电磁脉冲的传播也可以分近区场、中区场和远区场三种，近区场包含一个非辐射分量和若干迅速衰减分量；在远区场则只有一个偶极分量较为重要；而中区场则是上述近区场和远区场的综合。

电磁脉冲可以看做不同频率三角级数函数的总和，即傅里叶级数。因为不同频率的辐射电磁信号在大气中的传播特性不同，故核电磁脉冲的波形随距离变化而不同。在空气中电磁信号传播时发生衰减的情况不同，频率越高，衰减越迅速，在电离层中，电磁信号传播的衰减视电子密度而定。核爆炸使电子密度发生变化，从而也影响到辐射电磁脉冲的传输。

简单来说，核电磁脉冲对电子系统造成的损害就是核电磁脉冲分别以磁场或电场引起的感应电流或传导电流进入易损的电子系统，使其正常工作受到干扰或使系统本身受到破坏。这种效应与接收面积、电阻率、耦合系数、元器件的容限等因素有关。

有关核电磁脉冲的破坏机理及防护措施是多年来各军事大国的重要研究课题。由于课题本身的复杂性，这方面的研究尚处在发展阶段。防护核电磁脉冲的措施比防护雷电的措施难以实现。这方面的技术还远未成熟，但是，随着高科技的发展，正陆续研制出一些实用的防护系统。

2.3 电 磁 敏 感 性

电磁敏感体是电磁干扰的最终受害体，也称为受扰体。电磁干扰源产生的干扰信号经过传输通道最终到达敏感体，这时，干扰能否产生就取决于敏感体自身抵抗干扰的能力。通常把系统或设备抑制外来能量的能力叫做系统或设备的电磁敏感性。不同的系统和不同的设备，其电磁敏感性也就不同。

本节主要讨论电磁敏感性的有关标准、现象、评估和阈值。

2.3.1 电磁敏感性的有关标准和规范

对系统的电磁敏感性规范，目前在世界各国，尤其是军品中，使用的是电磁干扰安全因数（DMISM），定义为

$$电磁干扰安全因数 = \frac{敏感度阈值}{现存最大干扰值}$$

用分贝表示为

$$m = P_0 - P \tag{2.3.1}$$

式中，m 为安全因数（dB），P_0 为敏感度阈值（dB），P 为现存最大干扰值（dB）。

美国军用规范规定系统的电磁干扰安全系数不应小于 60 dB，对武器和电爆装置不应小于 20 dB。

一个系统或一台设备，应将其最敏感的元件在最敏感的频率上的干扰临界值作为系统或设备的敏感度阈值。这个阈值是衡量系统和设备受电磁干扰易损性参数。电磁敏感性阈值越低，说明系统和设备越易受到干扰。从概率统计学来定义，电磁敏感性阈值是在一定置信度、一定概率下的物理量。

为了保证系统的电磁干扰安全因数，设备在安装之前必须达到一定的敏感度水平，这在军标和国标中都有明确规定。传导干扰的敏感性是用电压和电流的量值来衡量的，它要求设备在标准的试验方法中，对规定要求的电压或电流不敏感。而辐射干扰的敏感性是用电场和磁场的量值来衡量的，它要求设备在标准的试验方法中对规定的场强不敏感。

2.3.2　系统和设备的敏感性现象

简单地说，系统和设备对电磁干扰产生了敏感，就是系统和设备出现了一些不希望的响应。这些响应有以下几个方面：

1. 过载

过载是由于有用信号的幅度上升而使该信号的通道进入饱和状态，这样它对输入信号就不再会产生输入响应。

2. 闭锁

闭锁是当不需要的信号进入通道时使通道失效。例如，雷达接收机被雷达的发射脉冲所闭锁。雷达的同一波导和天线系统常常为发射机和接收机共用，虽然在发射脉冲时，接收机与天线和波导组件隔离，但如果发射脉冲泄漏进入接收机，接收机会把这种射频能量当做大幅度的返回信号而使接收机饱和，并且当此脉冲过去后，接收机仍保持闭锁状态。在系统中，一种功能被另一种功能无意地闭锁，可能连续出现，也可能仅仅在一个工作周期内产生一个盲点。如果在功能检查和试验期间，发射干扰源，则连续的闭锁总是能探测出来的。当各种设备装入系统后，通常会出现断续的或周期性的部分时间内闭锁。

3. 偏移

所谓偏移，是指系统或设备的输出偏离了正确的位置。偏移既可能由传导干扰造成，也可能由辐射干扰造成。干扰可能是系统内部的，也可能是来自系统外部的。比如，位移传感器，电输出常常是与位移成正比的，对干扰发生敏感后成一固定输出，或者与位移不成正比的输出。

允许的偏移总是存在的，只有超出偏移误差的要求才是不希望的，所以要有一个偏移的容许误差。容许误差可以用两种方式定义。第一种方式，可以规定机械容差，例如，安装在飞机上的俯仰陀螺，应规定一个可测的基准平面，如果陀螺必须位于重心附近，那么要确定一个可容许的容差尺寸。第二种方式，可规定电气容差，例如，方位传感器，其输出必须具有可测量的容差。

4. 介质加热

高频时，介质材料会有损耗。这种损耗类似于磁性材料中的磁滞损耗。桥丝和电爆管外壳之间的材料对这种效应是敏感的。在大功率干扰源(例如雷达)的照射下，由于介质加热，可能使电爆管起爆。

5. 电阻热

当交流或直流电流流过电阻性器件时，热损耗的能量为 I^2R。热能够作为不需要的信号起作用，并能引起器件发热。正常的情况下，器件是不会过热的。但当存在高频的情况下，就不能把直流电阻与高频电阻等同起来。一方面，高频时会使电阻值增加。例如，具有 1 Ω 以下直流电阻的雷管，在超高频时，实际的电阻达 30 Ω～40 Ω。另一方面，电抗是随频率而变化的，它虽不消耗功率，但能使流过的交流电流发生变化。例如电爆管的电抗，可以从直流时的零欧姆变化到超高频时的几百欧姆，并从感性变为容性。与电抗相串联的电阻上的电流当然也会随之变化。

同时，电阻元件还具有温度系数。它定义为，温度每升高1℃，每单位电阻的阻值变化。电阻可按下式计算：

$$R = R_0(1 + dt) \qquad (2.3.2)$$

式中，R 为温度为 $t(℃)$ 时的电阻，R_0 为温度为 0℃ 时的电阻，d 为温度系数，t 为在 0℃ 以上的温度数。

因此，电阻上的热损耗不仅和流过它的电阻有关，同时与频率和周围温度有关。

6. 火花击穿

在绝缘的电路或者是浮地的电路上，容易积累静电电荷。这种静电积累可建立很高的电压，以致击穿绝缘材料发生火花击穿。例如，未接地的变压器次级给未接地的放大器栅极馈电，有时会出现错误。再比如，电爆管的点火屏蔽电缆如果不接地或接地不良，电爆管易遭受火花击穿，引起意外爆炸。

7. 假触发

无论是传导干扰信号还是辐射干扰信号都容易引起触发电路的假触发。如果一个干扰信号呈现真实信号的特性，是很难探测到的，但可以从逻辑出错判断是否假触发，可采用控制脉冲形状、上升时间或脉冲宽度的技术措施来降低设备的敏感性。

8. 假信号

落入设备通带内，不需要的信号是假信号。所以，当估计设备会对假信号发生敏感时，首先要考虑设备的带宽。假信号产生的原因常有以下几种：

1）寄生谐振

高增益放大器特别容易发生寄生谐振。理论上为低阻抗的电容器，实际上往往会自动谐振或者对地为高阻抗。电感器的引线过长，也会在工作频率以下跟旁路电容谐振。例如，在 10 MHz，一个 1000 pF 的旁路电容，只要和 0.25 μH 的电感串联，就会发生谐振。把引线捆绑在一起，也会形成串联谐振电路。

2）亚声频干扰

亚声频的干扰是在车、船和飞机出现结构共振时产生的。当这些载体行驶时，设备和电缆束振动而产生的电扰动。这种电扰动的结果有两种方式：一种是传感器和敏感元件产生位移、速度或加速度，并产生不需要的输出信号；另一种是导线、电缆及线束相对电场和磁场运动而形成感应电压和电流，这种感应电压和电流，在飞机上，会使速率陀螺产生不需要的输出，从而引起严重的导航故障。

亚声频的频率与载体和结构的大小及形式有关。隔板和设备架可在几百赫兹至几赫兹频率上共振。它的特点是，持续时间常常不超过几秒；且难于探测；往往是叠加在有用信号上。

3）音频干扰

音频的干扰是普遍的。因为在基本的制导、导航和控制设备中，广泛使用继电器、电动机、计算器、开关、序列发生器、步进开关、放大器、电源和伺服机构环路，使音频传导敏感性成了电磁兼容性工作的一个重要组成部分。

9. 削波

削波能够在解调器和检波器中产生意外的影响。为了获得线性检波，要求检波器输出响应输入信号的包络。线性二极管检波器被广泛应用，因为它具有产生较少谐波畸变的优点，特别是在大调制度的情况下。但是检波用的阻容时间常数应该恰当。如果太大，输出的负峰值将被削掉，从而产生谐波和畸变。如果后面的电路对此敏感，则将出现不需要的响应。

10. 限幅

限幅是使有用信号的波峰功率、电压幅度限制在一定范围内，从而使波形畸变。典型的例子是稳压二极管，当反向电压超过"雪崩击穿"点时，将使电压幅值限制在稳压值上。由于限幅会产生一些新的较高的频率，如果网络对这些频率敏感，就会产生假输出，调谐电路也可能在这些频率上出现寄生谐振。当限幅作用很强时，信号的波形会更陡，产生的频率会更高更多，这些频率分量耦合到变压器、电阻器、放大器和杂散电容等上面，从而使设备敏感。

2.3.3 接收机的敏感性

如果接收机受到干扰，那么它对不同的干扰信号将产生不同的响应，具体可按干扰的性质分为线性干扰响应和非线性干扰响应。

1. 线性干扰响应

在线性干扰中，接收机的响应相当于带通滤波器，能接收进入接收通带内的任何频率分量。常见的线性干扰有同频道干扰和邻道干扰等。这些从接收机输入端进入的干扰信号又可分为两大类，即宽带干扰和窄带干扰。

1）宽带干扰

宽带干扰有不相干和相干两种。不相干干扰（例如自然干扰源）可用其功率密度 $N_1(f_0)$ 表示，经接收机放大器进入的干扰噪声的均方值 $<U_0^2>$ 为

$$<U_0^2> = N_1(f) \mid H(f) \mid^2 \Delta f \tag{2.3.3}$$

式中，$N_1(f)$ 为接收机输入端噪声功率谱密度（U^2/Hz），$H(f)$ 为从接收机输入到中放输出的复转移特性。

如果是相干干扰（如电动机和荧光灯），则相干噪声可用噪声脉冲的电压谱密度 $U(f)$ 来表示。当干扰信号进入放大器时，放大器的瞬时输出电压 $U_0(t)$ 为

$$U_0(t) = U(f)H(f) \exp(2\pi ft) \Delta f \tag{2.3.4}$$

2）窄带干扰

窄带干扰的信号频带与接收机中频带宽相比较窄，故可以按有用信号的计算方法来估算中放输出的干扰功率。

2. 非线性干扰响应

非线性干扰响应是由于接收机输入滤波电路对无用信号抑制不充分，以及器件中某些非线性过程所造成的。此外，接收机滤波电路前面的导线连接不好也会产生非线性干扰。

接收机常见的非线性干扰现象有乱真响应、镜像响应、交调、互调和灵敏度降低等。

1）乱真响应

当带外干扰信号与本机振荡频率或其谐波，在接收机前级非线性器件上混频而产生的频率接近接收机中频时，会产生乱真响应。在接收机的每个调谐频率上都存在一定的乱真响应频率。其乱真响应的频率 f_s 为

$$f_s = \mid pf_0 \pm f_i \mid q \tag{2.3.5}$$

式中，f_s 为乱真频率；f_0 为本振频率；f_i 为接收机中频；$p = 0, 1, 2, \cdots$；$q = 1, 2, 3, \cdots$。

2）镜像响应

镜像响应是镜像响应频率信号在接收机中的响应。镜像频率是以本振频率为参考，与信号频率对称的频率。它是乱真频率的一个特例。

如果信号频率 $f_m = f_0 + f_i$，那么镜像频率就成为 $f_{im} = f_0 - f_i$；如果信号频率为 $f_m = f_0 - f_i$，那么镜像频率 $f_{im} = f_0 + f_i$。

3）互调

接收机的互调是由两个或两个以上干扰信号同时出现在非线性器件输入端，混频后产生新的干扰频率信号落入带内造成的。

设两个干扰信号的频率为 f_1、f_2，接收机调谐频率为 f_0，则产生互调时满足下式关系：

$$|mf_1 \pm nf_2| = f_0 \tag{2.3.6}$$

式中，m、n 均为不等于零的正整数。

互调阶数 k 为

$$k = m + n \tag{2.3.7}$$

对两个以上的干扰信号，互调产物可由下式求出

$$\sum_{i=1}^{N} n_i f_i = f_0 \quad (n_i \text{ 为整数}) \tag{2.3.8}$$

式中，f_i 为第 i 个干扰信号频率。

互调阶数 k 为

$$k = \sum_{i=1}^{N} |n_i| \tag{2.3.9}$$

值得指出的是，两个干扰信号的三阶互调产物，对接收机的影响最大。因为其幅值最强，频率也最容易满足接收机的调谐频率。

4）交调

交调是有用信号被干扰信号调制。这种受干扰调制的有用信号在接收机引起的响应，称为交调响应。交调可以看做是互调的一种特殊情况。

5）灵敏度降低

由于不需要信号在接收机通带内而引起有用信号电平的降低称为灵敏度降低。增益的降低是由于强信号引起接收机某部分过载，使接收机不再对增加的输入电压响应。这两种情况，从宏观上看都是接收机灵敏度降低。接收机遭受灵敏度降低的程度取决于接收机的动态范围和过载特性。大功率发射机的发射，常常使邻近的接收机前级过载而引起这类响应。

2.3.4 电磁敏感性评定标准

评定系统或设备的电磁敏感性标准是根据该系统或设备的使用目的来确定的。这儿仅以话音通信系统、图像通信系统、雷达系统为例来说明各种评定标准。话音通信系统是利用在主观清晰度试验中得到的可懂度试验数据，来判断电磁干扰对系统正常功能的损害程度。图像通信系统敏感性则是以各种干扰情况下观察人员对图像质量评分的主观性试验统计数据来确定。雷达系统与电视、传真系统不同，把电磁干扰引起的目标探测时间增加量，作为干扰影响的评判标准。数字数据系统采用的衡量标准是出错率，模拟数据系统通常用

均方误差作为估量系统质量的基础。

操作人员的经验和疲劳也是影响系统性能的一个重要因素。一个有经验的操作员往往能在受干扰时正确读出没有经验的操作员无法读出的信号。此外，操作员精力充沛时与疲劳时相比，在有干扰情况下接收信息的质量是有差别的。总之，人的因素对系统性能的影响难以精确确定，这里只是作为一个必须引起重视的问题提出而已。

为了便于系统电磁兼容性分析，把各种性能评定标准与信噪比联系起来，并提出可接受比即阈值。

1. 话音通信系统

由于发送和接收信号的随机性、信息内容的千变万化以及接收机操作员在听力和理解力上的差异，要规定话音通信系统工作性能的测量标准是很复杂的。

一种评定标准是可懂度即清晰度，它是清晰度试验时听话人能听懂的单词数量与试验所用的单词总数的百分比。

清晰度试验由经过训练的发话人和听话人参加。试验程序是一个发话人或一个标准化的话音发生器（如磁带记录的语音）读出一组经选择的单词或音节，经过通信系统传输后，听话人把听到的单词或音节写在试卷上。试验时，将各种电平的干扰注入传输信道，根据听话人听懂的单词或音节的数量来评定分数，清晰度得分代表了可懂度水平。

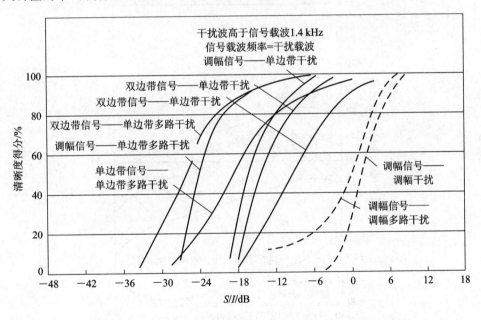

图 2.3-1 话音通信系统性能——清晰度得分与信号干扰比关系

为了便于在系统电磁兼容性预测过程中确定话音通信系统的性能，把得到的经验数据转换成适当的电特性，例如，信号—干扰比（S/I）。图 2.3-1 所示为在有用信号和干扰信号几种不同组合情况下，信号—干扰比（S/I）与清晰度得分即可懂度之间的关系。图中的各种干扰情况均为同频道干扰情况。很明显，话音通信系统的性能随 S/I 变化从良好到差劣的转换速率很快。

采用清晰度试验法既费时又费钱，因而可用分析法代替。这种方法利用语言的预定频谱特性和干扰信号的频谱特性来得出清晰度的估计值，即"清晰度指数"。它是以图 2.3 - 2 所示的频谱分布为估算的依据。图中的曲线示出大声说话时离讲话人 1 m 处的声压频率密度电平。大声说话时的话音电平比正常话音电平高 6 dB。图中的三条曲线为话音峰值电平曲线、话音平均电平曲线和话音最低电平曲线。峰值电平比平均电平高 12 dB，最低电平比平均电平低 18 dB。频率范围为 200 Hz～6100 Hz，分成 20 个评判频带，使每个评判频带在横坐标上占相等的宽度，这样在清晰度指数中所占百分数相同。若峰值电平曲线与最低电平曲线之间的区域未被干扰所污染，没有被滤掉，也没有降到可听阈以下或进入过载区，则清晰度为 100%。若这个区域中有一部分听起来模糊不清，则清晰度指数的降低值由听不清区域的面积所确定。横坐标上标出的数值是 20 个评判频带的中心频率，每个频带占清晰指数的 5%。清晰度指数的估算公式如下：

$$A = \sum_{n=1}^{20} 0.05 W_n \tag{2.3.10}$$

式中，A 为清晰度指数；W_n 为清晰度参数，$W_n = [$（第 n 个频带话音峰值）$-$（第 n 个频带中的噪声均方根）$] \div 30$。

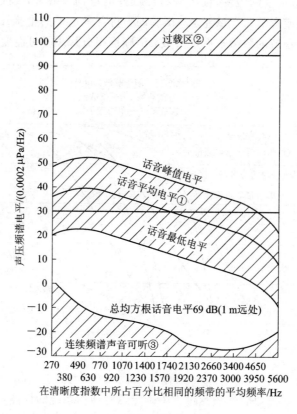

根据频谱电平画出的曲线图：① 一个人说话时的话音区；② 一般男人耳朵不能听见的"过载"区；③ 年轻人耳朵的可听阈（所有曲线均按特殊比例的频率标尺上的频率函数画出）。

图 2.3 - 2 话音频谱电平图

W_n 的分子中的两项以相对于 0.002 μPa/Hz 的分贝数度量，话音峰值电平从图 2.3 - 2 所示的曲线中选取。分母中的 30 表示峰值与最低值之间的分贝数。若方程的得数是负的，则 W_n 为零；若得数大于 1，则 W_n 为 1。图 2.3 - 2 还有一条频谱电平约 31 dB 的水平线。

此电平是在 200 Hz～6100 Hz 频带内总均方根值等于平均话音电平曲线总均方根电平的噪声干扰信号的假定电平。在 5900 Hz 带宽内，这一噪声曲线的均方根电平为69 dB，在 1 Hz 通带中平均值为 31.3 dB。

干扰对图像通信系统性能影响的评定结果数据带有几分主观性。有一种评定标准是根据系统受干扰程度把其性能分成如下等级：① 很好；② 好；③ 合格(可以)；④ 勉强合格(还可以)；⑤ 劣；⑥ 不能用。

有人曾应用上述标准对电视机的电磁干扰敏感性能作过一次广泛的测量，试验对象包括彩色电视机和黑白电视机，试验时注入了各种不同类型的干扰。有近 200 个人参加了这次试验，得到了约 3800 个评判数据。清晰度指数与语言可懂度的这些关系，如图 2.3-3 所示。清晰度指数取决于所用的材料及说话人和听话人的技能。

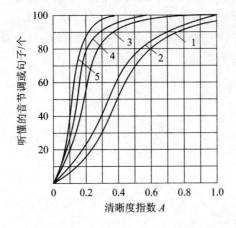

1—PS 词(1000 个不同词汇)；
2—无意义音节(1000 个不同音节)；
3—测验词汇为 255 个音素均衡词汇；
4—句子；
5—测验词汇为 32 个 PS 词汇

图 2.3-3　清晰度指数与语言可懂度的关系

典型试验结果如图 2.3-4 和图 2.3-5 所示。

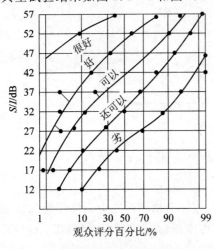

图 2.3-4　对电视机同频道干扰(载波间隔为 604 Hz)

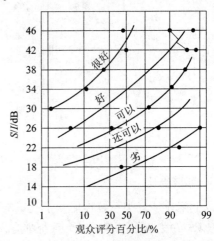

图 2.3-5　随机噪声干扰

图 2.3-4 为来自另一电视台的同频道干扰情况，图 2.3-5 为随机干扰情况。对于同频道干扰的情况，随着同频道干扰和信号之间频率间隔的增大，50% 以上观察者给出合格或优于合格的评判所需要的信号和干扰比(S/I)减小。对于随机干扰情况，50% 以上观察

者给出至少是合格的评判结果所要求的 S/I 是 27 dB。这是同步信号幅度的均方根值与 6 MHz 电视通道内噪声均方根值之比。

2. 雷达系统

雷达最常见的干扰是由其他雷达的发射脉冲所引起的，被干扰现象是在雷达显示屏上出现干扰点或干扰螺旋线。这种称做"兔子"的干扰常常在显示屏上不停地移动，甚至很可能覆盖大部分显示区域，使目标难以辨认。对操作人员来讲，这种干扰相当烦人，长时间监视有干扰的显示画面极容易引起疲劳，由此降低工作效率和质量。若干扰扇形区包含有一个目标，一则有可能增加探测时间，二则如果干扰很严重，甚至很可能会把干扰误认为目标，造成虚警错误。

曾对这种雷达系统进行干扰影响试验。试验时，将附近雷达的典型干扰信号与一个或几个有用目标信号混合，然后测出受过训练的雷达员发现目标所需要的时间。试验中用 35 种干扰状态，干扰的功率依次增加，即信干比逐渐减小，探测距离的减小可换算成探测时间的增加，此量与 S/I 和目标速率的函数关系如图 2.3 - 6 所示。

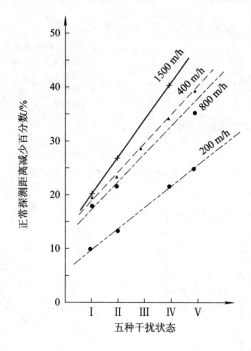

图 2.3 - 6 警戒雷达探测距离与干扰状态的关系

3. 可接受比

以上阐述了三类系统性能受干扰影响的评定标准，并给出这三类系统性能标准与信号干扰比(S/I)之间的关系。每个系统都有一个最低性能指标，即"可接受"标准，此最低性能指标可转换成可接受的信号与干扰比。

4. 同步误差

同步误差用于检测脉冲信号和数字信号的定时信息，是用跟踪一个其频率与数字率有关的分量的方法，从接收到的波形中获得的。这个分量往往是用锁相环路提取。这种环路在处于稳定跟踪状态时，等效于一个中心频率与所接收到的正弦波一致的窄带滤波器。

跟踪—滤波器的输出电压

$$U_0 = S\cos\omega t + n(t) \tag{2.3.11}$$

式中，S 为输入有用信号幅值，$\omega = 2\pi \times$ 数字数据率，$n(t)$ 为相加性干扰，t 为时间。

没有干扰时，余弦波的过零点能提供准确的定时信息。但有噪声时，过零点没有准确的周期性，由于过零点时间相对于未受扰动时值的偏差 τ 的随机性，使检测过程出现了不稳定的抖动现象。

若相加性干扰 $n(t)$ 在滤波器带宽范围内具有高斯噪声特性，则均方定时误差为

$$<\tau^2> = \frac{2N_0 B_e}{S^2 \omega^2} \tag{2.3.12}$$

式中，τ 为过零点时间相对于未受扰动值的偏差，N_0 为输入噪声频谱密度，B_e 为有噪声功率带宽，S 为输入信号电平。

缩小跟踪—滤波器带宽可减少抖动，但却会造成跟踪器反应缓慢，从而降低了跟踪器得到准确定时和发射定时的变化作出响应的速度。

抖动会使比特错误率增大，这是因为对一个信号间隔中发射的信号作出判决时，信号取样只有一部分是在这个间隔中进行的，而另一部分是在相邻间隔中进行的。

在依赖于相干和定时的系统中，严重破坏同步性的噪声和干扰会将整个信号全部破坏。所以许多系统都必须设计几种不同级别的同步。有的系统靠射频相干，如相干移相键控和单边带传输发送非话音信号。有的系统可能需要位同步和各种更高级的同步，例如，普通电视系统则需要行同步（水平同步）和帧同步（垂直同步）。保护同步电路是极其重要的。

习　题

1. 常见的自然干扰源和人为干扰源有哪些？
2. 什么是电磁污染？
3. 电磁信号传输的途径有哪些？
4. 什么是电子设备的电磁敏感性？它与哪些因素有关？
5. 系统和设备的敏感性现象有哪些？
6. 常见的线性干扰分为几类？
7. 产生非线性干扰的原因有哪些？

第三章 电磁干扰的抑制

前面分析了产生电磁干扰的三大要素，只有三个要素同时具备时，才能产生电磁干扰，所以抑制电磁干扰应该从三个要素入手采取相应的措施，以保证设备的电磁兼容性。从理论上讲，抑制干扰源、抑制干扰的传输和提高敏感体的电磁敏感度是抑制电磁干扰的基本措施，实际上在采取抑制措施时并不是针对某一要素本身的，而是对三个要素综合的抑制。

接地与搭接、屏蔽和滤波是抑制电磁干扰的三大技术，这是电子设备和系统在进行电磁兼容性设计过程中通用的三种主要的电磁干扰抑制方法，主要作用是降低设备产生的干扰电平，增加干扰在传播途径上的衰减，增强设备抗干扰的能力。虽然每一种方法在电路和系统设计中都有其独特的作用，但它们有时也是相互关联的。譬如，设备接地良好可以降低屏蔽的要求，而良好的屏蔽也可使对滤波的要求低一些。

本章按接地与搭接、屏蔽和滤波这个顺序讨论这三大技术的原理、分析计算和设计方法。

3.1 接 地 与 搭 接

1. 接地的基本概念

电子设备中的"地"通常有两种含义：一种是"大地"；另一种是"系统基准地"。接地就是指在系统的某个选定点与某个电位基准面之间建立低阻的导电通路。"接大地"是以地球的电位作为基准，并以大地作为零电位，把电子设备的金属外壳、线路选定点等通过接地线、接地极等组成的接地装置与大地相连接。"系统基准地"是指信号回路的基准导体（电子设备通常以金属底座、机壳、屏蔽罩或粗铜线等作为基准导体）电位设为零电位，把线路选定点与基准导体间的连接称为"接地系统基准"。

理想的接地平面是一个零电位、零阻抗的物理体，任何干扰信号通过它都不会产生电压降。但在实际上，理想的接地平面是不存在的。即使电阻率接近于零的超导体，其表面两点之间渡越时间的延迟也会呈现某种电抗效应。接地平面上点并非都经常处于零电位，有高电位作用区或大电流作用区，也有高电位和大电流同时作用区，有时在两接地点之间要产生几微伏的电位差。

接地的目的主要有两个：一是为了安全，称为保护接地；二是为信号电压提供一个稳定的零电位参考点，称为信号地或系统地。

一般电子设备的金属外壳必须接大地，这样可以避免因事故导致金属外壳上出现过高的对地电压而危及操作人员和设备的安全。例如，图3.1-1所示的情况，如果设备外壳不接地，其内部的高频、高压、大功率电路与机箱存在杂散阻抗。设备工作时，机箱上产生的电压为

$$U_2 = \left(\frac{Z_2}{Z_1 + Z_2}\right)U_1 \qquad (3.1.1)$$

式中，U_2 为机箱上电压，U_1 为电路中高压部件的电压，Z_1 为高压部件与机箱间的杂散阻抗，Z_2 为机箱与大地间的阻抗。

机箱上的电压 U_2 取决于 Z_1 和 Z_2 的大小。若 Z_2 比 Z_1 大得多，则机箱上的电压 U_2 就接近高压部件电压 U_1，就会危及操作人员的安全；反之，若 Z_2 比 Z_1 小得多（外壳接地），则 $U_2 \ll U_1$，且 U_2 近似等于零。

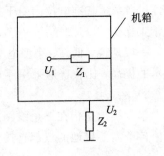

图 3.1-1　机箱通过杂散阻抗而带电

2. 接地的方式

通常采用的接地方式有三种：浮地、单点接地与多点接地。有时还采用另外一种接地方式，把单点接地和多点接地组合起来称为混合接地。

1）浮地

浮地是指设备地线系统在电气上与大地相绝缘，这样可以减小由于地电流引起的电磁干扰。图 3.1-2(a) 所示为系统地悬浮的情形，各个电路的系统与地连通，但与大地绝缘。

若浮地系统对地的电阻很大，对地分布电容很小，则由外部共模干扰引起的流过电子线路的干扰电流就很小。图 3.1-2(b) 所示为共模干扰作用下的等效电路，来自电源等的外部干扰电压 U_N 通过代表电磁感应和静电感应的等效阻抗 R_1 加到电源变压器、电缆屏蔽层或外壳上，在受干扰部分的阻抗 R_3、L_3 上产生干扰电压 U_0，此电压经线路间的分布电容 C_1 耦合到电子线路，经对地电阻 R_K 和对地电容 C_K 流回大地，并使电子线路对地电位发生波动。若 R_K 很大、C_K 很小（即良好浮地），则流过电子线路的干扰电流就很小，其影响可以忽略。此外，这种方式对直接进入的传导干扰同样有抑制作用，并能避免因接地不当而产生的干扰。

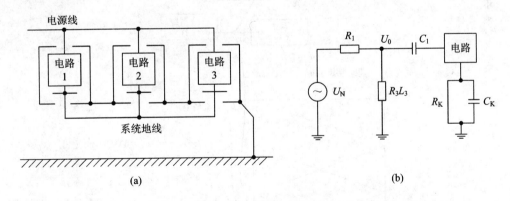

(a)　　　　　　　　　　　　　　(b)

图 3.1-2　浮地系统及其干扰模式

浮地的缺点是由于设备不与大地相连，容易产生静电积累现象，这样积累起来的电荷达到一定程度后，在设备和大地之间会产生具有强大放电电流的静电击穿现象。为了解决这个问题，在设备与大地之间可以接入一个阻值很大的泄放电阻，以消除静电积累的影响。另外，由于浮地的有效性取决于实际的对地悬浮程度，因此浮地方式不能适应复杂的电磁环境。特别对于较大的电子系统，因为有较大的对地分布电容，所以很难保证真正的悬浮。当系统基准电位因受干扰不稳定时，通过对地分布电容出现位移电流，使设备不能正常工作。

一般地说，低频、小型电子设备，容易做到真正的绝缘，随着绝缘材料的发展和绝缘技术的提高，比较普遍采用浮地方式。大型及高频电子设备则不宜采用浮地方式。

2）单点接地

单点接地是指在一个线路或整个电路系统中，只有一个物理点被定义为接地参考点，其他各个需要接地的点都直接到这一点上，如图3.1-3所示。

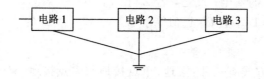

图3.1-3 单点接地

当单点接地的几条连接线的长度与电路工作波长相比很小时，可以采用这种方式接地。当系统的工作频率很高，连线长度可以和工作波长相比拟时，就成为微波技术中讲到的长线，这时就相当于一段终端短路的传输线，特别当线长等于1/4波长时，连接电路端等效为开路，相当于没有接地。所以，单点接地仅适用于低频设备系统中。

单点接地系统应尽量避免使地线构成回路，因此在配置上经常是使地线成为树杈状，在结构上有如下三种形式。

（1）用独立接线排的单点接地系统。在设施中各系统均以一独立的接地排连接在设施的主接地板上，如图3.1-4所示。

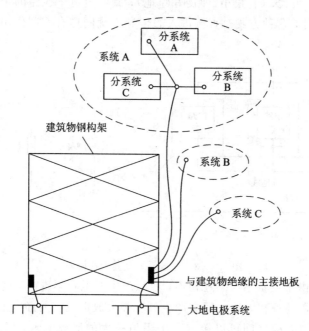

图3.1-4 采用独立接线排的单点接地

（2）用公共母线的单点接地系统，如图3.1-5所示，每个系统内的各分系统是单点接地，然后利用单根绝缘导线把每个系统的接地点连接到树权状的接地母线上。

（3）用主板接地和支路接地板的单点接地。在设施中心安接主接地板，设施中的各设备支路接地板都通过主干接地电缆接到该板上，而该板再与设施的大地电极连接。

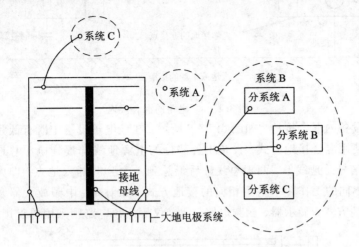

图 3.1-5　采用公共母线的单点接地

3）多点接地

多点接地是指电子设备（或系统）中各个接地点都直接接到距它最近的接地平面上，以使连接线的长度最短，如图 3.1-6 所示。这里所说的接地平面可以是设备的底板，也可以是贯通整个系统的接地母线。在比较大的系统中，还可以是设备的结构框架。

图 3.1-6　多点接地

多点接地的优点是电路结构简单，接地线上可能出现的高频驻波现象显著减小。因此，它是高频信号电路的唯一实用的接地方式。但是多点接地使设备内存在许多地线回路，因此，提高接地系统的质量就变得十分重要。当导线长度超过 $\lambda/8$ 时，多点接地就需要一个等电位接地平面。系统中每一级或每一装置都各自用接地线分别单点就近接地，其每一级中的干扰电流就只能在本级中循环，而不会耦合到其他级中。

4）混合接地

混合接地就是单点接地和多点接地的组合。单点接地的应用频率范围一般为 300 kHz 以下，在有些场合也可用 3 MHz 以上；多点接地应用频率范围一般为 300 kHz 以上，在很多场合为 500 kHz～30 MHz；混合接地的应用频率范围为 50 kHz～10 MHz。

（1）电路混合接地。以一个图像放大电路为例，该电路的工作频率从低频到高频（6 MHz），如图 3.1-7 所示。主放大器外壳直接接地；负载端的外壳则通过电容（有时利用分布电容）接地；同轴电缆屏蔽层经同轴连接器与两外壳相接。这样，在低频时，由于负载的外壳对地呈高阻抗，仅主放大器外壳一点接地。而在高频时，由于负载端外壳被电容旁路到地，实现了混合接地。

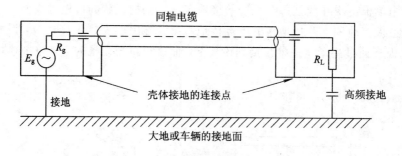

图 3.1-7　电路的混合接地

（2）电子设备的混合接地。如图 3.1-8 所示，在该电子设备中既有低频电路又有高频电路，这时应使用混合接地方式。设备中各部分的电源地线都接到电源总地线上，所有的信号地都接到信号总地线上。两根总线最后汇总到一个公共的入地点，即大地电极。在信号地中，根据不同的工作频率采用相应的接地方式。如射频、中频放大器及中放、视放部分采用多点接地方式；显示器、扫频电路、记录仪等低频电路则采用单点接地方式。

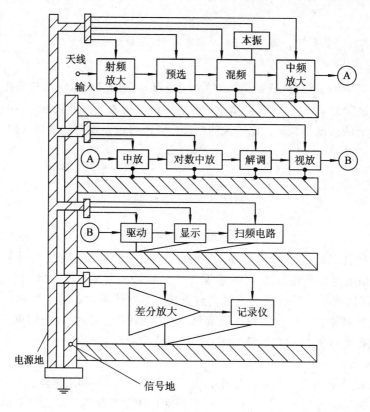

图 3.1-8　电子设备的混合接地

3. 电路接地

1）电路接地的考虑

设备中电路接地平面应对系统内的所有频率都呈现可忽略的低阻抗，该接地平面作为电路的公共地回路。每个电路都会向接地平面送出它自身的电流。任何一个地回路，当它绕过或穿过别的地回路时，就会引起电路之间或级之间的耦合而产生干扰。这个干扰电压取决于接地平面上两个电路接点之间的阻抗以及该接地平面内的电流。为了减少由于接地平面引入的有害耦合影响，可以把电路元件分为几组接地，以使回路尽量短而直，尽量避免交叉。此外，还可以利用隔离变压器电路来抑制地电势的影响。

2）单级电路的接地

如图 3.1-9 所示，同一放大电路采用了两种接地方式，即单点和多点接地。但是对于单级电路来说，最好是一点接地，因为地线不是理想的零阻抗。当多点接地时，三个接地点 a、b、c 的电位是不等的，这样在晶体管的输入端就引入了由地电流 I_g 形成的干扰电压，使电路工作不稳定甚至失误。而单点接地时，地电流 I_g 对晶体管的输入端没有影响。

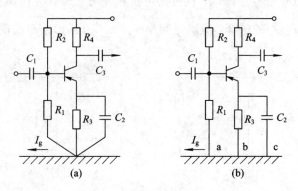

图 3.1-9　单级电路接地

3）多级电路的接地

多级电路接地点的选择是十分重要的。图 3.1-10 所示为多级电路的串联式单点接地方式，图 3.1-10(a) 的接地点靠近高电平端，图 3.1-10(b) 的接地点靠近低电平端。设 A、B、C 三级电路的电平依次为由低电平到高电平。当接地点选在高电平端 c 点时，则低电平级 a 点的对地电位为

$$U_{cg} = Z_{ab}I_a + Z_{bc}(I_a + I_b) + Z_{cg}(I_a + I_b + I_c) \tag{3.1.2}$$

式中，Z_{ab} 为地线 ab 段的地阻抗；Z_{bc} 为地线 bc 段的地阻抗；Z_{cg} 为地线 cg 段的地阻抗。

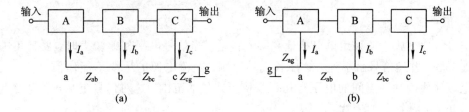

图 3.1-10　多级电路的接地点选择
（a）错误；（b）正确

当接地点选择在靠近多级电路的低电平端 a 点时，则低电平级 a 点的对地电位为

$$U_{ag} = Z_{ag}(I_a + I_b + I_c) \tag{3.1.3}$$

式中，Z_{ag} 为地线 ag 段的地阻抗。

设 $Z_{ag} = Z_{cg}$，比较式(3.1.2)和式(3.1.3)，可得到 $U_{cg} > U_{ag}$。可见，多级电路的接地点选择应靠近低电平端，这时，地电位对电路的干扰最小。

4. 电源接地

1) 电源接地的考虑

为了减少电源母线上的负载感生噪声,电流的一端必须很好地接地。图 3.1-11(a)所示为两负载共用一个电源供电的情况,图 3.1-11(b)所示为两负载采用各自独立的电源供电的情况。这种分开的供电方法有助于减少通过公共电源母线上产生的负载感生干扰。

当然,最理想的方法是每一个负载有一个单独的电源,但通常是不允许的。比较经济又好的办法是像图 3.1-11(b)那样的负载分离法,或者在图 3.1-11(a)中接入去耦电路。一般去耦电路由电阻和电容器构成,也可由电阻和齐纳二极管等稳压器件构成。去耦电路中的电容器和电阻值大小的选择,应满足频率 $f_0 = \dfrac{1}{2\pi RC}$ 远远小于去耦频率。

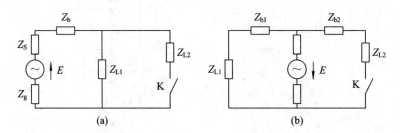

图 3.1-11 电源供电情况

2) 电源回线

电源回线主要有两种实施方式,即公共回线(通过接地系统或机壳),或用一根导线作电源回线。虽然公共回路可以节省导线,但电流通过公共回线时,会在作为回线的接地平面或机壳上产生电压降,这个电压降虽然比电源系统的各种供电电压小得多,但可能高于电子系统中某些级的信号电平。所以在那些用框架和结构作电源回线的电子系统中,就会碰到潜在的干扰问题。采用专用一根导线作为电源回线时,其优点是可以提供一个比较完善的单点接地,而不构成复杂的接地环路,从而减少了最容易引起不兼容的接地环路和公共阻抗。

5. 信号接地

信号接地方式主要采用单点接地和多点接地。当信号电平相差较大时,要采用串并联的接地方法,并按信号由小到大逐步移动的原则。交流电源的地线不能作信号地线,因为一般电源地线间的两点间的电压有几百毫伏至几伏的范围,这对信号电平,尤其是低电平信号是一个非常严重的干扰。

为了防止辐射干扰和降低地线阻抗,对信号接地线的长度要有一定的限制。因为随着频率的升高,地线阻抗要增加,特别当地线的长度是 $\lambda/4$ 的奇数倍时,地线阻抗会变得很大(理论上为无穷大);同时,地线还向外辐射干扰信号。

图 3.1-12 所示为信号接地的两种基本形式:其一是信号地引至机壳外表面的连接点,并与机壳完全地单点连接,然后再通过分支和主接电缆单点信号接地;其二是信号地引至壳体外表面的连接点,在电气上与机壳安全地绝缘,信号地再通过分支和主接地电缆单点信号接地。图中的分支接地电缆和主接地电缆横截面尺寸有以下两点要求:

(1) 当主接地电缆的长度在 60 m 以下时,其横截面积一般选 240 mm²;当主接地电缆的长度大于 60 m 时，主接地电缆的横堆面积应按下式确定：

$$A = 4l \qquad (3.1.4)$$

式中，A 为主接地电缆的横截面积（mm^2），l 为主接地电缆的长度（m）。

（2）分支接地电缆的横截面积按下式确定：

$$A_1 = 2.5l_1 \qquad (3.1.5)$$

式中，A_1 为分支接地电缆的横截面积（mm^2），l_1 为分支接地电缆的长度（m）。

当 $A_1 < 20$ mm^2 时，取其为 20 mm^2。

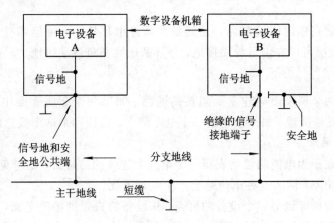

图 3.1-12　信号地的两种形式

6. 屏蔽装置接地

（1）信号电路屏蔽罩的接地。为了防止多级小信号放大器和高增益放大器自激，通常用屏蔽罩对它们进行屏蔽。其屏蔽效能除了与屏蔽罩自身结构质量有关外，其接地方式是一个很重要的因素，如图 3.1-13 所示。

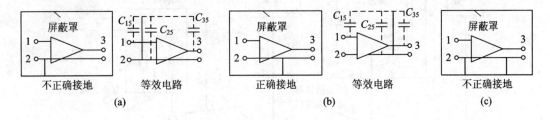

图 3.1-13　屏蔽罩接地形式

图 3.1-13(a)把接地点选在放大器输入端的地线上，这样虽然把寄生电容 C_{25} 短路，但是放大器输出端的信号电流经寄生电容 C_{25} 向输入端流动，会在输入端地线上产生寄生电压，形成反馈，破坏放大器的正常工作。

图 3.1-13(b)的接地点选在放大器输出端的地线上，这时寄生电容 C_{25} 被短路，反馈通道也被消除，屏蔽罩既对放大器起到屏蔽作用，又不至于给放大器带来寄生耦合。

图 3.1-13(c)的接地点选在放大器输入和输出的地线上，其结果可能在放大器输入端引入了公共地阻抗干扰和地环路干扰。

（2）屏蔽电缆屏蔽层的接地。屏蔽电缆一般分为低频电缆和高频电缆。对于低频信号电缆，屏蔽层应单点接地；对屏蔽的电力电缆和高频电缆的屏蔽层至少应在电缆两端接地。

当电缆的长度 $l<0.15\lambda$ 时，则要求单点接地。无论是单芯还是多芯屏蔽电缆，在电源和负载电路中，一端为接地点，另一端与地绝缘，其中接地点就是屏蔽层的接地。

当电缆长度 $l>0.15\lambda$ 时，则采用多点接地。一般屏蔽层按 0.05λ 或 0.1λ 的间隔接地，以降低地线阻抗，减少地电位引起的干扰电压。

对于输入信号电缆的屏蔽层不能在机壳内接地，只能在机壳的入口处接地，此时屏蔽层上的外加干扰信号直接在机壳入口处入地，避免屏蔽层上的外加干扰信号进入设备内的信号电路上。

对于高输入或高输出阻抗电路，尤其是在高静电环境中，可能需要用双层屏蔽的电缆。这时，内屏蔽层可以在信号源端接地，外屏蔽层则在负载端接地。

7. 搭接

搭接是指在两金属表面间建立低阻抗的通路。如果两个金属表面中的一个是接地平面，则这种搭接就是接地。如果接地是一个电路概念，搭接则是这个概念的物理实现。

1）搭接的目的和分类

搭接的目的在于为电流的流动安排一个电气上连续的结构面，以避免在相互连接的两金属之间形成电位差，因为这种电位差会产生电磁干扰。

从一个设备的机壳到另一个设备的机壳，从设备的机壳到接地平面，在信号回线和地线之间，电缆屏蔽层与地线之间，接地平面与连接大地的地网或地桩之间，以及静电屏蔽层与地之间，都可以进行搭接。通过搭接可保证系统电气性能的稳定，有效地防止由雷电静电放电和电冲击造成的危害，实现对射频干扰的抑制。

不良的搭接将给电路带来危害，以如图 3.1-14 所示的两个例子加以说明。

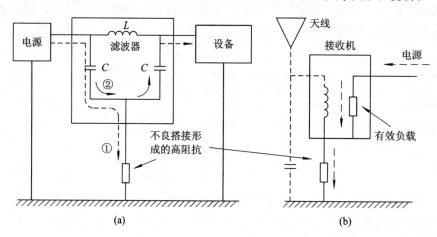

图 3.1-14 不良搭接的影响

图 3.1-14(a)中的 π 型滤波器本应在干扰源和敏感设备之间起隔离作用。但由于搭接不良，地线上形成高阻抗，使得传导干扰电流不是像预期那样沿路径①流入地，而沿路径②流到负载 R_L（设备的阻抗）。设滤波器的元件是 L 和 C，因搭接不良而形成的阻抗为 $Z_B=R_B+j\omega L_B$，这里，R_B 为搭接条的电阻（还包括搭接条两端的接触电阻），L_B 是搭接条的电感，不难看出，电流沿路径②流动的条件是

$$R_{\mathrm{L}} + \frac{1}{\mathrm{j}\omega C} < R_{\mathrm{B}} + \mathrm{j}\omega L_{\mathrm{B}} \qquad (3.1.6)$$

可见，要实现良好的搭接，就要想办法减小搭接条本身的阻抗和搭接条与所接触的金属面之间的接触电阻。

在图 3.1-14(b)中，由于搭接不良，会在地线上形成高阻抗。这样，出现在电源线上射频电流和天线拾取的射频信号都以此阻抗为公共阻抗通路，造成对信号的干扰。

搭接通常按搭接的方式分成两大类：直接搭接和间接搭接。

直接搭接是在互连元件之间不使用辅助导体而建立一条有效的电气通路，其具体方法是：把互连部分放在一起使它们直接接触，再通过熔焊或钎焊在其接合处建立起一种熔接的金属桥接，或者利用螺栓、铆钉或夹箍使配接表面之间保持强大的压力，以获得电气的良好接触。直接搭接的例子：母线条带之间的叠接；雷电引下导体与大地电极分系统间的连接；设备前面板与设备机架的配接；连接器壳体在设备面板上的安装等等。

正确的直接搭接，其直流电阻很低，并能获得一个与主搭接部分结构所允许的射频阻抗。直接搭接往往是最好的连接方式，但是只有当两个互连元件能够连接在一起，并且没有相对运动时，才能使用直接搭接。

间接搭接是利用中间过渡导体(搭接条或搭接片)把欲搭接的两金属构件连接在一起。当一个综合设备的各部分之间，或者综合设备与其参考平面之间必须在结构上分离时，就必须引入辅助导体作为搭接条。安装防震设备时，通常用搭接条把设备搭接至结构的接地参考系统上。另外，还可用搭接条旁路某些结构元件，如配电箱盖板或设备盖板上的铰链，以防止这些元件在受到强电磁场照射或通过高电平电流时产生宽带噪声。

2) 搭接的一般原则

对搭接的设计必须纳入系统设计，一般应遵循以下原则：

(1) 在信号接地母线网络的导体之间，在设备与接地线网络之间，电缆层及其部件与接地参考面之间，箱柜屏蔽层与接地参考面之间，构件之间，以及雷电保护网络各单元之间，等等，都应规定具体的注意事项，在设施的设计和施工中，除了机械和工作要求之外，还必须考虑信号通路、人身安全和雷电保护搭接的要求。

(2) 搭接必须实现并保护金属表面之间的紧密接触。连接表面必须光滑、清洁，并且没有非导电的表面处理层。紧固件必须能施加足够的压力，以便在有关设备和周围环境出现变形应力、冲击和振动时仍能保持表面的良好接触。

(3) 接点的有效性不仅取决于其结构及其所承载电流的频率和幅值，还取决于它所处的环境条件。

(4) 搭接条仅是直接搭接的替代连接件。搭接条应能尽量保持最小的长度比和最低的电阻。

(5) 接点最好由相同金属连接而成。如不能实现相同金属的连接，则必须特别注意，要通过选择连接材料和选择辅助元件(如垫圈)来控制接点的腐蚀，以保证腐蚀作用仅影响可替换的元件。同时还要采用保护性的表面处理层来控制接点的腐蚀。

(6) 必须对接点提供保护，以便防潮和防其他腐蚀因素。

(7) 在设备、系统或设施的整个寿命期间，必须对接点进行检验、测试和维修保养，以确保接点能够完成其使命。

3.2 屏　蔽

1. 屏蔽的基本概念

屏蔽是利用屏蔽体来阻挡或减小电磁能传输的一种技术，是抑制电磁干扰的重要手段之一。从电磁场理论的观点来看，两个电磁场分界面上存在有物体，如果该物体能将这两个场看成是互相独立存在的，那么这种现象就称为屏蔽，分界面上的物体就称为屏蔽体。

1）屏蔽的目的和作用

屏蔽有两个目的：一是限制内部辐射的电磁能量泄漏出该内部区域；二是防止外来的辐射干扰进入内部区域。屏蔽的作用是通过一个将上述区域封闭起来的壳体实现的。这个壳体可以是板式、网状式以及金属编织带式等，其材料可以是导电的、导磁的、介质的，也可以是带有非金属吸收材料的。

2）屏蔽的分类

根据屏蔽的工作原理，可将屏蔽分为三大类：

（1）静电屏蔽。静电屏蔽的屏蔽体用良导体制作，并有良好的接地。这样就把电场终止于导体表面，并通过地线来中和导体表面的感应电荷，从而防止由静电耦合产生的相互干扰。

（2）磁屏蔽。磁屏蔽主要用于低频，屏蔽体用高导磁率材料构成低磁阻通路，把磁力线封闭在屏蔽体内，从而阻挡内部磁场向外辐射或外界磁场干扰，有效防止低频磁场的干扰。

（3）电磁屏蔽。电磁屏蔽主要用于高频，利用电磁波在导体表面上的反射和在导体中传播的急剧衰减来隔离时变电磁场的相互耦合，从而防止高频电磁场的干扰。

此外，屏蔽还根据不同的屏蔽对象分为主动屏蔽和被动屏蔽。主动屏蔽的对象是干扰源，主要限制由干扰源产生的有害电磁能量向外扩散；被动屏蔽的对象是敏感体，主要防止外部电磁干扰对它产生的有害影响。

3）屏蔽效能

屏蔽效能反映了屏蔽体对电磁场强度的减弱程度，定义为空间某点上未加屏蔽时的电场强度 E_0（或磁场强度 H_0）与加屏蔽后该点的电场强度 E_1（或磁场强度 H_1）的比值，表示为

$$SE = \frac{E_0}{E_1} \quad 或 \quad SE = \frac{H_0}{H_1} \qquad (3.2.1)$$

用分贝表示为

$$SE = 20 \lg\left(\frac{E_0}{E_1}\right)(dB) \qquad (3.2.2)$$

一个设备或组件屏蔽体的屏蔽效能由若干个参数决定，最值得注意的是，入射波的频率和阻抗、屏蔽材料的固有特性以及屏蔽不连续性的形式和数量。

2. 屏蔽的基本理论

1）反向感应场

电磁波遇到金属表面总要发生屏蔽效应。干扰源发出的电磁能量的一部分受到金属面

的影响向干扰源方向反射；另一部分在金属内耗散，剩余部分穿过该金属面向前传播。这种屏蔽效应可分别看做是入射电场与磁场使屏蔽体表面感应电荷，并在屏蔽体内感应出电流的结果。感应电荷和电流的极性与方向应使其产生的电场和磁场抵消入射场，从而削弱了穿过屏蔽体的电磁场。虽然这种屏蔽理论不能有效地计算实际屏蔽体的屏蔽质量，但它可以为屏蔽提供一个清晰的物理概念。例如，从这一观点可以看出，屏蔽体上的裂口假设切断了感应电流的流通，则它比顺着电流流通方向的裂口更易使屏蔽效能降低。所以当平面波投射到具有很长狭缝的导电屏蔽体上时，垂直于电场矢量的狭长缝比平行于电场的狭长缝更容易漏过能量，如图 3.2-1 所示。

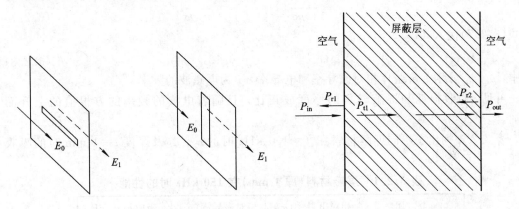

图 3.2-1　电磁波通过狭缝　　　　　图 3.2-2　屏蔽体的传输线模型

2) 传输线模型

最适用于工程计算的屏蔽理论是根据传输线理论所建立的模型。按谢昆诺夫的平面波理论，当电磁波波前与电磁屏蔽体边界的形状相一致时，它在数学上可用双线传输线中传输的电流和电压模拟。假设有一功率为 P_{in} 的入射电磁波照射到如图 3.2-2 所示的屏蔽板上，当波碰到屏蔽板的这一个表面时，入射功率的一部分 P_{r1} 向场源反射，剩余部分 P_{t1} 进入屏蔽板并穿过它继续传播。反射功率与入射功率的比值(称为反射损耗，用 R 表示)取决于屏蔽材料的本征阻抗和入射波的波阻抗，这就像两个特性阻抗不同的传输线接合处的情况一样。当电磁波通过屏蔽体时，进入屏蔽的功率 P_{t1} 有一部分随着波的传播转换成热能，这一能量损失称为屏蔽体的吸收损耗，用 A 表示。当屏蔽体内传播的电磁波到达屏蔽体的第二界面时，一部分 P_{r2} 被反射回屏蔽体内部，剩余一部分 P_{out} 则通过第二界面穿出屏蔽层。如果屏蔽体内吸收损耗很小(小于 10 dB)，则有很大一部分功率会在第二界面上反射并传回第一界面。在第一界面，部分功率再次反射回屏蔽体并传到第二界面而成为再次穿出屏蔽体功率的一部分，形成多次反射现象，用多次反射修正因子 B 表示这种现象。可见，屏蔽效能由三个因素决定：反射损耗 R、吸收损耗 A 和多次反射修正项 B(当吸收损耗很小时，是不能忽略的)。所以，这时有

$$SE = R + A + B(dB) \tag{3.2.3}$$

对于一无限大金属屏蔽板，有

$$SE = 20\,lg\,|\,e^{\gamma t}\,| + 20\,lg\,\left|\frac{1}{T}\right| + 20\,lg\,|-\Gamma e^{2\gamma t}\,| \tag{3.2.4}$$

式中，γ 为电磁波在屏蔽体中的传播常数，t 为屏蔽体的厚度，T 为传输系数，Γ 为两界面

间的多次反射系数。

可见,式(3.2.4)中的三项正是 A、R、B 三项的具体表示。

(1)吸收损耗。吸收损耗表示为

$$A = 20 \lg | e^{\gamma t} | \tag{3.2.5}$$

根据传输线理论可知:

$$\gamma = \alpha + j\beta = \sqrt{j\omega\mu(\sigma + j\omega\varepsilon)} \tag{3.2.6}$$

式中,σ、μ、ε 分别为屏蔽体的电导率、磁导率和介电常数,ω 为角频率。因为金属导体有 $\sigma \gg \omega\varepsilon$,所以

$$\gamma \approx \sqrt{j\omega\mu\sigma} = (1+j)\sqrt{\pi f \mu\sigma} \tag{3.2.7}$$

将式(3.2.7)代入式(3.2.5),得

$$A = 20 \lg(e^{\sqrt{\pi f \mu_r \mu_0 \sigma_r \sigma_0} t}) = 0.131t\sqrt{f\mu_r\sigma_r} \tag{3.2.8}$$

式中,μ_r、σ_r 分别为屏蔽体相对磁导率和电导率,f 为电磁波的频率。

可见,吸收损耗与屏蔽材料的厚度成正比,且随着电波的频率的方根值的上升而增加。

表3.2.1列出了不同屏蔽材料在 $f = 150$ kHz 时的 σ_r、μ_r 及厚度 $t = 1$ mm 时的吸收损耗。

表 3.2.1　屏蔽材料(厚 1 mm)在 150 kHz 时的性能

金　属	相对电导率(σ_r)	相对磁导率(μ_r)	吸收损耗/dB
银	1.05	1	51.96
铜(退火)	1.00	1	50.91
铜(冷拉)	0.97	1	49.61
金	0.70	1	42.52
铝	0.61	1	39.76
镁	0.38	1	31.10
锌	0.29	1	27.56
黄铜	0.26	1	25.98
镉	0.26	1	24.41
镍	0.20	1	22.83
磷青铜	0.18	1	21.65
铁	0.17	1000	665.40
锡	0.15	1	19.69
钢	0.10	1000	509.10
铍	0.10	1	16.14
铅	0.08	1	14.17
离磁导率镍钢	0.06	80 000	3484.00

当屏蔽层的厚度改变时,仅须将表 3.2.1 中的吸收损耗乘以屏蔽厚度的毫米数即可。

当电磁波的频率发生变化时,可以将表 3.2.1 中的吸收衰减值除以 $\sqrt{150}$,再乘以实际的频率方根值 $\sqrt{f(\text{kHz})}$,就可得到不同频率对应的吸收衰减。

(2) 反射损耗。反射损耗 R 包括屏蔽体两个表面上的反射,它除了与入射电磁波的波阻抗及频率有关之外,还与屏蔽材料的电性能有关。

根据传输线理论,不难求得屏蔽体的反射损耗为

$$R = 20 \lg \frac{(1+K)^2}{4K} \tag{3.2.9}$$

式中,$K = Z_\text{w}/Z_\text{m}$,$Z_\text{w}$ 为自由空间的波阻抗,Z_m 为屏蔽体的特性阻抗。一般屏蔽体采用的都是金属材料,故有 $Z_\text{w} \gg Z_\text{m}$,式(3.2.9)可以近似为

$$R = 20 \lg \left| \frac{Z_\text{w}}{4Z_\text{m}} \right| \tag{3.2.10}$$

由于在不同的电磁场区有不同的波阻抗 Z_w,因此金属屏蔽板距场源不同距离时的 R 也不相同。

① 当金属屏蔽板处于远场区时,$Z_\text{w} = 377\ \Omega$,$Z_\text{m} = 3.69 \times 10^{-7} \sqrt{f\mu_\text{r}/\sigma_\text{r}}$,代入式(3.2.10)并化简得

$$R_\text{w} = 168 - 10 \lg \left(\frac{f\mu_\text{r}}{\sigma_\text{r}} \right)\ (\text{dB}) \tag{3.2.11}$$

② 当金属板处于近场区,且近场区以电场为主时,$|Z_\text{w}| = 1/(2\pi f\varepsilon_0 r)$,代入式(3.2.10)并化简,得

$$R_\text{e} = 322 - 10 \lg \left(\frac{f^3 r^2 \mu_\text{r}}{\sigma_\text{r}} \right)\ (\text{dB}) \tag{3.2.12}$$

式中,r 为金属板至场源的距离。

③ 当金属板处于近场区,且近场以磁场为主时,$|Z_\text{w}| = 2\pi f\mu_0 r$,代入式(3.2.10)并化简,得

$$R_\text{m} = 14.56 + 10 \lg \left(\frac{f r^2 \sigma_\text{r}}{\mu_\text{r}} \right)\ (\text{dB}) \tag{3.2.13}$$

图 3.2-3~3.2-5 分别给出了三种情况下典型金属屏蔽板的反射损耗曲线。

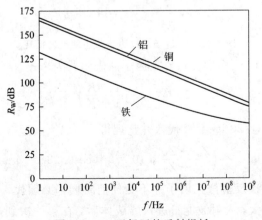

图 3.2-3　远场区的反射损耗

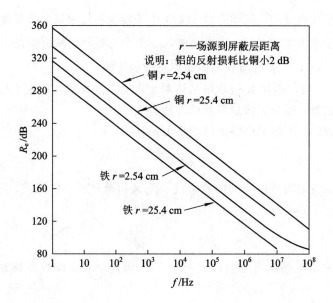

图 3.2 - 4 近场区以电场为主的反射损耗

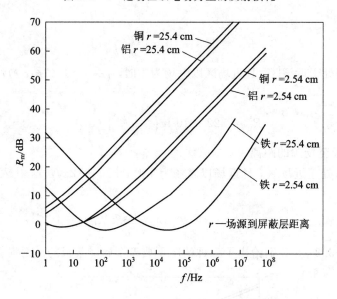

图 3.2 - 5 近场区以磁场为主的反射损耗

④ 多次反射修正因子。多次反射修正因子的表示式为

$$B = 20 \lg\left[1 - \left(\frac{1-K}{1+K}\right)^2 e^{-2\gamma t}\right] \tag{3.2.14}$$

将 $\gamma = (1+j)\sqrt{\pi f \mu \sigma}$，$A = 20 \lg e^{\sqrt{\pi f \mu \sigma t}}$ 代入并整理得

$$B = 20 \lg\left[1 - \left(\frac{Z_m - Z_W}{Z_m + Z_W}\right)^2 10^{-0.1A}\right](\cos 0.23A - j\sin 0.23A) \tag{3.2.15}$$

需要指出的是，多次反射修正因子并不是任何时候都必须代入的。当频率较高或金属板较厚时，吸收损耗较大，入射波能量进入屏蔽体后，在第一次到达金属板右边的界面之前已被大幅度衰减，多次反射现象并不显著。一般来说，当 $A > 10$ dB 时，就可不考虑多次

反射的影响。

例 3.2.1 有一大功率线圈的工作频率为 20 kHz，在离该线圈 0.5 m 处放一铝板，铝板的厚度为 0.5 mm，试求铝板的 SE。

解 （1）先求吸收损耗 A，由式（3.2.8）求得

$$A = 0.131 \times 0.5 \times \sqrt{20 \times 10^3 \times 1 \times 0.61} = 7.23 \text{ dB}$$

（2）判断屏蔽体处于哪个场区

$$\lambda = \frac{c}{f} = \frac{3 \times 10^8}{20 \times 10^3} = 1.5 \times 10^4 \text{ m}$$

$$\frac{\lambda}{2\pi} = 2.39 \times 10^3 \text{ m}$$

因为 $r=0.5$ m$\ll\lambda/2\pi$，所以铝板处于近场区。另外，场源是大功率线圈，近场以磁场为主。反射损耗由式（3.2.13）求得

$$R_{\text{m}} = 14.56 + 10 \lg \left(\frac{20 \times 10^3 \times 0.5^2 \times 0.61}{1} \right) = 49.4 \text{ dB}$$

（3）因 $A=7.23$ dB<10 dB，所以应考虑多次反射修正因子 B，先计算出 Z_{m} 和 Z_{w}。

$$Z_{\text{m}} = 3.69 \times 10^{-7} \sqrt{f} \sqrt{\frac{\mu_{\text{r}}}{\sigma_{\text{r}}}} = 6.68 \times 10^{-5} \ \Omega$$

$$Z_{\text{w}} = 2\pi f \mu_0 r = 0.08 \ \Omega$$

$$B = 20 \lg \left[1 - \left(\frac{0.08 - 6.68 \times 10^{-5}}{0.08 + 6.68 \times 10^{-5}} \right)^2 \times 10^{-0.1 \times 7.235} \right.$$

$$\left. \times (\cos 0.23 \times 7.235 - \text{j} \sin 0.23 \times 7.235) \right] = -1.81 \text{ dB}$$

最后求解 SE

$$\text{SE} = A + R + B = 54.83 \text{ dB}$$

3）非实心型屏蔽体

前面的讨论均假设屏蔽材料是均匀的，不存在电气上的不连续性，称为实心型屏蔽屏蔽。那么，在电气上存在不连续性的屏蔽称为非实心屏蔽体。

实际上，理想的实心型屏蔽体是不存在的，以电子设备的机箱为例，由于电气连续电缆进出、通风散热、测试与观察以及电表安装等的需要，总是需要在机箱上打孔。另外，构成箱体时总是存在金属面间的接缝和两金属极间置入金属衬垫后形成的开口和缝隙。这样，电磁能量就会通过孔洞、缝隙泄漏，导致屏蔽效能降低。

可见，非实心型屏蔽体在实际上更为普通，通常应用非均匀屏蔽理论进行分析，该理论把影响总屏蔽效能的各种因素（如孔、缝、形状等）考虑为与屏蔽传输平行的传输通道，称为等效屏蔽效能因子，表示为 SE_p 的形式（p 为序号，且 $p \geqslant 2$）。如 SE_2 为孔洞因素（用来估计各种电气不连续孔洞对屏蔽效能的影响），SE_3 为结构形状因素，SE_5 为固定接缝因素，SE_6 为活动接缝因素，SE_7 为混合屏蔽因素，SE_8 为天线效应因素，等等。

在上述诸多因素中，接缝因素和孔洞因素对屏蔽效能的影响最大。现以固定接缝因素 SE_5 为例作简单分析。图 3.2-6 所示表示屏蔽板上存在不合格接缝，场源在屏蔽板左侧，以磁场 H_0 表示。该场将分别通过屏蔽板和接缝这两种不同的途径传到屏蔽板右侧。透入场强分别为 H_1 和 H_s，由于传播途径的不同，因此透入场强的振幅、相位均不相同，可分

别表示为 $H_1 = |H_1| e^{j\theta_1}$，$H_s = |H_s| e^{j\theta}$，被屏蔽空间一点上的场强为

$$H = H_1 + H_s = |H| e^{j\theta} \qquad (3.2.16)$$

由此得屏蔽效能为

$$SE = 20 \lg \left| \frac{H_0}{H} \right| = 20 \lg \left| \frac{H_0}{H_1 + H_s} \right| \qquad (3.2.17)$$

且

$$H_1 + H_s = (|H_1|^2 + |H_s|^2 + 2|H_1 \times H_s| \cos\theta)^{1/2} \qquad (3.2.18)$$

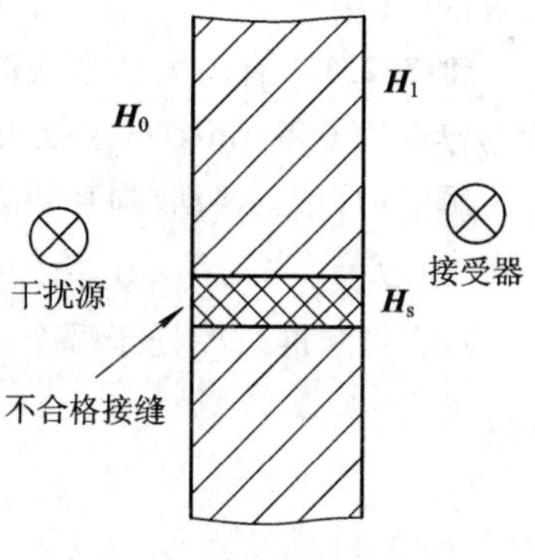

设 $SE_1 = 20 \lg \left| \frac{H_0}{H_1} \right|$，为实心型屏蔽效能；$SE_s =$

$20 \lg \left| \frac{H_0}{H_s} \right|$，为接缝的屏蔽效能，则有

$$\left| \frac{H_1}{H_0} \right| = 10^{-SE_1/20} \qquad (3.2.19)$$

$$\left| \frac{H_s}{H_0} \right| = 10^{-SE_s/20} \qquad (3.2.20)$$

将上面两式代入式(3.2.17)和式(3.2.18)中，得

$$SE = -10 \lg [10^{-SE_1/10} + 10^{-SE_s/10} + 2 \times 10^{-SE_1/20} \times 10^{-SE_s/20} \cos\theta] \qquad (3.2.21)$$

设屏蔽体有$(n-1)$处缺陷影响其屏蔽性能(即存在n个传输通道)，则可把式(3.2.21)写成更一般的总屏蔽效能计算公式

$$SE = -10 \lg \left[\sum_{p=1}^{n} 10^{-SE_p/10} + 2 \sum_{p=1}^{n=1} \sum_{q=1}^{n=p} 10^{-(SE_p + SE_{p+q})/20} \cos(\theta_p - \theta_{p+q}) \right] \qquad (3.2.22)$$

实际上，在电子设备的工程设计中，屏蔽效能的计算仅可能是近似估计，况且要确定不同传播途径引起的相位差是非常困难的。因此一般近似认为$\theta = \theta_1 - \theta_s = 0°$，即从屏蔽板和接缝这两种不同途径透入的场强相位相同，则式(3.2.21)可以简化为

$$SE = -20 \lg [10^{-SE_1/20} + 10^{-SE_s/20}] \qquad (3.2.23)$$

3. 屏蔽的方法

常用的屏蔽方法有双层屏蔽、薄膜屏蔽(二者均为实心型屏蔽)和通风孔洞的屏蔽(非实心型屏蔽)。

1) 双层屏蔽

双层屏蔽主要用于对电场和磁场都有较高屏蔽要求的场合。图3.2-7所示为有间隔的双层屏蔽示意图。设场源在第一屏蔽层的左半空间，被屏蔽区为第二屏蔽层的右半空间。

双层屏蔽的屏蔽效能完全类似于单层屏蔽的分析，其吸收损耗为两个单层吸收损耗之和，反射损耗为两个单层反射损耗之和，即

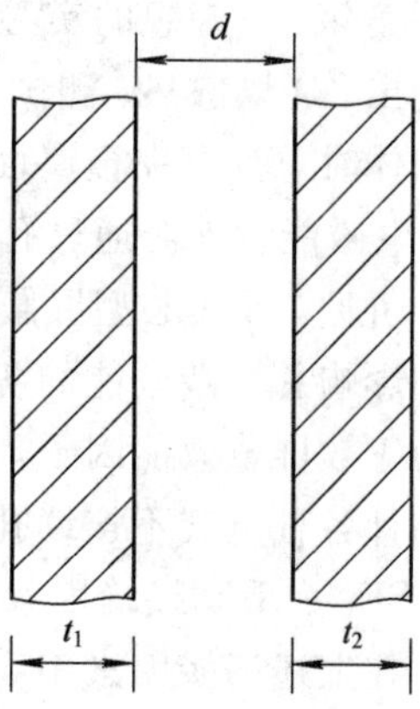

$$A = A_1 + A_2 = 0.131 t_1 \sqrt{f \mu_{r1} \sigma_{r1}} + 0.131 t_2 \sqrt{f \mu_{r2} \sigma_{r2}} \text{ (dB)} \qquad (3.2.24)$$

图3.2-6 带有接缝的屏蔽板

图3.2-7 双层屏蔽的示意图

$$R = R_1 + R_2 = 20 \lg \frac{(1+K_1)^2}{4K_1} + 20 \lg \frac{(1+K_2)^2}{4K_2} \text{ (dB)} \tag{3.2.25}$$

双层屏蔽的多次反射修正项较为复杂，其表示式为

$$B = 20 \lg[1 - N_1 e^{-(1+j)0.23A_1}] + 20 \lg[1 - N_0 e^{-j2\beta_0 d}] + 20 \lg[1 - N_2 e^{-(1+j)0.23A_2}] \text{ (dB)} \tag{3.2.26}$$

式中，β_0 为自由空间的相移常数，$\beta_0 = 2\pi/\lambda$。

$$N_0 = \frac{(Z_W - Z_{m1})Z_W - Z(d)}{(Z_W - Z_{m2})Z_W + Z(d)}$$

$$Z(d) = Z_{m2} \frac{Z_W \, \text{ch}(1+j)0.115A_2 + Z_{m2} \, \text{sh}(1+j)0.115A_2}{Z_{m2} \, \text{ch}(1+j)0.115A_2 + Z_W \, \text{sh}(1+j)0.115A_2}$$

总的屏蔽效能为

$$SE = A + R + B \text{(dB)}$$

用绝缘材料将两层金属隔开，使其形成多次反射。当双层屏蔽采用的材料相同时，其吸收损耗和反射损耗均是每个单层板的 2 倍，但多次反射修正项并不是单层修正项的2倍。

在大部分频率范围内，修正项是负的，因此双层屏蔽体的屏蔽效能小于两个单层屏蔽体的效能之和，但比总厚度相同的单层屏蔽体要好得多。

2) 薄膜屏蔽

工程塑料机箱因其造型美观、加工方便、重量轻等优点，得到了广泛的应用，但其本身不具备屏蔽功能，所以，通常用喷涂、真空沉积以及粘贴等技术在塑料机箱上包覆一层导电薄膜，其厚度远远小于 $\lambda/4$，这种屏蔽就叫做薄膜屏蔽。

尽管薄膜屏蔽中的导体薄膜的厚度很小，但仍可用实心材料的屏蔽理论加以分析，其吸收损耗非常小，多次反射修正项 B 相当大，且是负数，因此抵消了一部分反射损耗。负数项是因为各种反射有附加的相位关系，从而使屏蔽效能降低。这时屏蔽效能基本上与频率无关。当屏蔽层厚度超过 $\lambda/4$ 时，多次反射项可以忽略，该项对其他损耗不再起抵消作用，所以，材料的屏蔽效能增加，并且与频率相关。

如表 3.2.2 所示为不同厚度和不同频率的铜膜屏蔽效能的计算值。

表 3.2.2　铜薄膜屏蔽层的屏蔽效能

厚度/nm	105		1250		2196		21 960	
频率	1 MHz	1 GHz	1 MHz	1 GHz	1 MHz	1 GHz	1 MHz	1 GHz
吸收损耗 A	0.014	0.44	0.16	5.2	0.29	9.2	2.9	92
反射损耗 R	109	79	109	79	109	79	109	79
修正因子 R	−47	−17	−26	−0.6	−21	−0.6	−3.5	0
屏蔽效能 SE	62	62	83	84	88	90	108	171

3) 通风孔的屏蔽

有许多场合是不能用实心材料作屏蔽层的，一个封闭壳体有时必须是透光或通风的，则必然要采用屏蔽网或穿孔材料，这些孔将影响屏蔽结构的完整性。所以，对孔的要求是使其具有相当大的射频衰减但又不会显著妨碍空气流动。下面介绍三种常用的通风孔形式。

（1）在通风孔上加金属丝网罩。加金属丝网罩是将大面积通风孔通过网丝构成的许多小孔来减少电磁泄漏。金属丝网的屏蔽作用主要靠反射损耗。丝网的屏蔽效能与网孔密度、网丝的直径、网丝的导电性成正比。但是如果网丝过粗，对空气的阻力就很大。

（2）用打孔金属板作通风孔。在金属板上打许多阵列小孔就可以达到既能通风散热，又不致过多泄漏电磁能量的目的。就结构形式而言，可以直接在屏蔽体的壁上打孔，或将打好孔的金属板安装在屏蔽体的通风孔上。孔眼的形状有方形和圆形，如图3.2-8所示。

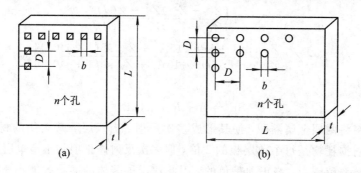

图3.2-8　打孔金属板的孔眼形状

（3）截止波导式通风孔。当电磁波频率低于波导截止频率时，波在波导中将被截止，不能传输。利用这一特性可以制成截止波导通风孔，它能有效地抑制波导截止频率以下的电磁波泄漏。常用的截止波导有矩形、圆形，有时也用六边形，如图3.2-9所示。

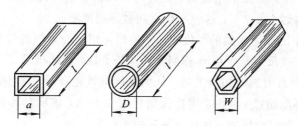

图3.2-9　截止波导

波导的截止频率与波导的结构和尺寸有关。矩形波导中最小的截止频率为

$$f_c = \frac{15}{a} \times 10^9 (\text{Hz}) \tag{3.2.27}$$

圆波导中最小的截止频率为

$$f_c = \frac{17.6}{D} \times 10^9 (\text{Hz}) \tag{3.2.28}$$

截止波导式通风孔的屏蔽效能（即波导对低于其截止频率的电磁波的衰减量）按下式计算：

$$A_t = 1.823 \times f_c \times l \times 10^{-9} \sqrt{1 - \left(\frac{f}{f_c}\right)^2} (\text{dB}) \tag{3.2.29}$$

式中，f为电磁波的频率（Hz），l为截止波导的长度（cm）。

电磁波在波导中的截止并非一点也不能传输，而是其衰减很大，传输很短的距离后就被真正地截止。所以，为使波导对电磁波有足够的衰减，必须满足$f \ll f_c$，一般取$f_c = (5\sim10)f$。设计截止波导式通风孔时，先根据欲屏蔽的电磁波的最高频率f，确定截止频

率 f_c，然后选择波导形状，确定波导尺寸。

实际上，在进行电子设备的结构设计时，为获得足够大的通风流量，总是把很多根截止波导排列成一组截止波导通风孔阵（又叫蜂窝形通风板），如图 3.2-10 所示。其中，图 3.2-10(a)为单层蜂窝形通风板。为提高屏蔽效能，还可采用双层错位叠置的蜂窝状通风板，图 3.2-10(b)即为它的结构，这种结构是利用两层波导孔错位处的界面反射来提高屏蔽效能的。

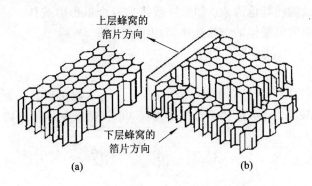

上层蜂窝的
箔片方向

下层蜂窝的
箔片方向

(a)　　　　　　　　　　(b)

图 3.2-10　波导通风孔阵

4. 屏蔽设计的要点

1）确定屏蔽效能

设计之前，应根据设备和电路单元、部件未实施屏蔽时存在的干扰发射电平以及按电磁兼容性标准和规范允许的干扰发射电平极限值，或干扰辐射敏感度电平极限值，提出确保正常运行所必需的屏蔽效能值。对于一些大、中功率信号发生器或发射机的功放级，可根据对这类设备辐射发射电平极限值和其自身的辐射场强来确定对屏蔽效能的要求。

2）确定屏蔽的类型

根据屏蔽效能要求，并结合具体结构形式，确定采用哪种屏蔽比较合适。一般来说，对屏蔽要求不高的设备，可以采用导电塑料制成的机壳来屏蔽，或者在工程塑料机壳上涂覆导电层构成薄膜屏蔽。若屏蔽要求较高，则采用金属板作单层屏蔽。为获得更高的屏蔽效能，可采用双层屏蔽。

3）进行屏蔽结构的完整性设计

所谓完整性设计，是把待屏蔽的设备、系统的尺寸、干扰源和敏感体的结构布局、信号的幅度和频率以及屏蔽的费用综合考虑进行设计。有些因素是相互制约的。

（1）尺寸的考虑。如果一个非常灵敏的设备或小型系统安装在一个大型建筑物中，那么为了防护一个小单元而屏蔽整个建筑物是很不经济的。假定所有其他因素相等，则屏蔽的成本是与其所封闭的容积尺寸密切相关的。因此，更经济的方案是只屏蔽安装设备的那个房间或仅给敏感设备建造一个屏蔽罩。另一方面，如果敏感单元是一个相当大的系统，例如一个通信中心或一台大型计算机，那么，可能需要把适当的屏蔽材料掺入房间或建筑物墙壁、地板及天花板内。如果在设施的早期设计阶段就考虑这一要求，也许只要用一般建筑材料经过适当的装配就能提供所需的屏蔽。

（2）配置布局的考虑。如果需要在建筑物内安装敏感设备或系统，并且有几个位置可供选择时，则应尽量利用建筑结构固有的屏蔽特性。房间原来存在的金属墙壁、装饰屏蔽网和其他导电物体都可以提供所需要的屏蔽。另外,设备往往只对某些方向的辐射信号较为敏感。因此,设备取向时将敏感一侧背着入射信号,也能降低对屏蔽的要求。

对于信号和控制电缆应该多加注意,尽量避免长距离平行走线。

(3)信号特性的考虑。所有材料的屏蔽效能都是与频率有关的。用于防护 3 cm 波段雷达信号的屏蔽形式未必能有效地抗御广播发射机的干扰。在为具体对象选择屏蔽时,要将材料的衰减特性与有害信号的频率相比较。

(4)影响屏蔽效能的其他因素。如果屏蔽体是一个矩形屏蔽体,有可能产生射频谐振而降低屏蔽效能。矩形屏蔽体的谐振频率可用下式计算

$$f_{谐} = 150 \sqrt{\frac{m^2}{l^2} + \frac{n^2}{w^2} + \frac{p^2}{h^2}} \qquad (3.2.30)$$

式中,l、w、h 分别为矩形屏蔽体的长、宽、高,m、n、p 取正整数。

应保证在工作频段内,屏蔽体不会产生谐振,即谐振频率尽量远离工作频率。

3.3 滤 波

1. 滤波的基本概念

前面介绍的屏蔽主要是为了防止辐射干扰,滤波则主要是为了抑制传导干扰。滤波是从混有噪声或干扰的信号中提取有用信号分量的一种方法或技术,能够实现滤波功能的电路或器件称为滤波器。滤波器是由一些集总参数的电阻、电感和电容或由分布参数所构成的一种网络电路。这种网络电路允许其工作频率(或频段)信号通过,而对其他频率的信号则加以抑制。

滤波器通常分为低通滤波器、高通滤波器、带通滤波器和带阻滤波器。

2. 滤波器的基本特性

这里主要讨论滤波器的传输特性,它包括工作衰减、相移、群延迟以及插入衰减等参量。

1)工作衰减

典型的滤波器如图 3.3 - 1 所示,它接在信号源 E_s 和负载阻抗 Z_L 之间。设信号源的额定功率为 P_m,负载所吸收的功率为 P_L,则工作衰减 A 定义为

$$A = 10 \lg\left(\frac{P_m}{P_L}\right) \text{(dB)} \qquad (3.3.1)$$

图 3.3 - 1 滤波器工作原理图

当频率改变时,A 的数值会随之改变。图 3.3 - 2 所示为常用的几种滤波器的衰减特性。图中的曲线是理想化的,实际滤波器的衰减特性曲线略有不同。

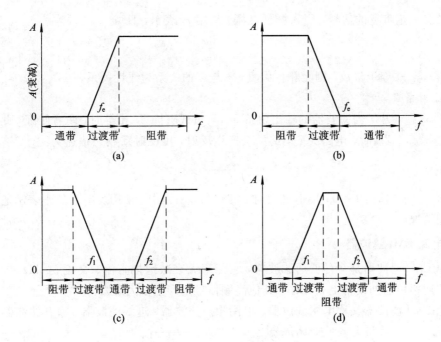

图 3.3-2 常用滤波器的衰减特性

(a) 低通；(b) 高通；(c) 带通；(d) 带阻

2）插入衰减

设未接滤波器的负载吸收的功率为 P_{LO}，则定义插入衰减 A_i 为

$$A_i = 10 \lg\left(\frac{P_{LO}}{P_L}\right) \text{ (dB)} \tag{3.3.2}$$

由图 3.3-1 可知

$$P_L = \frac{|E_L|^2}{Z_L}, \quad P_m = \frac{E_s^2}{4Z_s}, \quad P_{LO} = \left(\frac{E_s}{Z_s + Z_L}\right)^2 Z_L$$

则有

$$\frac{P_{LO}}{P_L} = \left(\frac{Z_L}{Z_s + Z_L}\right)^2 \left|\frac{U_L}{E_s}\right|^2$$

比较 A_i 和 A，不难发现

$$A = A_i + 10 \lg \frac{(Z_L + Z_s)^2}{4Z_s Z_L} \text{ (dB)} \tag{3.3.3}$$

通常称通带内的插入衰减为插入损耗。显然，当 $Z_L = Z_s$ 时，工作衰减与插入衰减相同。

3）相移和群延迟

设电源的最大输出电压为 U_m，则有

$$P_m = \frac{U_m^2}{Z_L} = \frac{E_s^2}{4Z_s} \tag{3.3.4}$$

即

$$U_m = \frac{1}{2}\sqrt{\frac{Z_L}{Z_s}}E_s \tag{3.3.5}$$

定义 U_m 与 E_L 之比的相角为滤波器的相移，用 φ 表示，它是频率的函数

$$\varphi(\omega) = \arg\left(\frac{U_{Lm}}{E_L}\right) \tag{3.3.6}$$

对具有一定带宽的信号，引入群延迟概念，用 τ_d 表示，且

$$\tau_d = \frac{d\varphi}{d\omega} \tag{3.3.7}$$

显然，若 τ_d 等于常数，则无相位失真，φ 与 ω 的关系为线性关系。

4）反射系数

在图 3.3-1 中，当滤波器的输出阻抗 Z_{out} 与负载阻抗 Z_L 相等时，两者匹配，此时负载无反射。当 $Z_L \neq Z_{out}$ 时，电路失配，终端会产生反射，用反射系数 Γ 描述为

$$\Gamma = \frac{Z_{out} - Z_L}{Z_{out} + Z_L} \tag{3.3.8}$$

显然，无反射时，$\Gamma = 0$；反射最大时，$|\Gamma| = 1$。工程中，常用反射系数来表示通带内的最大失配情况。

3. 电源 EMI 滤波器

电源 EMI 滤波器是一种低通滤波器，它能毫无衰减地把直流、交流 50 Hz 和 400 Hz 的电源的功率传输到设备上去，对于其他高频信号则产生很大衰减。

电源 EMI 滤波器又称电网滤波器、电网噪声滤波器、进线滤波器、噪音滤波器等。

1）电源中的共模和差模干扰信号

图 3.3-3 表示一单相交流供电系统（以下称单相电源）。把相线 L 以及地 E 和中线 N 与地 E 间存在的 EMI 信号称为共模干扰信号，即图中的 U_1 和 U_2，对 L、N 线而言，共模干扰信号可视为在 L 和 N 线上传输的电位相等相位相同的信号。把 L 和 N 之间存在的干扰信号 U_3 称为差模干扰信号，也可把它视为在 L 和 N 线上有 180°相位差的干扰信号。

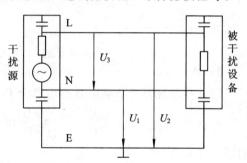

图 3.3-3 单相电源中的 EMI

对任何电源线上的传导干扰信号，都可用共模和差模干扰信号来表示。并且可把 L—E 和 N—E 之间的共模干扰信号、L—N 之间的差模干扰信号看做独立的 EMI 源，把单相电源内的 L—E，N—E 和 L—N 看做独立网络端口来分析 EMI 信号和有关的滤波网络。

2）电源 EMI 滤波器的网络结构

图 3.3-4 所示是单相电源 EMI 滤波器的基本网络结构。它是由集中参数元件构成的无源低通网络，虚线框表示 EMI 滤波器的金属屏蔽外壳。L_1、L_2 是电感，C_X、C_{Y1}、C_{Y2} 是电容器。如果把该滤波器一端接入电源，负载端接上被干扰设备，那么 L_1 和 C_{Y1}，L_2 和 C_{Y2} 就分别构成 L—E 和 N—E 两对独立端口间的低

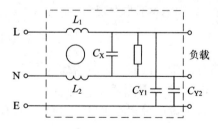

图 3.3-4 单相电源 EMI 滤波器的基本电路

通滤波器，用来抑制电源上存在的共模 EMI 信号，使之受到衰减，并被控制在很低的电平上。电路中，L_1 和 L_2 是绕在同一磁环上两只独立的线圈，称为共模电感线圈或共模线圈。两个线圈的圈数相同，绕向相反，使两只线圈内电流产生的磁通在磁环内相互抵消，不会使磁环达到磁饱和状态。这样两只线圈 L_1 和 L_2 的电感值就会保持不变。但是，由于种种

原因，如磁环的材料不可能做到绝对均匀，两只线圈的绕制也不可能完全对称等，使得 L_1 和 L_2 的电感量是不相等的。于是 L_1 和 L_2 之差形成差模电感，它和电容 C_X 又组成 L－N 独立端口间的一只低通滤波器，用来抑制电源的差模干扰信号。

由于图 3.3-4 所示的电路是无源的，它具有互易性，当电源 EMI 滤波器安装在系统中后，它既能有效地抑制电子设备外部的 EMI 信号传入设备，又能大大衰减设备本身工作时产生的 EMI 信号，起到同时衰减两组共模信号和一组差模信号的作用。

3）C_X 和 C_Y 电容器

在图 3.3-4 中，三只电容器用了两种不同的下标，主要说明它们在滤波网络中的作用不同，同时还表明它们在滤波网络中的安全等级。不管是选用还是设计电源 EMI 滤波器，都要认真地考虑 C_X 和 C_Y 电容器的安全等级，因为它们直接关系到电源 EMI 滤波器的安全性能。

（1）C_X 电容器。C_X 电容器是指用于这种场合的电容器，当该电容器失效后，会导致工作人员遭电击、危及人身安全。在实际应用中，C_X 接在单相电源线的 L 和 N 之间，它上面除加有电源的额定电压外，还叠加有 L 和 N 之间存在的各种 EMI 信号峰值电压。例如：① 因接通或断开电子设备的电源，会在电源上叠加小于或等于 1200 V 的峰值电压。② 因断开感性负载，产生过渡过程，会在接 C_X 电容的设备上出现很高的峰值电压。电压的幅度取决于设备的种类和结构。

根据 C_X 电容器应用的最坏情况和电源断开的条件，C_X 电容器的安全等级又分为 X_1 和 X_2 两类，如表 3.3.1 所示。

表 3.3.1　C_X 电容器的分类

C_X 电容器等级	用于设备的峰值电压 U_p	应用场合	在电强度实验期间所加的峰值电压
X_1	$U_p > 1.2$ kV	出现高峰值电压	对电容器 $C \leqslant 0.33$ μF，U_p 为 4 kV；对电容器 $C > 0.33$ μF，$U_p = 4^{-(0.33-C)}$ kV
X_2	$U_p \leqslant 1.2$ kV	一般场合	1.4 kV

根据电源 EMI 滤波器的应用场合和可能存在的 EMI 信号峰值，应选用适合安全等级的 C_X 电容器。

（2）C_Y 电容器。首先，要对 C_Y 电容器的电容量进行限制，从而达到控制在规定频率电压作用下，流过的电流（即漏电流）的大小。对于 220 V，50 Hz 的电源，它除符合 250 V 峰值电压的耐压要求外，还要求这种电容器在电气和机械性能方面具有足够的安全余量，以避免可能出现的击穿短路现象。这种电容器的耐压性能对保护工作人员的人身安全有重要意义，一旦设备或装置的绝缘保护措施失效，可能导致严重的后果。

图 3.3-5(a)所示是规定的 1 级安全的例子，所示设备可为吸尘器、手持电钻等。电源 EMI 滤波器中的 C_Y 电容器安装在电源供电线 L、N 和外壳(E)之间，在使用时，操作人员有可能碰到设备的外壳(E)。

图 3.3-5(b)所示是规定的 2 级安全的例子。C_Y 电容器也接在电源 L、N 和金属壳之间，但金属壳外部还有一层绝缘保护。

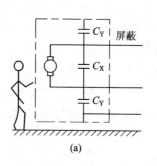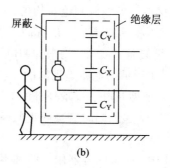

$$\text{(a)} \qquad\qquad\qquad \text{(b)}$$

图 3.3-5　C_Y 电容器的安全等级

在上述 1 级安全情况下，若 C_Y 电容器击穿短路，并同时发生电源系统的安全地线与机壳 E 断开，这时若有人摸到设备外壳，便会危及人身安全。若上述情况发生，且图 3.3-5(b)中设备外面的绝缘被破坏，人触及设备的金属外壳，也同样会危及人身安全。由此可见，上述 C_X 和 C_Y 电容器的安全性能十分重要，是设计和选用电源 EMI 滤波器时必须优先考虑的问题，也是检验和考核 EMI 滤波器安全性能的重要指标之一。

4）阻抗端接

电源 EMI 滤波器是无源网络，具有互易性，即把负载接在电源端和负载端都是可以的。在实际应用中，要达到有效地抑制 EMI 信号的目的，必须根据滤波器两端将要连接的 EMI 信号的源阻抗和负载阻抗来合理连接。对各种各样的 EMI 滤波器，都可以把它的共模和差模滤波网络等效为如图 3.3-6 所示的低通滤波网络，可按如图 3.3-6(a)所示的组合来选择滤波器的网络结构和参数，才能得到满意的抑制效果。

图 3.3-6(b)说明了 EMI 滤波器正确与错误的阻抗搭配组合。这是使用该滤波器要遵循的原则，也是选用合适的电源滤波器的依据。

(a) 等效网络　　　　**(b) 连接方法**

图 3.3-6　电源 EMI 滤波器等效网络与连接方法
（a）等效网络；（b）连接方法

在图 3.3-1 中，设 Γ_1 表示电源端滤波网络的反射系数，Γ_2 表示负载端滤波网络的反射系数，对于电源频率 50 Hz、60 H 或 400 Hz 的交流信号而言，要求无损耗传送，这时 $\Gamma_1 = \Gamma_2 = 0$，即 $Z_s = Z_{in}$，$Z_L = Z_{out}$；对于电网传来的 EMI 信号，要求 $\Gamma_1 = 0$ 使电网上的干扰传入网络，$|\Gamma_2| = 1$ 使干扰信号被全部反射，无法到达负载；对于电子设备（负载）内产生的 EMI 信号，要求 $\Gamma_2 = 0$ 使干扰进入网络，$|\Gamma_1| = 1$ 使干扰被全部反射，无法进入电源。可见，要想靠反射来同时消除电源和负载的干扰是不可能的。实际上，还存在插入损耗，它会对干扰信号产生很大衰减，而对有用信号的衰减则很小。

5）电源 EMI 滤波器的安装

一个很好的电源 EMI 滤波器，如果安装不妥，就难以发挥其抑制 EMI 信号的能力。图 3.3-7 所示的是安装不妥当的三种情况，其主要问题在于：

（1）滤波器的输入端引线和输出端引线之间存在明显的电磁耦合路径（见图 3.3-7(c)）。这样会使某一端的 EMI 信号直接耦合到另一端上，从而逃脱滤波器的抑制；

（2）三种情况的滤波器都安装在设备屏蔽的内部，设备内部电路及元件上的 EMI 信号会因辐射而在滤波器的引线上生成 EMI，直接耦合到设备外面去。同时，如果滤波器引线上存在 EMI 信号，也会辐射到设备内部的元件和电路上。

（3）滤波器的外壳与系统之间没有良好的电气连接（见图 3.3-7(b)），不能把滤波器安装在金属托架上，更不能安装在绝缘物体上。

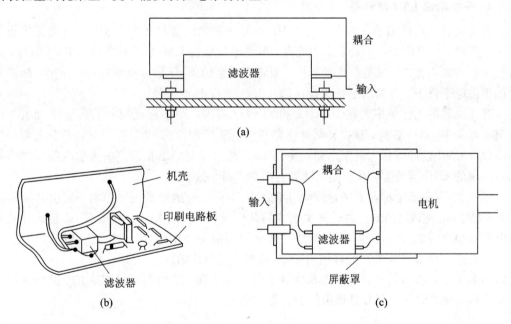

图 3.3-7 安装 EMI 滤波器不正确图例

另外还有两点值得注意：

① 避免使用过长的接地线；

② 不要把电源端和负载端的电线捆扎在一起。

几种正确的滤波器安装方法如图 3.3-8 所示。这些方法的最大特点是借助设备的屏蔽，把 EMI 滤波器的电源端和负载端隔离开来，把滤波器的输入端和输出端可能存在的电磁耦合控制到最低程度，这既能实施滤波器对 EMI 信号的抑制，又不破坏设备的屏蔽结构对 EMI 信号的抑制。

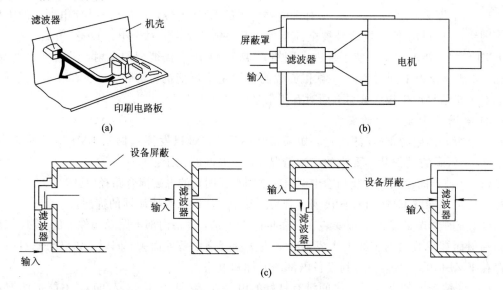

图 3.3-8　正确的安装方法

4. 开关电源 EMI 滤波器

开关电源已广泛用于许多电子设备中。它与一般的线性稳压电源相比，省去了笨重的电源变压器，具有体积小、效率高的优点。但它本身就是 EMI 源，它产生的 EMI 信号，既占有很宽的频率范围，又有一定的幅度。要把它产生的 EMI 信号控制在有关 EMC 标准规定的极限电平以下，必须采用特殊设计的开关电源 EMI 滤波器。

开关电源的工作频率约在 10 kHz～100 kHz。EMC 很多标准规定的传导干扰电平的极限值都从 10 kHz 算起，难以抑制的也是开关电源低频段的 EMI 信号。对开关电源产生的高频段 EMI 信号与脉冲数字电路产生的 EMI 信号一样，用相适应的去耦电路或网络结构较简单的 EMI 滤波器，就能使其达到有关的 EMC 标准。

图 3.3-9 所示是抑制开关电源产生的共模噪音信号的滤波网络结构，它由共模电感 L_{CM} 和电容 C_{LG} 组成，图右边的是开关电源的共模噪声等效电路，并联电容 C_p 包括开关管集电极和地之间的分布电容、高频变压器初次级间的分布电容，R_p 是电流源的并联电阻。开关电源共模噪音等效电路的源内阻 Z_{SMPS} 是高阻抗容性的。

图 3.3-10 所示是开关电源差模噪音信号等效电路。它由两部分组成：一部分为高阻抗噪音等效电路，另一部分是低阻抗噪音等效电路。

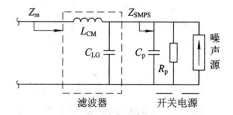

图 3.3-9　共模滤波网络结构

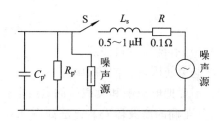

图 3.3-10　开关电源差模等效电路

图 3.3－10 中，开关 S 表示桥式整流二极管导通与否，因此高低两个等效电路是不能同时存在的；R，L_s 分别是分布电阻和分布电感，数值都很小；为了与共模的情况相区别，R_p 和 C_p 都加撇表示。

图 3.3－11 表示抑制差模噪声的滤波电路，其中，图 3.3－11(a)相当于差模低阻抗噪声滤波网络结构，图 3.3－11(b)相当于差模高阻抗噪声滤波网络结构。图中，L_{DM} 是差模电感(它包含共模线圈形成的差模电感和独立的差模抑制电感)，C_{LL} 是滤波网络选用的并联电感。图 3.3－11(b)与图 3.3－11(a)的差别是增加一个电容 C_{LL2}，其数值的选择是使滤波网络与负载构成失配状态。

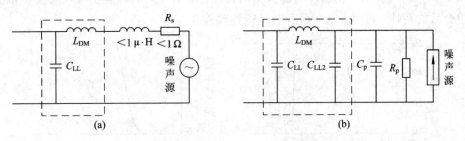

图 3.3－11　差模噪声信号滤波网络结构

图 3.3－12 所示是构成开关电源 EMI 滤波器的完整网络结构。与以前的电源 EMI 滤波器的明显差别是它具有独立的差模抑制电感。

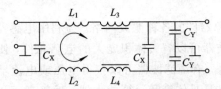

图 3.3－12　开关电源滤波器网络结构

5. 反射 EMI 滤波器

前面介绍的含共模线圈的 EMI 滤波器虽然得到广泛的应用，但它在某些特定的场合也会产生一些新问题。例如，飞机中直流供电(28 V)的负载和 400 Hz 的交流供电的地线是与飞机的金属结构体直接连在一起的，在应用上述滤波器时，可能发生共模线圈中的一组线圈被短路，致使流过磁环的电流产生的磁通不能全部抵消，磁环可能工作在饱和状态，使滤波器的技术参数变坏。采用反射 EMI 滤波器就能避免上述问题。

反射 EMI 滤波器的基本结构仍是 L、C 构成的低通滤波器，其网络结构如图 3.3－6(a)所示的 L 型、T 型和 π 型等，与图 3.3－4 相比，其主要区别在于，反射 EMI 滤波器中不含 C_Y 电容器，该滤波网络中的电容器都是 C_X 电容器。

对反射 EMI 滤波器来说，要求对 EMI 信号有最大的抑制作用，基本原则就是阻抗失配，图 3.3－6(b)即说明了阻抗连接原则也适用于反射 EMI 滤波器。

反射 EMI 滤波器 C_X 电容量较大，用于单相交流供电系统时，即使没接负载，可能也会存在较大电流。对某些对线与地之间电容器有严重限制的应用场合，要注意选用含合适 C_X 电容器的反射 EMI 滤波器。C_X 安全性能的要求与以前相同。

6. 损耗线 EMI 滤波器

损耗线 EMI 滤波器就是损耗传输线 EMI 滤波器，也称为吸收滤波器和穿心滤波器等。损耗线 EMI 滤波器直接是由损耗传输线或在上面增加适合的集中参数电容器构成。

损耗线 EMI 滤波器的特点和应用与反射 EMI 滤波器相同。二者的主要区别在于，损耗线 EMI 滤波器低频段（如低于 100 kHz）的插入损耗特性较差，高频段（如 100 MHz～1 GHz）的插入损耗特性较好；反射 EMI 滤波器则与之相反。在某些插入损耗要求高的场合，可设法把这两种 EMI 滤波器结合起来使用。

图 3.3-13(a)表示一低通反射滤波器的特性，图 3.3-13(b)表示吸收滤波器和反射滤波器组合后的特性。可以看出，后者明显得到改善。

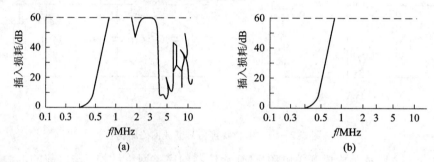

图 3.3-13 反射 EMI 滤波器与组合 EMI 滤波器的损耗特性

7. 有源滤波器

有源滤波器是含有有源器件的各种滤波网络。与利用电感器、电容器实现滤波功能的无源滤波器相比，有源滤波器可以省去体积庞大的电感元件，便于小型化和集成化，适于实现较低频率的滤波。另外，有源滤波器可以获得电压或电流增益，以抵偿滤波网络的损耗。有源滤波器的有源器件是晶体管和运算放大器。近年来，由于廉价的集成电路器件的发展，使得有源滤波器在低通、高通、带通、带阻、全通滤波器中都能应用。

图 3.3-14 所示是一种有源滤波器的电路和它的频率特性。这种滤波器低频性能好，但当频率提高时，由于环路增益在 1 以下滤波效果很快降低。有源滤波器一般可以和无源滤波器组合使用，先利用有源滤波器对频率较低的噪声信号加以大幅度的衰减，再用一般的无源滤波器对频率比较高的噪声信号进行衰减。图 3.3-15 表示这种组合滤波器和组合后得到的频率特性。组合后的特性明显得到改善。

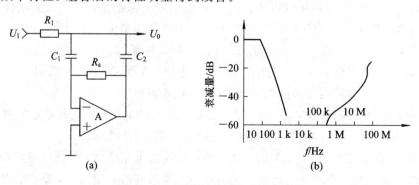

图 3.3-14 有源滤波器及其频率特性

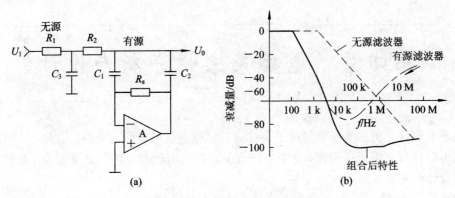

图 3.3 - 15　组合滤波器及其频率特性

习　　题

1. 接地的作用是什么？

2. 单点接地和多点接地有什么区别？

3. 说明信号接地的原则。

4. 搭接有哪些类型？

5. 常用的屏蔽方法有哪些？

6. 滤波的作用是什么？

7. 有源滤波器的优点何在？

8. 一台设备，原来的电磁辐射发射强度是 300 V/m，加上屏蔽箱后，辐射发射降为 3 V/m，这个设备的屏蔽效能是多少 dB？

第四章　电磁兼容性分析与设计

电磁兼容性分析的实质是对电子系统进行电磁干扰的预测与分析。因此，电磁兼容性分析也可以称为电磁干扰预测。它是实现设备和系统电磁兼容性的必要步骤，是进行电磁兼容性设计的主要依据。

对系统进行 EMC 分析或电磁干扰预测的基本思想如下：

(1) 分析设计系统内的主要干扰源、耦合通道和敏感体，并分别建立起数学模型。

(2) 选择一个敏感体。

(3) 选择一个干扰源。

(4) 确定这个干扰源通过所有耦合途径传输到敏感体的能量。

(5) 对每个干扰源重复第(4)步。

(6) 对每个敏感体重复第(3)～(5)步。

(7) 对输入全部数据进行计算。

(8) 系统总体设计人员根据计算结果对有关部位进行方案修改，并重新进行分析预测，直至找出最佳的设计方案。

本章主要介绍如何进行电磁兼容性分析，其中包括干扰预测方程、数字模型的建立方法、预测顺序与方法、若干计算机预测程序以及兼容性设计的原则和方法。

4.1　干扰预测方程与数学模型

衡量单个干扰发射器和单个干扰接收器之间的潜在干扰程度，可通过将接收器输入端的有效干扰功率值与敏感度门限相比较来确定。

在敏感设备处的有效干扰功率 P_I 为

$$P_I(f, t, d, p) = P_T(f, t) - L_P(f, t, d, p) \qquad (4.1.1)$$

式中，P_I 是频率 f、时间 t、间距 d 和收发天线的相对方向 p 的函数，单位为 dBm；P_T 是发射器输出的干扰功率(dBm)；L_P 是发射器与接收器之间的传输损耗(dB)。敏感度门限 P_S 与出现在关键测试点或信号线上的有效干扰功率 P_I 之差定义为电磁干扰安全裕度 IM，即

$$IM(f, t, d, p) = P_S(f, t) - P_I(f, t, d, p) \qquad (4.1.2)$$

如果 IM<0，即 $P_I > P_S$，则表示存在潜在干扰，反之，IM>0，即 $P_I < P_S$，则表示能兼容工作。IM=0 时，表示处于临界状态。

一般情况下，有

$$IM(f, t, d, p) = P_S(f_R, t) + C_F(B_T, B_R, \Delta f) - P_T(f_T, t) - G_T(f_T, t, d, p)$$
$$+ L_P(f_T, t, d, p) - G_R(f_T, t, d, p) \qquad (4.1.3)$$

式中：P_S 为接收器在响应频率 f_R 的敏感度门限(dBm)；C_F 为计入发射机带宽 B_R、接收机

带宽 B_R 以及发射器发射与接收器接收响应之间的频率间隔 Δf 的校正系数(dB); P_T 为频率 f_T 的发射功率(dBm); G_T 为发射天线在频率 f_T 和接收天线方向上的增益(dB), L_P 为传输损耗(dB); G_R 为接收天线在频率 f_T 和发射天线方向上的增益(dB)。

式(4.1.1)和式(4.1.2)称为干扰预测方程。它们是等价的,适用于各类干扰预测问题。

无论是复杂或简单的电子系统,从电磁干扰预测的角度考虑,都可归结为干扰源(发射器)、传输函数(耦合模型)和敏感设备(接收器)三个基本要素。电磁干扰的计算机预测的基本思想是用数学定量关系式表达上述三要素,即根据理论和实验建立它们的数学模型,然后将其干扰源模型、传输函数模型和敏感设备模型按一定要求组合后,借助计算机软件模拟特定的电磁环境,并获得各种潜在电磁干扰的计算结果,从而判断干扰源发射的电磁能量是否会影响敏感设备,系统能否兼容地工作。所以实现电磁干扰的计算机预测的关键是如何正确建立干扰源、传输函数和敏感设备的数学模型。

下面将重点讨论干扰源传输函数和敏感设备模型的建立方法。

1. 干扰源模型

干扰源模型又称发射器模型。描述干扰源的参数既可以是干扰源的时域特性,也可以是干扰源的频域特性。以时域或频域特性描述的源模型分别称为时域模型和频域模型。显然,频域模型更为精确地描述了干扰的发射频谱。

按照干扰的传输特性,源模型可分为传导源和辐射源两类。传导源模型是以电压源或电流源模型表示的。电压或电流源模型有单频(连续波)电压或电流与梯形脉冲序列电压或电流、阶跃电流或电压、梯形单脉冲电压或电流和以频谱密度数据构成的电压或电流。上述各种电压或电流源,均可用两个或多个不同阶段、不同截止频率的滤波器的乘积来修正,这就使构造不同的频谱的源模型很灵活方便。辐射源模型是以电磁场源来表示的。建立辐射源模型较为复杂,除了最简单的电偶极子和磁偶极子模型外,一般难以给出通用的模型形式。

在无线电设备系统中,发射机的主要功能是产生规定频段内包含有所需信息的功率辐射。但发射机除了产生所希望的功率外,还产生若干杂散频率上的发射。发射机产生的需要和不需要的发射功率都可能对接收机产生干扰。因此,发射机模型包括基波发射、谐波发射、非谐波(杂波)发射、发射机宽带噪声发射和互调干扰信号。这些可以用发射功率谱来表述。

2. 传输函数模型

传输函数模型又称为耦合模型。它主要描述导线与导线、天线与天线、机壳与机壳之间或者它们相互之间耦合的情况。干扰源模型输出的电压、电流或电场、磁场的干扰频谱通过传输函数就转换为敏感设备输入端电压频谱。

电磁干扰的耦合形式有传导干扰耦合和辐射干扰耦合两种。传导干扰耦合大多发生在导线与导线、机壳与导线之间。辐射干扰是发生在天线与天线之间的耦合,但机壳上的缝隙和其他类型的不连续性均构成缝隙天线,因而机壳与机壳之间、机壳与天线之间也会产生辐射干扰耦合。在涉及天线间的耦合模型中,既有电磁波在空间、平滑地面、丘陵、高山地区的传播,也有沿飞机、导弹、舰船等表面的近场耦合,或天线附近的障碍物(如建筑物、飞机机身、导弹弹体、舰船上建筑等)散射影响的传播等，建立传输函数模型涉及电磁场数值问题求解、电波传播理论、电工理论等，比较复杂和困难。

在建立了干扰源和敏感设备模型后，必须在全部频率范围内考虑所有可能存在的传输函数模型所产生的效果，而这些效果是可以叠加的。

3. 敏感设备模型

敏感设备模型又称接收器模型。它主要描述敏感设备对输入信号和干扰的频率响应，或者接收器的乱真、互调、镜像和谐波响应特征。由于干扰源模型和耦合模型通常都不考虑相位信息(时域参数)，因此，通常要求接收器频率模型的输入应是连续频谱。例如，接收器接收到的电压峰值为 U，其数字模型可用下式表示：

$$U = \int_{f_1}^{f_2} P(f)U(f)\mathrm{d}f(U) \tag{4.1.4}$$

式中，$P(f)$ 为频率函数的灵敏度，$U(f)$ 为接收器接收到的电压频率谱密度。

在无线电设备系统中，接收机设计为在预定频段内响应于所希望的信号，然而接收机对非希望信号也会产生响应，因此接收机也是对发射机所有发射可能敏感的装置。对接收机构成潜在干扰的信号有四类：

(1) 同频道干扰。这是指频率在接收机通带内的干扰信号。

(2) 邻近频道干扰。这是指具有存在于或接近于接收机通带内频率分量的干扰信号。

(3) 带外干扰。这是指大大超出接收机通带频率的干扰信号。

(4) 互调干扰。这是指几个信号经非线性元件混合后，产生了新的频率分量。当该信号落在接收机通带内，就形成了互调干扰。产生互调干扰的条件是几个信号须同时发射足够大并符合特定的频率无关，通常，三阶互调最大。

干扰源、敏感设备和传输函数模型必须反映不同的实际情况。但是，人们只能建立他们所了解和理解的事物模型。例如，为了建立由电磁泄漏形成的干扰源模型，应该知道和了解在机壳、屏蔽体上由不良接缝、通风孔道、机门密封不良等情况逸出的电磁能量。由于缝、孔的边界形状复杂，加上干扰又是随机出现的。因此，用解析方法研究上述问题是十分困难的。这就要求在建立数学模型过程中，掌握大量数据和进行深入的研究。为此，所承担的工作量常常是巨大的。另外，数学模型是编制计算机程序的基础，所以又要求建立数学模型时考虑其实用性和可行性。经验说明，数学模型建立后必须通过实验以验证其正确性。

4.2　电磁干扰预测的基本方法和范围及程序

系统电磁干扰预测包括系统内和系统间电磁干扰预测。系统内的电磁兼容性问题是解决系统内各分系统、设备和部件间的电磁兼容性。在这类问题中的电磁干扰是由近处的电源线上的噪声通过磁场或电场耦合或由共地源阻抗耦合到低电平的灵敏电路中，也可能是通过导线—导线间耦合，产生干扰的串扰。此外，机柜—机柜、机柜—电缆间的近场感应也是电磁干扰的原因。系统间的电磁兼容性问题是解决系统间的电磁兼容性。这类问题中的电磁干扰，主要是由一个系统的发射天线耦合到另一个系统的接收天线上。当要求多个系统同时工作在一个有限的空间内，例如飞机、船舰、车辆、军事基地等，则系统间电磁干扰问题尤为严重。应指出的是，系统电磁干扰的预测方法和单个设备电磁干扰的预测方法大不相同。确定单个设备的电磁干扰特性时，应考虑组成该设备的元件和电路的具体特性。但在系统间的干扰预测中，着眼点是各个设备间的相互作用。因而只需确定干扰源的输出特性和敏感设备的敏感度，不必知道设备的内部详细特性。那么，如何着手进行系统间的电磁干扰预测呢？

无论在考虑系统内或系统间干扰预测时，干扰源可能有许多个，敏感设备也可能有许多个。以通信系统为例，任何一个发射机除了基波外还输出许多杂波，如谐波、非谐波、宽带噪声等。接收机也不会只响应一个频率，还存在杂波响应。传输函数往往包括多种途径。为此，在电磁干扰预测中，通常采用逐对考虑的方式，每次选一个发射源和一个敏感设备以及一种耦合方式，这称为一对发射—响应对。

由于所需要考虑的发射—响应对的数目往往非常大，若采用一种模型去预测，则不是精度不够就是时间太长。为此，通常采用分级预测方法，即分幅度筛选、频率筛选、详细分析和性能分析四级筛选。在每级预测开始时，可利用输入函数的最简单表达式对整个问题作一快速"扫描"，将明显不可能呈现电磁干扰的发射—响应对剔除，每一级预测可以将无干扰情况的 90%筛选，经过四级筛选后保留的问题便是问题的预测结果，如图 4.2-1 所示。

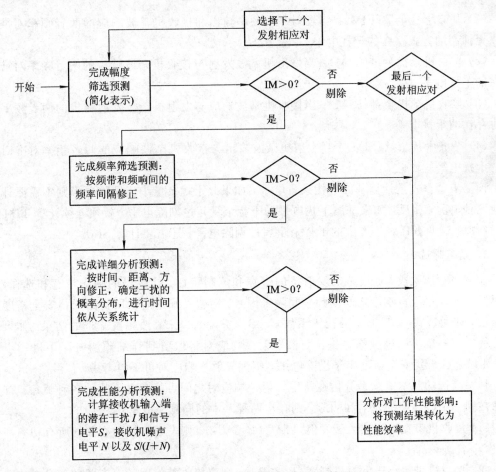

图 4.2-1 电磁干扰预测的四级筛选

1. 幅度筛选

幅度筛选是在待预测的发射—响应对数目很大的情况下,进行电磁干扰预测的第一步。采用每个输入函数的简单、合理和保守的近似式,将大量弱干扰与相当少的强干扰分离开来,这样,明显的非干扰情况将被剔除,不再作后面各级的预测,缩小了预测范围。用于实现上述要求的基本方法是计算潜在的干扰余量。此时假定传输损耗最小以及发射输出的频率和敏感设备所感应的频率是一致的。这样,敏感设备对潜在干扰提供的抑制也最小。

在幅度筛选中,完成的具体运算可由式(4.1.3)说明。首先,考虑发射机基波和杂波的发射功率电平 $P_T(f_E)$ 和接收机基波和杂波响应的敏感度门限电平 $P_S(f_E)$;其次,考虑天线方向性和传输损耗,但应采用简单、保守的近似式来显示时间、距离、方向对这些参数的影响。此时假设校正系数 C_F 为零。如果最终的干扰安全裕度超过预测的剔除电平,则该发射—响应组合保留到下一步更精细的预测级别。相反,如果干扰安全裕度小于预选的剔除电平,则该发射—响应组合不再作进一步预测考虑。只要剔除电平选择正确,则被剔除情况的干扰的概率是很小的。

例如,对发射机和接收机之间的电磁干扰预测,幅度筛选主要考虑以下四种不同的发射—响应对:

(1) 基波干扰余量(FIM)。当发射基波频率输出和接收机基波响应的两者频率对准时并以无抑制的方式存在的干扰电平。

(2) 发射机干扰余量(TIM)。当发射机基波发射与接收机杂波响应的两者频率对准时存在的干扰电平。

(3) 接收机干扰余量(RIM)。当接收机基波响应与发射机杂波发射输出的两者频率对准时存在的干扰电平。

(4) 杂波干扰余量(SIM)。当发射机杂波输出与接收机杂波响应的两者频率对准时存在的干扰电平。

预测步骤首先是计算基波干扰余量电平,如果此干扰余量小于剔除电平则不需要计算其他三种情况,相反,如果基波干扰电平的干扰余量超过剔除电平,就须继续计算 TIM 和 RIM,如果这两者任一个产生的干扰余量超过剔除电平,还需要计算 SIM。

2. 频率筛选

在频率筛选阶段,通过考虑发射机的带宽和调制特性、接收机的响应带宽和选择性、发射机发射和接收机响应之间的频率间隔等因素,对幅度筛选阶段所得的干扰安全裕度进行修正,即通过式(4.1.3)中的校正系数 $C_F(B_T, B_R, \Delta f)$ 来修改幅度筛选的结果。如果合成干扰安全裕度仍超过剔除电平,则该发射—响应对将保留到详细预测阶段中进一步预测。如果合成干扰安全裕度小于剔除电平,则该发射—响应对可不再考虑。

频率筛选的基本概念是分析在特定发射—响应对之间可能存在干扰的各种概率。首先考虑在同一中心频率的发射和响应,则存在两种基本的同频率概率:

(1) 接收机带宽等于或大于发射机带宽($B_R \geqslant B_T$),则发射机输出有关的所有功率都被接收,不需要修正 C_F。

(2) 接收机带宽小于发射机带宽($B_R < B_T$),则仅接收与发射频率有关的部分功率,并须采用带宽修正 C_F。

当发射机和接收中心频率偏高时，发射机功率可通过两种其他可能途径进入接收机。发射机发射调制边带可在接收机的主响应频率进入接收机。或者，在发射机输出频率的功率可进入接收机失谐响应。此时，均需修正 C_F。

3. 详细分析

经频率筛选后保留的发射—响应对存在很大的干扰可能性，为此，必须进一步预测。在详细预测中，应考虑那些依赖于时间、距离、方向等因素以及确定最终干扰安全裕度的概率分布，具体地讲，考虑因素包括特定传播方式、极化匹配、近场天线增益修正、多个干扰信号的综合效应、时间相关统计特性、干扰安全裕度的概率分布等。

在详细预测中，重要的是确定与干扰安全裕度有关的概率分布。干扰安全裕度的概率分布与发射机功率、天线增益、传输损耗和接收机敏感度门限有关。在详细预测中需要完成的具体步骤在很大程度上取决于所考虑的特定问题和所需求的结果。如果所有分布均为正态的，则干扰安全裕度的最终概率分布也呈对数正态分布。

4. 性能分析

性能分析的主要问题是将预测的干扰电平与性能的量度联系起来，即将预测结果转换为描述系统性能恶化的定量表达式。这就需要建立系统性能恶化的定量表达式，为此，还需要建立系统性能的数学模型。由于系统有很多不同的性能判据，为此，必须决定性能分析应采取哪些工作性能指标，通常采用的基本性能度量包括清晰度记数、比特误差率、分辨率、检验概率、虚警概率和方位角、经纬度、高度等误差。评定特定系统的性能有三种基本方法：

(1) 工作性能的评定以工作性能门限的概念为依据。工作性能门限基于系统所特定的信干比(S/I)，此值表示了系统的可接受性能和不可接受性能之间的界限。这种方法是最简单的，也是应用最广的。

(2) 工作性能的评定取决于系统的基本性能，如清晰度记数、误码率、分辨率等的度量。该方法主要用于对具体信号和干扰状态的分析。

(3) 工作性能的评定是依据系统完成特定任务的能力，即系统的效果。

电磁干扰预测的范畴如图 4.2-2 所示。

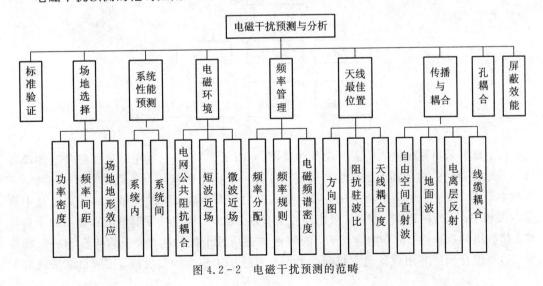

图 4.2-2　电磁干扰预测的范畴

实施电磁干扰的计算机预测分析，必须建立完善而多功能的程序库和数据库。如果预测的对象不同，则所使用的预测程序也不同。

干扰预测程序(IPP-1)是用于分析通信系统和雷达系统电磁兼容性的一套计算机程序，可用来预测和分析拟设的或现有的发射机和接收机之间潜在的干扰情况，它为确定电磁兼容性问题的范围、验证可能解决的方法以及为工程决策提供基础。

如图4.2-3所示给出了干扰预测程序的基本结构，它由一个简短的执行程序控制的子程序包组成。主要的子程序分为两类，即准备子程序和分析子程序。准备子程序包括问题输入、数据采集、设备目录和数据综合子程序，用于提供执行分析任务所需要的数据；分析子程序包括其余所有子程序，用于执行可能需要的分析任务。下面详细介绍有关子程序的结构。

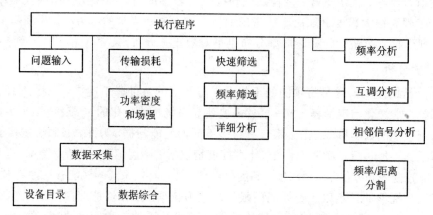

图4.2-3　IPP-1程序结构

(1) 问题输入程序(见图4.2-4)的功能是提供需要的输入参数，包括发射机和接收机的名称和工作频率、天线位置和方向性等。由计算机读取输入参数，并储存在可随意存取的数组中。

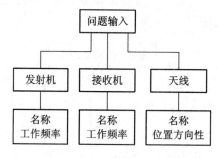

图4.2-4　问题输入程序

(2) 数据采集程序提供所需的设备性数据(见图4.2-5)，它利用储存在磁带上的设备目录并以设备特性生成需要数据综合程序。设备目录程序中包括设备数据，例如名称、工作频率范围、发射机的输出功率、发射类型和发射带宽、接收机的灵敏度、带宽以及中频和本振频率、天线的形式、增益、极化和波束宽度，此外，还包括发射机乱真输出的干扰特性、接收机的选择性、乱真响应、互调的邻近频道信号干扰特性、天线的旁瓣和后瓣特性等。数据综合程序利用设备名为数据产生设备目录中未包含的发射机、接收机和天线的干扰数据，它产生的综合数据使用户能执行复杂系统的干扰分析，该复杂系统包含有尚未得到具体干扰特性资料的设备。

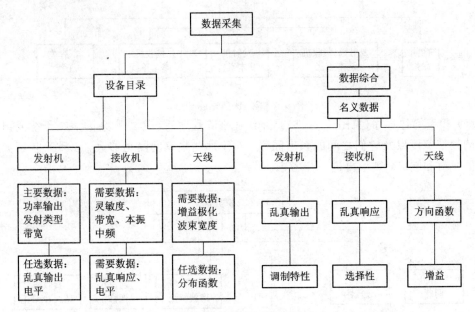

图 4.2-5　数据采集程序

（3）传输损耗程序（见图4.2-6）能够计算某一特定情况下电波传播衰减的量值，包括视距远场、地面波、超视距和近场的传播损耗、并能提供传播损耗资料，供用户在干扰预测程序的详细分析部分使用。

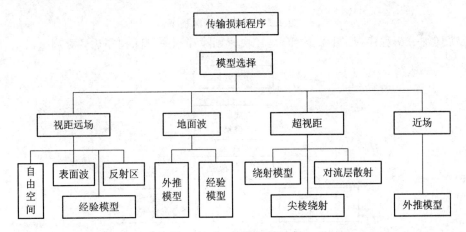

图 4.2-6　传输损耗程序

（4）功率密度和场强程序提供从发射机天线到用户指定距离处的功率密度和场强沿仰角分布的剖面图，以及在用户指定仰角上沿距离分布的剖面图，或者按本程序指定的距离增量和仰角增量提供全部功率密度和场强等值线。用户可以规定地形种类（即平滑地面或粗糙地面）或特定地形数据。在所有计算中都使用天线的相对增益。

（5）IPP-1采用了四级筛选进行干扰分析。快速剔除程序（见图4.2-7）对整个问题进行快速扫描，以便尽量剔除弱干扰状态。同时，还规定未剔除状态的频率范围和潜在干扰的大小，供下一步频率剔除程序预测。

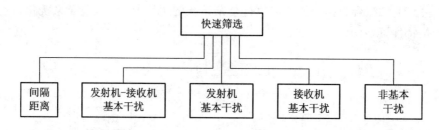

图 4.2-7 快速剔除程序

（6）频率筛选程序（见图 4.2-8）是在快速剔除程序后，考虑剩余的潜在干扰发射—响应对的频带宽度以及它们之间的频率间隔。对于那些频率间隔足够大，以致干扰不大可能存在的发射和响应，则不再进一步考虑。

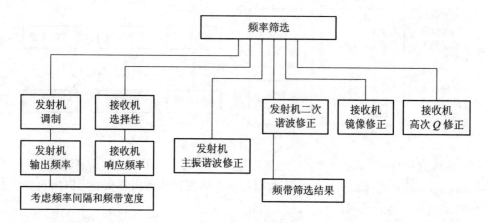

图.4.2-8 频率剔除程序

（7）详细分析程序（见图 4.2-9）是在快速剔除和频率剔除程序后，对剩余的潜在干扰

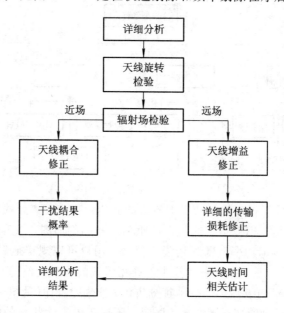

图 4.2-9 详细分析程序

设备进行严格的考查。例如，计算可能存在的传播模式；发射机、天线、接收机和传播函数的统计表示方法；以及天线旋转造成的时间相关条件等。然后，以特定情况下的干扰概率给出分析结果。

（8）互调分析程序是在考虑频率、或同时考虑频率和功率的基础上执行的，可用于生成某个组合体内部各个设备之间，所有可能存在的二阶、三阶、五阶及七阶互调干扰清单，也可用于生成特定设备和某个设备组合体之间的互调干扰清单。

（9）频率分析程序是处理那些不能利用指定频段，只能得到最低性能数据设备问题，此程序最适用于概念阶段或设计阶段的设备。虽然本程序调用快速剔除程序和详细分析程序，但可使用更简单的模型来描述设备特性。

（10）相邻信号分析程序分析落在接收机射频通带内或邻近接收机射频通带的潜在干扰的影响。该程序计算的干扰影响包括灵敏度降低、交调、互调和边带发射，计算结果以信号干扰比和信号噪声比表示。

（11）频率/距离分割程序可用来计算相邻信号影响、频率、距离三者之间的协调关系。

IPP-1是一个非常灵敏的程序，其执行程序插入了许多用户选择项目。例如，用户可以向设备目录子程序存取信息，以便更新现有设备文件或从文件中读取设备特性；用户也可以只执行指定的程序，或者独立使用功率密度和场强程序；用户可以执行特定设备和设备组合体之间的互调干扰分析，或者根据频带而不是具体频率执行干扰分析等。在每个分析结束时，可以按几种标准的格式打印结果。待所有分析结束后，便可得到全部结果，为适应用户的要求，还可以得到特殊格式的打印结果。

4.3　系统电磁兼容性分析程序

系统电磁兼容性分析程序（SEMCAP）是一个综合性大规模应用计算机进行电磁兼容性分析的程序，其基本内容：首先将有关干扰源、敏感设备、传输函数的数据存入计算机，并建立源模型库；接着，计算机对干扰源的频谱以及耦合到敏感设备的电磁能量进行运算。由于所接收的频谱受敏感设备带宽的限制，所以运算的结果只代表敏感设备所得到的电压。然后，将这个电压储存起来。上述运算是对所有源模型依次进行的，这样可以求出每个干扰源对同一敏感设备所产生的电压，再把所有干扰源产生的干扰电压叠加后，与敏感设备的敏感度门限进行比较，便能确定敏感设备是否与所有的干扰源兼容。

由于干扰源至少被指定为一个源模型，后面都接有一个或两个滤波器，这些滤波器可用来代替干扰源中的实际滤波器，或用来调整干扰源的频谱函数。

每个敏感设备都被模拟为单一的终端，从源模型经传输函数输入的频谱，依次经过两个滤波器和积分电路后，在电平比较器中与敏感度门限进行比较。

传输函数模型有共阻抗耦合型、互感耦合型、互容耦合型、电场耦合型和磁场耦合型五种基本形式。每种形式都由线路的几何形状、屏蔽效能和结构来描述，还可以用天线辐射的形式来描述。

预测和分析的结果以两种格式打印输出：一种是逐个列出敏感设备的详细格式；另一种是概要的矩阵格式。前一种格式给出定量的细节，说明每个干扰源是如何干扰某个指定的敏感设备的，打印出的基本数据描述了来自每个干扰源经过各种耦合途径，由敏感设备所收到干扰允许值的百分数和相应的冗余储备分贝数。其中，负的冗余储备表示了干扰电平超过敏感设备敏感度门限的分贝数。据此，便能对可能出现的问题进行估算和分析解决。后一种格式概要说明每个干扰源和每个敏感设备之间的兼容性和冗余储备。

4.4　系统内电磁兼容性分析程序

　　系统内电磁兼容性分析程序(IEMCAP)是将通信系统的数学模型和电磁兼容性的分析模型结合起来，有效地生成电磁兼容规范，有效估计系统内电磁兼容性特性状态，并指导EMC设计。该分析程序的功能：提供能连续保存和不断更新的数据库，以便适应系统设计的变化；产生适合于特定系统的规范极限值；估计对特定规范放宽要求的影响；审查系统的不兼容情况；估计更改设计对系统兼容性的影响；提供比较分析结果，作为电磁兼容性协调的基础。

　　典型的系统包含大量干扰源和敏感设备，在IEMCAP中定义了一个层次结构，如图4.4-1所示。这样，就把数据组织成便于收集和利用的形式。系统被分成若干分系统，每个分系统又由几个设备组成。电磁干扰能量可以由端口输入或从设备输出。端口包括天线、导线和机壳等。

　　所有有意识设置的端口必须发射和(或)接收某种类型的信号，以执行某个预定的功能。有意产生并作对口耦合的信号或响应均可称为有用信号，为了不影响系统的工作，这种信号是不可以改变的。除了有用信号外，还可以存在不需要的信号或

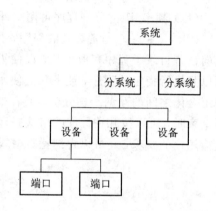

图 4.4-1　IEMCAP 的分析层次结构

响应，这称为无用信号，无用信号既可能由不需要的信号产生，也可能由无意耦合到非预定端口的有用信号产生。当一个或几个干扰源端口的信号无意地耦合到敏感设备端口，并超过其敏感度门限时，则系统不兼容。因此，无用信号是乱真的，必须加以控制，或建立干扰允许值范围。如果所有端口的无用信号的发射或敏感度均未超过所规定的允许值，则系统兼容。IEMCAP的一个重要任务就是制定一套适用于特定系统的干扰允许值规范。

　　IEMCAP 基本流程如图 4.4-2 所示，整个流程分为两段。

　　第一段称为输入译码和初始处理程序(IDIPR)，分成三个基本程序，即输入译码程序、初始处理程序和导线布局程序。输入译码程序从输入数据库中读取自由格式输入数据、并进行译码，然后检查数据是否有错。如果发现一个错误，则连同存放该错误的数据一起打印出一个信息，而程序继续执行。如果在全部数据库中的数处理完毕后，发现有错，则本程序停止执行。如果没发现错误，本程序进入初始处理程序，执行数据管理并与频谱模型连接，同时产生工作文件。用于定义系统及其全部组件的数据存储在系统内文件(ISF)的磁盘或内存上。对于某次给定运行，待分析系统可以由数据库来定义，也可以从以前产生的 ISF，或从经过更新的 ISF 来定义。初始处理程序还配置和汇编了准备分析的数据，并将这些数据写入新的 ISF 供以后使用，同时还写入工作文件供分析。然后，进入导线布局程序，产生互相对照的布局阵列。至此，IDIPR 执行终止。计算机可以根据作业安排或是

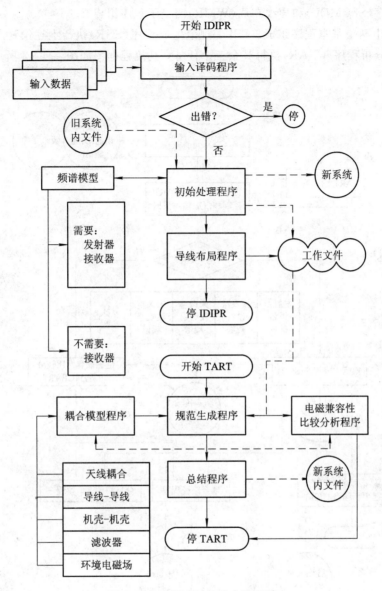

图 4.4 - 2   IEMCAP 基本流程图

停机或是进入第二段。

第二段称为任务分析程序(TART)，它使用 IDIPR 汇编的数据执行预定的分析任务。此任务分为下述四个任务中的一个：

(1) 规范生成。调整初始非工作必需信号的发射和频谱，使系统达到兼容。调整后的值即为最大发射和最小敏感度规范。

(2) 系统兼容性的初步审查。

(3) 比较分析。将调整后的电磁兼容性与规范生成和初步审查时的电磁兼容性进行比较，并估计对天线、滤波器、频谱参数和导线等修改后产生的影响。

(4) 对放宽规范要求的分析。估计放宽规范要求后产生的后果。

输入译码和初始处理程序(IDPR)是由输入译码程序(IPDCOP)、初始处理程序(IPR)、频谱模型程序(SPCMDL)和导线布局(WMR)四个子程序组成。

TART 由两个基本程序组成。其中，规范生成程序(SGR)执行上述第一个任务，电磁兼容性比较分析程序(CEAR)执行其余三个任务，其流程框图如图 4.4-3 所示。

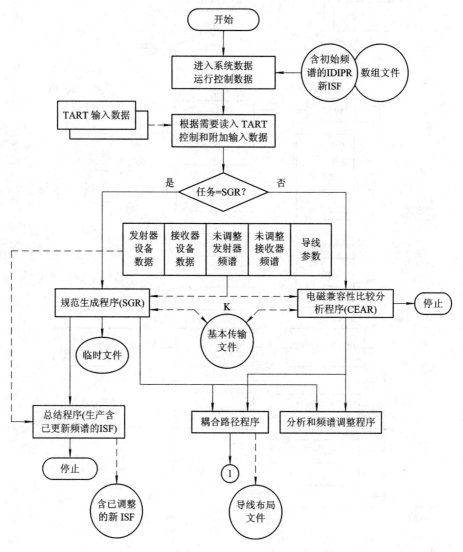

图 4.4-3　任务分析程序(TART)程序流程框图

首先，TART 读入系统数据，运行由 IDIPR 产生的文件参数，然后启动相应的任务驱动程序。若任务是 SGR，则调入规范生成子程序，否则，调入电磁兼容性比较分析程序。这两个基本程序连接着工作文件，耦合路径模型和分析程序用来完成所规定的任务。耦合路径程序用来确定发射—接收之间是否存在耦合路径，并计算传输比。分析和频谱调整程序利用发射器、接收器和传输比来计算面对发射端口—接收端口之间收到的信号和电磁干扰裕量以及所有发射器耦合到每一台接收器中的信号。同时，这些子程序也用于运行 SGR 时对非需要频谱进行调整。以下分别进行介绍。

（1）规范生成程序(SGR)。SGR 用于调整由 IPR 生成的端口频谱的非需要部分，使系统达到兼容。经 SGR 调整的频谱都是极限值。对发射器而言，其输出不能超过非需要频谱的极限电平；对接收器而言，其敏感度阈值不应低于极限电平，否则，将会产生干扰。在对系统进行分析时，假设发射端口的输出和接收端口的敏感度阈值均为极限值。对存在耦合途径的每一对发射—接收端口，假设发射端以最大发射电平输出，然后计算接收端所接收到的信号，并在整个频率范围内与最小敏感度电平进行比较，若在发射器非需要频谱范围内，接收器接收到的信号电平大于其敏感度电平，则发射器的发射电平要减少，使裕量等于用户规定的调整安全裕量(asm)和调整极限电平中的最大值。

当完成了发射器频谱调整之后，将对接收器的频谱进行调整。此时，使用已调整的发射器频谱来计算与每台发射器有耦合通道的接收器的接收信号和所有发射器同时工作时接收器接收到的信号，并同接收器的敏感频谱比较。若在非需要频谱范围内，接收到的信号大于敏感电平，则需提高接收器的敏感度，使得裕量等于 asm 和调整极限电平中的最小值。

经上述调整过程所产生的使系统能兼容工作的一系列端口频谱将作为今后设备测试的 EMC 规范。当然，也可能存在许多仍然不能兼容工作的端口对，这称为尚未解决的干扰，它通常由需要的发射和响应频谱、已作极限调整的非需要频谱以及原有设备的不能调整的频谱所引起的。对于经过发射端、接收端频谱调整之后，仍然有干扰的端口对，SGR 将再作一次调整，若仍然不兼容，则将由打印机输出干扰情况。

(2) 电磁兼容性比较分析程序(CEAR)。CEAR 执行电磁兼容性的初步审查、协调和规范放宽分析任务。在对系统电磁兼容性作初步审查时，分别计算存在耦合途径的发射—接收机对间的电磁干扰裕量和耦合到每台接收器中的全部接收信号和环境电磁场的干扰裕量。这些数据存在一个永久文件——原系统传输文件(BTF)中，供以后使用。

对电磁兼容性协调和规范放宽分析而言，CEAR 将计算增加和修改的端口间的电磁干扰裕量，并将其与存在 BTF 中的数据比较，最后，打印机将打印出原系统和经修改系统干扰裕量的变化值。比较分析程序提供实现下列功能：① 增加端口；② 改变原有端口频谱、连接方式、位置、天线增益、导线屏蔽等；③ 改变系统，如增加天线间障碍物、改变飞机模型参数等；④ 端口频谱的局部改变(规范放宽要求分析)。

IEMCAP 的数学模型有发射器模型、敏感设备模型、传输函数模型和系统模型。发射器模型是将设备参数、发射机数据与发射机端口的功率谱密度联系起来的数学表达式。敏感设备模型是将接收器端口处的功率谱与该功率谱产生的响应联系起来，同时输入带宽参数和带内敏感度数据形成所需频谱内的矩形敏感函数。传输函数模型包括了辐射传输，如天线与天线、天线与机壳、机壳与机壳、天线与导线、导线与机壳的耦合模型，也包括传导传输，如电路性耦合、电容性耦合、电感性耦合模型。利用这些模型可计算发射器端口的输出电磁能量与接收端口的输入电磁能量之比。系统模型用来构造发射器模型、传输函数模型和敏感设备模型，以便计算全部设备同时工作时的情况，并识别系统中可能存在非预期耦合的全部端口。IEMCAP 通过分析来确定进入敏感端口的一个或多个发射器信号是否干扰该设备的正常工作。电磁干扰寻址是通过计算各敏感设备端口的电磁干扰安全裕度来完成的。

IEMCAP 及其扩充模型又是系统内析程序(IAP)的组成部分。IAP 是一个大规模电磁兼容性分析程序，由上百个发射器、敏感设备(主要是接收机)和传输函数等组成，其功能是估计系统兼容性薄弱环节、修改规范的极限值、分析设计折中方案的兼容性、弃权分析、预测电磁兼容性控制的效果等。IEMCAP 的输出提供了整个系统内电磁兼容性分析的总记录，扩充模型使 IAP 的分析能力超出了 IEMCAP 的范围。

下面以美国空军对宇宙飞船上的航空电子系统的子系统的电磁干扰预测程序为例，简单地说明预测分析过程。

（1）天线到天线的兼容性分析程序（ATACAP）用来分析发射机和接收机之间通过天线耦合所构成的电磁干扰。

（2）线到线的兼容性分析程序（WTWCAP）用来分析线束内由交叉耦合所产生的电磁干扰。

（3）场到线的兼容性分析程序（FTWCAP）用来分析由机上天线辐射穿过飞机表面小孔渗入机舱内，在线束上感应产生的电磁干扰。

（4）机壳到机壳的兼容性分析程序（BTBCAP）用来分析由低频磁场耦合到设备机壳内的敏感变压器和电子束器件而产生的电磁干扰。

在进行电磁干扰预测时，这四个程序可以一起运行，也可以按需要独立运行。应指出的是，系统内的电磁干扰耦合途径应包括场到机壳、线到机壳之间的耦合，但是建立这两类耦合的数学模型极为复杂，至今尚在研究之中。除此，还必须考虑通过电源的公共阻抗的耦合，以及由一个回路耦合至另一个回路的地电流耦合。

图 4.4-4 所示是该预测程序的流程图。图中，方框 2"电磁环境"包括各种传导和辐射干扰环境中的电场、磁场和电流参数。如果对环境参数难以预料，则可按经验预置某些参

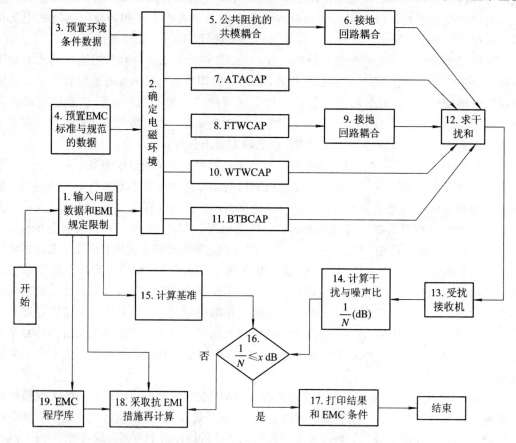

图 4.4-4　航空电子系统的分系统间电磁干扰预测程序流程图

数或将规范规定的极限值输入。方框 5~11 是各种主要耦合通道和机制(尚未全部列出)。接着由方框 12 求出各种干扰在受干扰接收器输入端口的和。然后,方框 14 算出干扰输出和受干扰接收器内部噪声之比 I/N,再由方程 16 将 I/N 与电磁干扰安全裕度或用户要求的计算基准 $x(\mathrm{dB})$ 进行比较。如果 $I/N \leqslant x(\mathrm{dB})$,则说明已达到电磁兼容性要求并打印出结果。否则,应采取必要的电磁兼容性技术措施或与用户商量降低要求,并重新分析在新条件下的电磁兼容性,直到满意为止。主框 19 是程序库,储存了各种类型的干扰预测程序。因为对于不同的干扰源、传输函数和敏感设备的组合,需要使用不同的程序分析。

4.5　系统间电磁干扰预测分析程序

在系统间的电磁兼容性问题中,关心的是独立系统间的潜在干扰,尤为重视与本系统工作于同一频段的其他系统。系统间与系统内的电磁干扰预测分析的方法及过程大致相同,但基本规律不同,原因在于控制和修改他人的系统是十分困难甚至是不可能的,所以对系统间的电磁干扰常常难以控制。另外,虽然在系统间可能会出现一些传导干扰,但是基本形式还是辐射干扰,也就是通过两天线之间的辐射近区场或远区场的耦合。

系统间电磁干扰预测的最终目的是估计发射机对与其邻近的接收机所产生的干扰效应,以及确定接收机对发射机干扰信号所产生的响应。

发射机对邻近接收机的干扰效应可由接收机在调谐时输入端的干扰噪声比(I/N)来表述,参照式(4.1-3),I/N 可写成如下形成:

$$\frac{I}{N} = P_{\mathrm{T}} + G_{\mathrm{T}} + G_{\mathrm{R}} - L_{\mathrm{P}} - P_{\mathrm{N}} - \varphi(\beta) - \varphi(\Delta f) \tag{4.5-1}$$

式中,P_{T} 为发射机输出的干扰功率(dBW),G_{T} 与 G_{R} 为发射天线与接收天线的增益(dB),L_{P} 为电波由发射天线到接收天线的传输损耗(dB),P_{N} 为接收机输入端的噪声功率即有效热噪声功率(dBW),$\varphi(\beta)$ 为带宽修正因子(dB),$\varphi(\Delta f)$ 为失谐修正因子(dB)。式(4.5-1)反映了接收机输入端的干扰电平与系统噪声之间的关系。

这里,对 $\varphi(\beta)$ 和 $\varphi(\Delta f)$ 作一介绍。当干扰信号出现在接收机输入端时,如果干扰信号带宽大于接收机带宽时,则接收机上会接收干扰的一部分,这可减弱干扰信号的影响。为此引入了带宽修正因子 $\varphi(\beta)$,有

$$\varphi(\beta) = 10 \lg\left(\frac{\beta_{\mathrm{R}}}{\beta_{\mathrm{T}}}\right)(\mathrm{dB}) \tag{4.5-2}$$

式中,β_{R} 与 β_{T} 分别为接收机和发射机干扰信号的带宽。显然,如果干扰信号带宽等于或小于接收机带宽,则干扰将全部进入接收机,此时 $\varphi(\beta)=0\ \mathrm{dB}$。另外,当干扰频率与接收频率相对失谐时,由于接收机通常与干扰信号频谱的重叠部分变小,则进入接收机的干扰也相对减小,失谐修正因子 $\varphi(\Delta f)$ 定义为干扰发射机与接收机之间失谐为 Δf 时的干扰功率与共信道时(Δf)的干扰功率之比,即

$$\varphi(\Delta f) = 10 \lg\frac{P_{\mathrm{I}}(f_0 + \Delta f)}{P_{\mathrm{I}}(f_0)}(\mathrm{dB}) \tag{4.5-3}$$

式中,f_0 为调谐频率。

在确定了发射机对邻近接收机的干扰效应,即求出了接收机输入端的干扰信号电平后,接收机是否对此干扰产生响应,可由第二个干扰预测方程确定,该方程为

$$\frac{S}{I} = \frac{S}{N} - \frac{I}{N} \tag{4.5-4}$$

式中，S/N 为接收机输入端信号与噪声比(dB)，S/I 为接收机输入端的信号与干扰比(dB)，I/N 为接收机输入端的干扰与噪声比(dB)(由式(3.7-1)给出)。由式(4.5-4)可见，如果接收机输入的有用信号电平足够高，则即使干扰电平较高，也不会构成电磁危害。

接收机对发射机干扰信号的响应还可以通过干扰安全裕度 IM 来描述。由式(4.1-1)和式(4.1-2)可见，如果 $IM<0$，则将不兼容。

系统间电磁干扰预测，也是从分析最简单的"发射—响应"对着手的，但往往"发射—响应"对数目很大，因此计算大量的"发射—响应"对的干扰响应，必须借助计算机，而且计算机预测程度所考虑的数学模型也较复杂。例如，传输函数模型由天线模型和传输模型组成。天线模型包括近场增益修正、极化修正、扫描修正等；传输模型包括计及地形影响和邻近障碍体、基地平台(如舰船甲板、飞机机身)等影响的电波传播、对流层的散射传播等。

程序的结果输出包括两部分：合成的干扰安全裕度大小和干扰对系统性能影响的定量估计。

4.6　电磁环境/干扰预测模型

美国陆军在试验场的电磁环境测试试验室研制了一套自动干扰测试设施，将其与一个干扰预测模型联合使用，就可提供在典型的战术环境中电子设备的正常工作概率和系统效率。

该预测模型由一些相互关联的数学模型组成，这些模型从数学上模拟了系统态势的电磁环境和通信电子装备的作战特性，并预测通信电子装备、分系统和系统的性能。

预测程序由数据准备和干扰预测两个主要部分组成，这两部分均包含了很多独立的适应特定任务的计算机程序和子程序。

数据准备部分有两个主要功能：① 产生并保存主要数据库；② 抽取并建立任务测试台。主要数据库的建立基于在一假想战斗机内使用的通信电子装备的技术数据、部署或用途数据以及有关装备正常工作与否的比分参数。任务测试台是按特定任务的要求，从主数据库选出的有关数据组成的。

干扰预测部分由四个模块组成，即链路选择、干扰识别、比分评定和输出。链路选择模块接收从任务测试台送来的数据，并根据预测计划建立的判据选出需进行分析的链路。由于一个问题中牵涉的装备数目太大，为此拟采用统计取样的办法，以减少部署的通信电子设备构成的链路数目，以便能进行实际评定。取样数的多少取决于所要求分析的精度。另外，对抽样加权，以保证对执行既定战术任务有最重要作用的装备选入。链路选择模块的输出作为干扰识别模块的输入。在干扰识别模块中，主要是计算被评定链路的接收机输入终端处有用信号和干扰信号电平的统计值。这些电平是下述因素的函数：发射机输出功率、发射机天线与接收天线的增益、传输损耗。干扰识别部分根据发射机的功率电平、发射机占空因素(发射机实际辐射的时间百分比)和接收机特性，可辨出在链路中哪些发射机可能产生干扰。干扰识别模块的输出作为比分评定模块的输入。在比分评定模块中，设有用于计算被评定装备或系统正常工作概率的程序。比分评定模块的输出作为输出模块的输入。输出模块主要是计算系统效率（SE），以判定其完成军事任务的效果，其输出可以提供一种定量性量度，用以预测通信电子装置或系统执行其既定功能的好坏程度，以及它们能否在拟定的作战环境中正常工作。

该预测模块的计算过程分为如下几步：

（1）接收机特性。在给定环境中选出一部接收机，将其地点、所分配的频率与选择性、杂波响应的灵敏度、互调特性、天线类型与方位等数据存入计算机存储器，以供其后确定在某些频率下干扰些接收机所需的信号功率电平。

（2）发射机特性。在给定环境中选出一部发射机，将其地点、所分配频率与频谱特性、天线类型与方位等数据存入计算机存储器。发射机在每一频率电平可看做是由一单频发射机产生的。然后将各单频发射机的频率与接收机的杂波响应相比较。如果两者不一致，此发射机就被排除，并从给定环境中另选一发射机，重复上述计算；如果两者一致，就有可能产生干扰信号，须作进一步的计算。

（3）天线失配与天线电缆损耗。发射机的功率输出应考虑阻抗失配与电缆损耗，并用适当的损耗因素修正。

（4）天线方向图损耗。计算收发天线的方向图中最大辐射与接收方向不对准时所引入的功率损耗。

（5）传输损耗。计算电波在传播途径中产生的损耗。由第（3）～（5）步的计算来修正发射机的输出功率，以尽量正确地估计发射机对接收机处电磁环境的影响。

（6）接收机功能检查、比分评定与输出。至此，可将接收机输入端的干扰信号与其敏感度门限比较。如果前者大于后者，则干扰信号的频率与功率电平被存入计算机存储器中，以供比分评定模块用；反之，该干扰可排除，并选取另一个发射机，重复整个计算过程。

4.7 天线系统配置的预测分析

复杂电子系统如舰船、飞机、军事基地、通信工程车、卫星等往往需在一个有限空间里安装许多副天线，此时，如何预测天线系统的干扰性能是实现和设计系统间电磁兼容性的关键之一。

这里以飞机为例，飞机天线系统的设计包括单个天线设计和天线系统配置两方面的内容。实践已证明，飞机天线系统的配置设计对整个飞机的技术与战术性能有着重大影响。如果在飞机设计阶段不进行天线系统的性能预测，仅凭经验去安装几十副天线，则可能出现飞机上不同设备或系统的发射机与接收机之间相互干扰，甚至接收机前级被烧毁，而发射天线之间的互相干扰则可能产生功率倒灌，致使发射机失谐和失配，系统效率下降。天线受其他天线和附近金属物的影响，又会引起天线性能的改变，如天线输入阻抗的变化和天线损耗的增加会造成天线失配和效率下降。天线上电流分布的变化和附近金属物上感应电流的二次辐射和遮挡效应又会使天线方向图发生畸变，从而形成通信盲区。近场辐射会影响人和武器装备的安全，这在舰船、军事基地上尤为严重。这一切最终将导致飞机的技术和战斗性能下降。

天线系统设计的目的是按电磁兼容性的要求，合理设计各天线和性能及其位置，以获得最佳配置方案。天线系统配置的判据为天线输入阻抗和方向图、天线耦合度、近场分布等参数。

天线系统性能预测的一种主要手段是模型测试法。近年又发展了另一种利用数学模型预测的新方法。借助数学模型和计算机技术进行预测，无需昂贵的精细模型和测试系统与场地，预测周期短，而且还能预测模型法不能测试的一些参数如近场、高频电流分布等，尤其在系统论证和设计阶段更显其优越性。

当飞机的几何尺寸小于工作波长时，以矩量法(MM)为基础的数学模型具有很大的实用意义。矩量法是将有关辐射和散射问题的积分方程化成可供计算机处理的矩阵方程。

在高频段(2～30 MHz)，飞机的数学模型可由两种方式构成：线栅模型(Wiregrid Model)和面片模型(Surface-Patch Model)。图 4.7-1 所示是美国 F4 型战斗机的线栅模型，图中用线栅网络模拟飞机的真实导电表面，并给出 10 MHz 时的飞机电尺寸。收音机模型的线段是这样安排的，机身为三维结构，而机翼和尾翼则是平面的。其中每条直线又可分为若干线段。在飞机的两翼与机身上各置一小环天线，天线基部为激励源。利用矩量法可求出天线和线栅模型上各线段的电流分布，为此则可直接计算天线的电性能参数。图 4.7-2 所示为计算所得的方向图。如果把机翼和机身看做是十字交叉的偶极子，则由图 4.7-2 可见，只激励机翼，则会产生前后方辐射特性越来越好。

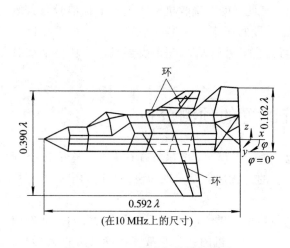

图 4.7-1 F4 战斗机的线栅模型　　　　图 4.7-2 以 90°相位调相时 F4 飞机的方向图

在线栅模型法中，计算所得的线栅网络上的电流仅是真实电流的近似，可用来计算天线的远区场，但不能用来计算近区场。这是因为在导线近旁具有电抗性场，而连续的金属表面是不具有这种性质的。飞机的另一种矩量法数学模型是面片模型，即用矩形或三角形的板块来模拟飞机的真实导电表面。用矩量法可算出每块面片上的电流分布，然后便可设计天线的远区场和近区场的有关电参数。三角形面片模型的计算比矩形面片复杂，但可以模拟任何形状的金属或介质体(包括有耗介质)表面，因此，它正获得越来越广泛的应用。

矩量法也可用于计算天线的近区场分布和天线的耦合度。

在微波波段，飞机的电尺寸远大于工作波长，应使用以几何绕射理论(GTD)为基础的

数学模型。以美军 F16 型战斗机为例（见图 4.7-3），图 4.7-4 所示是该飞机的数学模型，

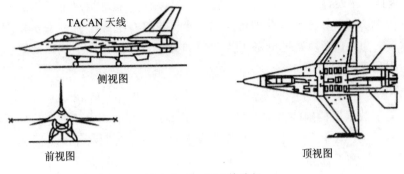

图 4.7-3   F16 战斗机

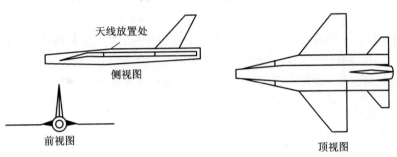

图 4.7-4   F16 战斗机的数学模型

其中，飞机机身模型是由两段具有不同轴长的椭圆球体拼接而成的复合椭球体（见图 4.7-5），这两段椭球体的长短轴分别为 AX、BX 和 CX、DX。飞机机翼、尾翼模型是由有限长平板构成。对于置于飞机机身的 $\lambda/4$ 单极天线，天线在远区给定场点的辐射场是由下述 GTD 场分量叠加而成：① 直射场；② 复合椭球体表面的绕射场；③ 有限长平板的反射场；④ 板边缘的绕射场；⑤ 椭球体

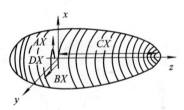

图 4.7-5   机身的数学模型

与平板交接处曲面接口边缘的绕射场；⑥ 平板边缘顶角的绕射场。此外，还包括由某一结构反射或绕射至另一结构所产生的各类 GTD 高阶场分量，如二次反射、反射—绕射、绕射—反射和二次绕射场等。对置于飞机顶部的 $\lambda/4$ 单极天线的方位角圆锥面方向图进行计算与测试，两者是相当吻合的。

雷达天线系统配置的预测，通常是借助于雷达方程来讨论收发天线之间的能量耦合问题，进而可分析雷达天线的电磁兼容性。

4.8   系统电磁干扰预测的实例

本节以小容量的无线数据通信网为例，介绍电磁干扰预测的具体要求与方法。小容量无线数据通信网是一种战术通信网。衡量传输质量的标准是传输速率和误码率，电磁干扰的危害主要表现在对误码率的影响。一般要求在白噪声干扰条件下，数据通信的硬件接口处的误码率为 10^{-5} 量级，若再考虑随机干扰和瞬态干扰，则必须通过纠错码措施来维持

10^{-5}量级。在数据链路控制级，可通过智能终端的纠错码功能，进一步将误码率降低到10^{-9}量级。因此，在设计无线信道时，应根据在 Rayleigh 衰落情况下所规定的误码率指标和所选用的调制方式，算出归一化的信噪比要求，并留有电磁干扰的安全裕度，然后在信道上予以保证。为此，必须通过电磁干扰预测和分析，找出各项干扰以及它们的总和，从而求出数据误码率的定量值。

1. 数学模型

小容量无线数据通信网的电磁干扰有四种类型：天线的耦合干扰、传导干扰、辐射干扰和机壳泄漏干扰。其中，辐射干扰由于涉及电磁环境、非同频干扰、同频干扰、邻道干扰、互调干扰及阻塞干扰等，因此情况相当复杂。对其他三项干扰，则可通过干扰防护措施的设计原则加以解决。对于恒参信道，辐射干扰的数学模型可表示为

$$P_{\mathrm{I}} = P_{\mathrm{T}} + G_{\mathrm{M}} - L_{\mathrm{P}} \tag{4.8-1}$$

式中，P_{I} 为干扰功率接收电平；P_{T} 为干扰功率发射电平；G_{M} 为天线的互增益，它等于发射天线增益 G_{ts} 和接收天线增益 G_{rs} 之和；L_{P} 为传输损耗(dB)，它包括自由空间的传输损耗、一阶 Fresnel 区阻挡损耗、绕射损耗、馈线损耗以及失配损耗等。

干扰功率 $\sum_{i} P_{\mathrm{I}i}$ 包含了各种干扰，即线性干扰与非线性干扰之和。线性干扰对接收机的作用与信号一样，仅是干扰不含有用信息而已。若在式(4.8-1)中，对 P_{I} 引入 G_{M}，$\varphi(\beta)$，$\varphi(\Delta f)$ 三项修正，即可得到线性干扰功率。这里，除收发天线的主波束对准的情况外，G_{M} 均不再等于收发天线的增益之和。考虑到天线方向图的复杂性，为此根据主波束增益把天线方向图分成许多层，这些层所占据的角度大小是天线水平波束宽度的函数。天线的互增益等于两天线对应层次的增益之和。$\varphi(\beta)$ 为带宽修正因子，$\varphi(\Delta f)$ 为失谐修正因子。

对于非线性干扰，在作一定的分段近似处理后，也可采用线性干扰的数学模型。

载噪比可表示为

$$\mathrm{GNR} = P_{\mathrm{R}} - \sum_{i} P_{\mathrm{I}i} \,(\mathrm{dB}) \tag{4.8-2}$$

式中，P_{R} 为发射功率电平。

归一化信噪比可表示为

$$\frac{S}{N} = \mathrm{CNR} + 10\,\mathrm{lgBW} - 10\,\mathrm{lg}r_{\mathrm{s}} \tag{4.8-3}$$

式中，BW 为接收机带宽(Hz)，r_{s} 为传输速率(bit/s)。

误码率 BER 与调制方式有关，表 4.8.1 列出了几种调制方式的误码率，其中 $\mathrm{erf}(x)$ 为误差函数。

表 4.8.1　几种调制方式的误码率

调制方式	相移键控 PSK	频移键控 FSK	幅移键控 ASK
误码率 BER	$\dfrac{1}{2}\left[1-\mathrm{erf}\left(\dfrac{S}{N}\right)\right]$	$\dfrac{1}{2}\left[1-\mathrm{erf}\left(\dfrac{S}{N}\right)\right]$	$\dfrac{1}{2}\left[1-\mathrm{erf}\left(\dfrac{S}{4N}\right)\right]$

2. 电磁干扰预测程序

电磁干扰预测程序如图 4.8-1 所示。输入参数有电台样品数、信号频率、发射功率、

收发信号机位置坐标，并打印出电台分布图和 CNR、S/N 和 P_R 的计算值，列出表格，如表 4.8.2 所示。通过电磁干扰预测和分析，可以知道各种干扰源对接收机载信噪比降低和误码率恶化的影响，从而制定干扰源发射频率、功率、距离、方位的极限值和规范，并不断修改，直至误码率符合要求为止。最后，将整个系统的极限值转化为对单个干扰源及信号发射机的技术要求。

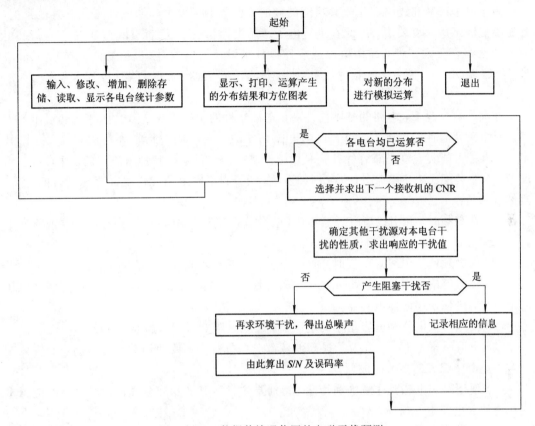

图 4.8-1　数据传输通信网的电磁干扰预测

表 4.8.2　小容量无线数据通信网的电磁干扰预测

电台编号	横坐标/km	纵坐标/km	发射功率/W	传输损耗/dBm	接收频率/MHz	接收电平/dBm	总噪声/dBm	S/N	误码率
1	11.25	8.50	5.50	108.48	600.200	−104.86	−105.8	10.97	0.54×10^{-3}
2	3.50	1.25	4.00	108.91	630.200	−104.89	−88.3	−7.29	0.65
4	17.00	1.70	6.50	109.54	600.400	−103.41	−105.0	11.64	0.38×10^{-3}
5	35.70	7.20	6.50	107.41	600.400	−101.20	−105.8	13.77	0.86×10^{-4}
6	15.00	15.20	5.50	112.90	631.400	−103.50	−106.0	6.78	0.57×10^{-2}
8	20.30	18.70	5.00	112.59	630.600	−100.10	−106.0	7.18	0.47×10^{-2}
10	30.23	20.10	4.00	100.90	630.100	−105.88	−106.0	9.40	0.93×10^{-3}
11	39.30	15.70	4.50	108.85	601.200	−104.42	−105.8	10.64	0.63×10^{-3}
12	36.00	29.00	4.50	108.49	601.200	−104.76	−105.8	10.30	0.71×10^{-3}

4.9 电磁兼容性设计

4.9.1 电磁兼容性设计基本原则

由于电子产品和线路在完成其功能的同时，也产生了大量的功能性骚扰及其他骚扰，甚至不能满足敏感度要求。因此在进行电子产品设计和电子线路设计时，必须将功能和电磁兼容性综合考虑。对产品做电磁兼容性设计可以从电路设计（包括器件选择）、软件设计、线路板设计、屏蔽结构、信号线/电源线滤波、电路的接地方式设计等方面考虑。

1）器件选择原则

在大多数情况下，电路的基本元件满足电磁特性的程度将决定着功能单元和最后的设备满足电磁兼容性的程度。选择合适的电磁元件的主要准则包括带外特性和电路装配技术。因为是否能实现电磁兼容性往往是由远离基频的元件响应特性来决定的。而在许多情况下，电路装配又决定着带外响应（例如引线长度）和不同电路元件之间互相耦合的程度。具体规则是：

（1）在高频时，和引线型电容器相比，应优先使用引线电感小的穿心电容器或支座电容器来滤波。

（2）在必须使用引线式电容时，应考虑引线电感对滤波效率的影响。

（3）铝电解电容器可能发生几微秒的暂时性介质击穿，因而在纹波很大或有瞬变电压的电路里，应该使用固体电容器。

（4）使用寄生电感和电容量小的电阻器。片状电阻器可用于超高频段。

（5）大电感寄生电容大，为了提高低频部分的插损，不要使用单节滤波器，而应该使用若干小电感组成的多节滤波器。

（6）使用磁芯电感要注意饱和特性，特别要注意高电平脉冲会降低磁芯电感的电感量和在滤波器电路中的插损。

（7）尽量使用屏蔽的继电器并使屏蔽壳体接地。

（8）选用能够有效的屏蔽和隔离的输入变压器。

（9）用于敏感电路的电源变压器应该有静电屏蔽，屏蔽壳体和变压器壳体都应接地。

（10）设备内部的互联信号线必须使用屏蔽线，以防它们之间的骚扰和耦合。

（11）为使每个屏蔽体都与各自的插针相连，应选用插针足够多的插头座。

2）电磁兼容性设计原则

目前电子器材用于各类电子设备和系统仍然以印制电路板为主要装配方式。实践证明，即便电路原理图设计正确，但印制电路板设计不当，也会对电子设备的可靠性产生不利影响。例如，如果印制板两条细平行线靠得很近，则会形成信号波形的延迟，在传输线的终端形成反射噪声。因此，在设计印制电路板的时候，应注意采用正确的方法。

（1）地线设计。在电子设备中，接地是控制干扰的重要方法。如能将接地和屏蔽正确结合起来使用，可解决大部分干扰问题。电子设备中地线结构大致有系统地、机壳地（屏蔽地）、数字地（逻辑地）和模拟地等。在地线设计中应注意以下几点：

① 正确选择单点接地与多点接地。在低频电路中，信号的工作频率小于 1 MHz，它的

布线和器件间的电感影响较小，而接地电路形成的环流对干扰影响较大，因而应采用一点接地。当信号工作频率大于 10 MHz 时，地线阻抗会变得很大，此时应尽量降低地线阻抗，采用就近多点接地。当工作频率在 1 MHz～10 MHz 时，如果采用一点接地，其地线长度不应超过波长的 1/20，否则应采用多点接地法。

② 将数字电路与模拟电路分开。电路板上既有高速逻辑电路，又有线性电路，应使它们尽量分开，而两者的地线不要相混，分别与电源端地线相连。要尽量加大线性电路的接地面积。

③ 尽量加粗接地线。若接地线很细，接地电位则随电流的变化而变化，致使电子设备的定时信号电平不稳，抗噪声性能变坏。因此应将接地线尽量加粗，使它能通过三倍于印制电路板的允许电流。如有可能，接地线的宽度应大于 3 mm。

④ 将接地线构成闭环路。设计只由数字电路组成的印制电路板的地线系统时，将接地线做成闭环路可以明显的提高抗噪声能力，其原因在于：印制电路板上有很多集成电路组件，尤其遇到耗电多的组件时，因受接地线粗细的限制，会在地结上产生较大的电位差，引起抗噪声能力下降，若将接地结构成环路，则会缩小电位差值，提高电子设备的抗噪声能力。

（2）电磁兼容性设计。电磁兼容性是指电子设备在各种电磁环境中仍能够协调、有效地进行工作的能力。电磁兼容性设计的目的是使电子设备既能抑制各种外来的干扰，使电子设备在特定的电磁环境中能够正常工作，同时又能减少电子设备本身对其他电子设备的电磁干扰。

① 选择合理的导线宽度。由于瞬变电流在印制线条上所产生的冲击干扰主要是由印制导线的电感成分造成的，因此应尽量减小印制导线的电感量。印制导线的电感量与其长度成正比，与其宽度成反比，因而短而粗的导线对抑制干扰是有利的。时钟引线、行驱动器或总线驱动器的信号线常常载有大的瞬变电流，印制导线要尽可能地短。对于分立组件电路，印制导线宽度在 1.5 mm 左右时，即可完全满足要求；对于集成电路，印制导线宽度可在 0.2 mm～1.0 mm 之间选择。

② 采用正确的布线策略。采用平等走线可以减少导线电感，但导线之间的互感和分布电容增加，如果布局允许，最好采用井字形网状布线结构，具体做法是印制板的一面横向布线，另一面纵向布线，然后在交叉孔处用金属过孔相连。为了抑制印制板导线之间的串扰，在设计布线时应尽量避免长距离的平行走线。

（3）去耦电容配置。在直流电源回路中，负载的变化会引起电源噪声。例如在数字电路中，当电路从一个状态转换为另一种状态时，就会在电源线上产生一个很大的尖峰电流，形成瞬变的噪声电压。配置去耦电容可以抑制因负载变化而产生的噪声，是印制电路板的可靠性设计的一种常规做法，配置原则如下：

① 电源输入端跨接一个 10 μF～100 μF 的电解电容器，如果印制电路板的位置允许，采用 100 μF 以上的电解电容器的抗干扰效果会更好。

② 为每个集成电路芯片配置一个 0.01 μF 的陶瓷电容器。如遇到印制电路板空间小而装不下时，可每 4～10 个芯片配置一个 1 μF～10 μF 钽电解电容器，这种器件的高频阻抗特别小，在 500 kHz～20 MHz 范围内阻抗小于 1 Ω，而且漏电流很小(0.5 μA 以下)。

③ 对于噪声能力弱、关断时电流变化大的器件和 ROM、RAM 等存储型器件，应在芯

片的电源线(VCC)和地线(GND)间直接接入去耦电容。

④ 去耦电容的引线不能过长，特别是高频旁路电容不能带引线。

(4) 印制电路板的尺寸与器件的布置。印制电路板大小要适中，过大，印制线条长，阻抗增加，不仅抗噪声能力下降，成本也高；过小，则散热不好，同时易受临近线条干扰。在器件布置方面与其他逻辑电路一样，应把相互有关的器件尽量放得靠近些，这样可以获得较好的抗噪声效果。时钟发生器、晶振和 CPU 的时钟输入端都易产生噪声，要相互靠近些。易产生噪声的器件、小电流电路、大电流电路等应尽量远离逻辑电路，如有可能，应另做电路板，这一点十分重要。

(5) 散热设计。从有利于散热的角度出发，印制版最好是直立安装，板与板之间的距离一般不应小于 2 cm，而且器件在印制版上的排列方式应遵循一定的规则：

① 对于采用自由对流空气冷却的设备，最好是将集成电路(或其他器件)按纵长方式排列；更于采用强制空气冷却的设备，最好是将集成电路(或其他器件)按横长方式排。

② 同一块印制版上的器件应尽可能按其发热量大小及散热程度分区排列，发热量小或耐热性差的器件(如小信号晶体管、小规模集成电路、电解电容等)放在冷却气流的最上方(人口处)，发热量大或耐热性好的器件(如功率晶体管、大规模集成电路等)放在冷却气流最下方。

③ 在水平方向上，大功率器件尽量靠近印制板边沿布置，以便缩短传热路径；在垂直方向上，大功率器件尽量靠近印制板上方布置，以便减少这些器件工作时对其他器件温度的影响。

④ 对温度比较敏感的器件最好安置在温度最低的区域(如设备的底面)，千万不要将它放在发热器件的正上方，多个器件最好是在水平面上交错布局。

⑤ 设备内印制板的散热主要依靠空气流动，所以在设计时要研究空气流动路径，合理配置器件或印制电路板。空气流动时总是趋向于阻力小的地方流动，所以在印制电路板上配置器件时，要避免在某个区域留有较大的空域。

4.9.2　电磁兼容性设计方法

保证设备或系统的电磁兼容性是一项复杂的技术任务，对解决这个任务不存在万能的方法。由于问题的综合性质，只有在各个阶段(包括设计阶段到使用阶段在内)，利用不同性质的措施才能有效地全部解决这个问题。

一般来说，保证设备或系统电磁兼容性的方法可以大致分为组织方法和技术方法两类。

技术方法是系统工程方法、电路技术方法、设计和工艺方法的总和，其目的是改善无线电设备、电子设备、电气设备的性能。采用这些方法是为了降低所有的干扰电平，增加干扰在传播或传输途径上的衰减，降低感受器(敏感体)对非有意干扰的敏感程度，依靠信息的传输和处理方法来减小非有意电磁干扰的作用等。

组织方法是在各类型的无线电电子设备之间划分频带，选择电子设备分布的空间信号，无线电发射机功率电平值等。同时，这类方法也包括制定和采用某些限制性规章及一些其他方法，为研制和生产无线电电子设备、电气设备等规定了方向和途径。

这两种方法不是截然分开的，它们的界限都是相对的，它们的具体内容既相互联系又相互制约。例如技术方法中减少发射机的非有意辐射和提高接收机的选择性，是很有效的电路技术方法，同时也提供了组织实施方法，即将设备间的容许频率间隔减小到最小程度。

在具体对电磁兼容性分析时，又可采用两种方法：① 确定法。电磁兼容性的未知参数用确定数量和函数来描述；② 概率法。电磁兼容性的未知数用随机值和函数来描述。

以具体设备为例，简要介绍这两种方法。

1) 确定法

本方法基于采用能量准则，对电子设备或系统进行电磁兼容性的成对评估、成组评估或综合评估。所谓成对评估，是考虑由两组设备中的每一个产生的干扰作用。组内的每一个设备都是一对一地作用在另一个上。成组评估，是规定干扰源组的全部设备的所有敏感体影响。综合评估以利用成组评估为基础，成组评估以利用成对评估为基础。但是，无论是成组评估，还是综合评估，一般情况都不是某些成对评估的数量的简单叠加。

确定法对电磁兼容性分析时，为评价其工作质量，应当对具体电子设备选择确定的具体模型。具体模型的选择应视分析的目的、对精度的要求、原始数据的详细情况及可靠性来确定。一般说来，开始总是选择最简单的模型，以便用较少的时间和在较小的范围内作初始信息分析，得出初步的评价，当然，其可靠性也较差。如果确定的模型比较完善，初始数据比较详细，那么其可靠性可进一步提高，但问题也明显复杂得多。

为判别电磁兼容性存在与否，对于任何具体的干扰形式，需要规定"信号功率与干扰噪声功率总和之比"即 $(P_S/(P_1+P_N))_0$，当超过此比值时，不出现电子设备不容许的性能降低，该值称为监界（容许）的"信号—干扰加噪声之比"。如果下式成立：

$$\frac{P_S}{P_1+P_N} > \left(\frac{P_S}{P_1+P_N}\right)_0 \tag{4.9.1}$$

则敏感体的电磁兼容性得到保证。

同理利用此准则，可引入一个保护比系数 K；

设信号功率为 P_S（或信号场强为 E_S）、干扰功率为 P_1（或干扰场强 E_1），则 P_S/P_1 必须高出 K 倍，K 称为保护比，则

$$\frac{P_S}{P_1} > K \tag{4.9.2}$$

一般，$K \gg 1$，通常可由用户或技术标准文件给出。

2) 概率法

概率法可用随机函数来描述。它与影响电磁兼容性的一系列因素有关。这些因素包括：

（1）各种参数离散量：如不希望的辐射电平，信号和干扰的衰减；一些具体无线电接收机的电磁兼容参数等，以及这些数值的不确定性。

（2）与电波传播有关的信号和干扰的起伏，元件的老化，气候条件的变化和其他类似的原因而引起的被接收的干扰功率随时间改变的情况。

（3）在所分析的设备中，辐射和接收工作频率可能发生的变化等。

（4）对移动目标而言，相互方位改变的影响下，可移动设备中发生信号和干扰电平的变化。

按照概率法，干扰频率和接收通道的数值，描述设备的空间配置和相互方法，设备工作时间及信号和干扰电平特性的参数都是随机的，满足电磁兼容性条件也是随机的，并用破坏电磁兼容性的概率 P_Z 来描述。

破坏电磁兼容性概率，按使用的模型不同可分为三种情况：被研究的干扰源和感受器（敏感体）（成对评价）、干扰源和感受器组（成组评价）或干扰源组同感受器组（综合评价）。电磁兼容概率分析的目的是找出这个数值。

考虑到解决所提供的一般形式的课题的复杂性，在评价电磁兼容性时，通常用数列简化方法。为此，用离散状态的组合代替参数序列值的连续集合，例如，做这样的假定，即干扰频率和接收通道有重叠或者没有重叠，这样，无线电电子设备的工作条件（相互位置和方位，干扰频率和接收通道间的关系，以及电子设备的工作时间等）具有概率 P_μ。用有限数 M 来描述，其中 $\mu=1, 2, \cdots, M$，则

$$\sum_1^M P_\mu = 1 \tag{4.9.3}$$

每一种情况在实现时，电子设备的相互配置、方位、频率和工作时间由固定的参数来确定，而只有信号和干扰电平，以及描述其结构的量是随机的。对于这些条件，能够确定电磁兼容性破坏的概率 $P_\mu^\theta(P_1, f, T, r)$（求出这些概率是统计无线电工程的任务）。破坏电磁兼容性的总概率为

$$P_Z = \sum_1^M P_\mu, P_\mu^\theta(P_1, f, T, r) \tag{4.9.4}$$

如果考虑影响电磁兼容性的每一种因素，在使用即使是不很大的序号时，它们综合的总数量也是很大的，因而问题显得很复杂。

4.9.3　电磁兼容性设计要点

电磁兼容问题可以分为两类。一类是电子电路、设备、系统在工作时由于相互干扰或受到外界的干扰，使其达不到预期技术指标，如装于机柜内的由微处理器构成的控制电路受到装在同一个机柜内的马达的干扰的问题。另一类电磁兼容问题，设备虽然没有直接受到干扰的影响，但仍达不到规定的功能性指标，因此也不能通过国家的电磁兼容标准，如计算机设备产生超过电磁发射标准规定的极限值，或在电磁敏感度、静电敏感度等方面达不到要求。

电子、电气产品电磁兼容性设计的目的，是使产品在预期的电磁环境中能正常工作、无性能降低或故障，并具有对电磁环境中的任何事物不构成电磁干扰的能力。电磁兼容性设计的基本方法是指标分配和功能分块设计。也就是说，首先要根据有关标准和规范，把整个产品的电磁兼容性指标要求，细分成产品级的、模块级的、电路级的、元器件级的指标要求；然后，按照各级要实现的功能要求和电磁兼容性指标要求，逐级进行设计，及采取一定的防护措施等。做好产品电磁兼容性设计应注意以下一些问题。

1. 尽早进行电磁兼容性设计

经验证明，如果在产品开发阶段解决兼容性问题所需费用为 1，那么，等到定型后再想办法解决，费用将增加 10 倍；若到批量生产后再解决，费用将增加 100 倍；若到用户发现问题后才解决，费用可能到达 1000 倍。这就是说，如果在产品开发阶段的同时进行电磁

兼容性设计，就可以把 $80\%\sim90\%$ 的电磁兼容性问题解决在产品定型之前。那种不顾电磁兼容性，只按常规进行产品设计，然后对样品进行电磁兼容性技术测试，发现问题再进行补救的做法，非但在技术上会造成很大问题，还会造成人力、财力的极大浪费，所以，对于任何一种产品，尽早进行电磁兼容性设计都是非常必要的。

2. 有源器件的选择与电子电路分析

在完成产品的电路功能设计后，应对各有源器件和电子电路进行仔细分析，应特别注意分析那些容易产生干扰或容易受到干扰的器件和电路。一般来说，高速逻辑电路、高速时钟电路、视频电路和一些含有电接点的电器等，都是潜在的电磁干扰源，这些电路以及微处理器、低电平模拟电路等也很容易被干扰而产生误动作；组合逻辑电路、线性电源及功率放大器等，则不易受到干扰的影响。

模拟电路具有一定的接收频带宽度，如果电磁干扰的有效频带全部或部分地落在模拟电路的接收带宽内，则干扰就被接收并迭加在有用信号上，与之一起进入模拟电路，当干扰与有用信号相比足够大时，就会影响设备的正常工作。一些频带宽度达几兆赫的视频电路通常还同时成为干扰源；模拟电路的高频振荡也将成为干扰源，因此要正确选择相位和反馈，以避免振荡。

数字电路工作在脉冲状态，其高频分量可延伸到数百兆赫以上。此外，外来干扰脉冲很容易使数字电路误触发。所以，数字电路既是干扰源，又容易受到干扰。选用较低的脉冲重复频率和较慢的上升/下降沿，将降低数字电路产生的电磁干扰。由于只有当干扰脉冲的强度超过一定"容许程度"后，才能使数字电路误触发，这种"容许程度"就是敏感度门限，其中包括了直流噪声容限、交流噪声容限和噪声能量容限。CMOS 和 ITL 电路具有较高的噪声容限，应优选使用。

在对有源器件的电磁干扰发射特性和敏感特性进行筛选，并对电子电路进行改进后，应对干扰源电路，易受干扰影响的电路进行分类和集中，以减小相互影响和便于采取防护措施。

3. 印制电路板设计

数字电路是一种最常见的宽带干扰源，而瞬态地电流和瞬态负载电流是传导干扰和辐射干扰的初始源，必须通过印制电路板设计予以减小。

当数字电路工作时，其内部的门电路将发生高低电压之间的转换，在转换的过程中，随着导通和截止状态的变换，会有电流从电源流入电路，或从电路流入地线，从而使电源线或地线上的电流产生不平衡而发生变化，这就是瞬态地电流，亦称 ΔI 噪声电流。由于电源线和地线存在一定电阻和电感，其阻抗是不可忽略的，因此 ΔI 噪声电流将通过阻抗引发电源电压的波动，即 ΔI 噪声电压，严重时将干扰其他电路或芯片的工作。为此，应尽量减小印制板地线和电源线的引线电感，如果使用多层板中的一层作为电源层，另选合适的一层作为接地层，ΔI 噪声电压将减至最小。例如，当脉冲电流的变化为 30 mA，前后沿为 3 ns，则噪声带宽可达 100 MHz，对于长为 100 mm，宽为 1 mm，厚为 0.03 mm 的地线，其阻抗可达 72.5 Ω，ΔI 限声电压为 2.1 V；若采用多层板的接地层，阻抗仅为 3.72 mΩ，ΔI 噪声电压可降至 100 μV，对其他电路或芯片的工作几乎不发生影响。当然，如果在印制板上安装去耦电容来提供一个电流源，以补偿数字电路工作时所产生的 ΔI 噪声电流，将会取得更好的效果。

瞬态负载电流是由于门电路驱动线对地电容和门电路输入电容在数字电路转换时所产生的瞬变电流。驱动线对地电容在单面板条件下为 0.1 pF/cm～0.3 pF/cm，多层板为 0.3 pF/cm～1 pF/cm。瞬态负载电流与瞬态地电流复合后构成传导干扰和辐射干扰。所以应尽量缩短驱动线的长度和选用单门输入电容小的门电路。

为了控制印制电路板的差模辐射，还应将信号和回线紧靠在一起，减小信号路径形成的环路面积。因为信号环路的作用就相当于辐射或接收磁场的环天线。共模辐射是由于接地面存在地电位造成的，这个地电位就是共模电压。当连接外部电缆时，电缆被共模电压激励形成共模辐射。控制共模辐射，首先要减小共模电压，可以采用地线网络或接地平面，合理选择接地点；其次可采用板上滤波器或滤波器连接器滤除共模电流；也可以采用屏蔽电缆抑制共模辐射，但应注意使屏蔽层与屏蔽机箱构成完全的屏蔽体，才能取得较好的效果。当然，降低信号频率和电平也是减小辐射的重要措施。为了减小印制板导线的辐射，设计时还应满足 $20H$ 准则，这里，H 是双面板的厚度，即元件面应比接地面缩小 $20H$ 宽度，避免因边缘效应引起的辐射。高频或高速电路还应满足 $2W$ 准则，这里，W 是印制板导线的宽度，即导线间距不小于两倍导线宽度，以减小串扰。此外，导线应短、宽、均匀、直，如遇转弯，应采用 $45°$ 角，导线宽度不要突变，不要突然拐角。

应当注意，单面板虽然制造简单、装配方便，但只适用于一般电路要求，不适用于高组装密度或复杂电路的场合；而双面板适用于只要求中等组装密度的场合。因此，应当优选多层板，并将数字电路和模拟电路分别安排在不同层内，电源层应靠近接地层，干扰源应单独安排一层，并远离敏感电路，高速、高频器件应靠近印制板连接器。

有源器件选择与电子电路分析以及印刷电路板设计，是使产品达到电磁兼容性指标要求的关键，必须予以足够的重视。完成印制电路板设计后，应使得板上各部分电路都能正常工作，相互之间不会产生干扰，并能减小电磁干扰发射，提高抗扰性。

4. 地线设计

地线设计是最重要的，往往也是难度最大的一项设计。它可以是专用的回线，也可以是接地平面，有时也可以采用产品的金属外壳。理想的"地"应是零电阻的实体，各接地点之间没有电位差。但在实际产品内，这种"地"是不存在的，任何"地"或"地线"都有电阻。当有电流通过时，必然产生压降，使地线上的电位如同大海中的波浪一样，此起彼伏，并非处处是零电位，两个不同的接地点之间就存在地电压。因此，当电路多点接地、并且电路间有信号联系时，就将构成地环路干扰电压，并在信号连线中产生共模电流，叠加在有用信号上一起加到负载端，由于电路的不平衡性，每根连线上的电流不同，还会转换成差模干扰电压，对电路造成干扰。为了减小地环路干扰，一般可采用切断地环路的方法。可将一侧电路板的信号地线与机壳地绝缘，形成浮地。但这样做仅在低频时有效，当频率较高时，电路板与机壳之间的分布电容仍有可能构成地环路。此外，可以用平衡电路代替不平衡电路，使电路间信号连线上的共模电流相等，而不会转换成差模干扰电压。也可以在两个电路之间插入隔离变压器、共模扼流圈或光电耦合器等，均可取得一定效果。目前流行的方法是在屏蔽机壳上安装滤波器连接器，由于它的每根插针或每个插孔上都装有一个低通滤波器，可以有效地滤除因地环路干扰引起的高频共模电流。此外，在两个电路之间的连线或电缆上套以铁氧体磁环，也可以有效地滤除高频共模干扰。

大型复杂的产品中往往包含多种电子电路以及各种电机、电器等干扰源，这时地线设计需按以下步骤进行：

(1) 分析产品内各电路单元的工作电平、信号类型等干扰特性和抗干扰能力；

(2) 将地线分类，例如分为信号地线、干扰源地线、机壳地线等，信号地线还可分为模拟地线和数字地线等；

(3) 画出总体布局图和地线系统图。

5. 综合使用接地、屏蔽、滤波等措施

要有效地抑制电磁干扰，必须综合使用接地、屏蔽、滤波等措施。

静电屏蔽的必要条件是屏蔽体接地。为了同时屏蔽磁场和高频电场，也应将屏蔽体接地。而电磁屏蔽则是用屏蔽体阻止电磁波在空间传播的一种措施，为了避免因电磁感应引起屏蔽效能下降，屏蔽体也应接地。同时，为了避免地电压在屏蔽体内造成干扰，还应当单点接地。

屏蔽电缆是在绝缘导线外面再包一层金属薄膜，即屏蔽层。屏蔽层的屏蔽效能主要不是因反射和吸收所得到的，而是由屏蔽层接地所产生的。也就是说，屏蔽电缆的屏蔽层只有在接地以后才能起到屏蔽作用。例如，干扰源电路的导线对敏感电路的单芯屏蔽线的干扰，是通过干扰源导线与单芯屏蔽线屏蔽层间的耦合电容，以及屏蔽层与芯线间的耦合电容实现的。如果把屏蔽层接地，则干扰被短路至地，不能再耦合到芯线上，屏蔽层就起到了屏蔽作用。电缆用于磁场屏蔽时要求屏蔽层两端接地。对于低频电路，则可单端接地，当不接地的信号源通过电缆与公共端接地的放大器相连时，则电缆屏蔽层应接在该公共端；当信号源公共端接地，放大器不接地时，屏蔽层应接信号源公共端。对于高频电路，应双端接地，而且当电缆长于 1/20 波长时，应每隔 1/10 波长距离接一次地。屏蔽层接地的方法是使屏蔽层与连接器屏蔽外壳呈 360°良好焊接，避免"辫接"；电缆芯线和连接器插针或插孔焊接；同时，将连线器屏蔽外壳与屏蔽机壳严密相连，使屏蔽电缆成为屏蔽机箱的延伸，才能取得良好的屏蔽效果。由此可见，屏蔽与接地是有密切关系的。

电磁干扰入侵屏蔽体的主要途径是 I/O 接口和电源线输入口。实际上，屏蔽体内部的电磁干扰可以耦合到连接 I/O 接口的导线或电缆以及电源线上，并产生干扰电流，传导到屏蔽体外，造成传导干扰和辐射干扰；同样，外界电磁干扰也可以通过连接到 I/O 接口的导线或电缆以及电源线传导进入屏蔽体，或通过电磁感应产生干扰电流进入屏蔽体，同时又对屏蔽体内造成辐射干扰。为了抑制干扰电流流入或流出，使屏蔽体保持较高的屏蔽效能，可以在 I/O 接口和电源线输入口分别采用滤波器连接器或滤波器。此外，屏蔽体上安装的蜂窝状通风板是由截止波导管组成的高通滤波器，当面板上需要穿过可调器件的非金属轴杆时，也可以将轴杆穿过截止波导管。用导电玻璃制成的屏蔽视窗，实质上也是高通滤波器。由此可见，为了保证屏蔽效能，屏蔽与滤波是密切相关的。

除了特别说明允许不接地的滤波器外，各类滤波器都必须接地。因为滤波器中的共模旁路电容只在接地时才能有作用。特别是 π 型滤波器，当接地不良时，等于将电容和电感并联，完全失去了滤波作用。此外，安装滤波器时，还应借助于屏蔽，将输入端和输出端完全隔离，才能发挥滤波器的抑制作用。所以滤波与接地、屏蔽都有密切的关系。

产品的电磁兼容性设计从表面上看好像很复杂，不知从何下手。但如果能注意以上几个问题，正确运用防护措施，任何复杂的电磁兼容设计都是可以解决的。

4.9.4　信号完整性设计

1. 信号完整性

信号完整性(SI)是指信号在电路中以正确的时序和电压作出响应的能力，它在 PCB 电路中显得尤为重要。如果电路中信号能够以要求的时序、持续时间和电压幅度到达 IC，则该电路具有较好的信号完整性。反之，当信号不能正常响应时，就出现了信号完整性问题。从广义上讲，信号完整性问题主要表现为五个方面：延迟、反射、串扰、同步切换噪声(SSN)和电磁兼容性。延迟是指信号在 PCB 板的导线上以有限的速度传输，信号从发送端发出到达接收端，其间存在一个传输延迟。信号的延迟会对系统的时序产生影响，在高速数字系统中，传输延迟主要取决于导线的长度和导线周围介质的介电常数。

随着集成电路输出开关速度的提高以及 PCB 板密度的增加，信号完整性已经成为高速数字 PCB 设计必须关心的问题之一。元器件及 PCB 板的参数、元器件在 PCB 板上的布局、高速信号的布线等因素，都会引起信号完整性问题，导致系统工作不稳定，甚至完全不工作。如何在 PCB 板的设计过程中充分考虑到信号完整性的因素，并采取有效的控制措施，已经成为当今 PCB 设计业界中的一个热门课题。

对于频率较低的短线来说，传输线输入端的电压和电流与输出端的电压和电流几乎是相同的。但对于频率很高的长线来说，PCB 板上的连接导线将极大地影响信号传输。什么时候传输线的连接导线没有问题呢？这一节就是要致力于得到这个问题的答案。此外，还要研究消除导线对信号传输质量的影响的方法。所有这些都属于信号完整性的范畴。信号完整性就是保证传输线输入端和输出端的信号波形相同或近似相同。传输线使信号从一端传输到另一端。其中至关重要的是信号不被传输线所恶化。

传输线的一个重要影响是造成信号从一端传到另一端的时延。电流和电压通过传输线所需的时间可由传输线的总长度除以信号传播的速度得出。

对于普通的平行线传输线，假设导线周围为自由空间(实际导线周围具有介质绝缘层，但这里忽略这一点)。沿传输线传播的电压和电流的传播速度为 $v_0 = \dfrac{1}{\sqrt{\mu_0 \varepsilon}} \approx 3 \times 10^8$ m/s。所以，自由空间(基本上指空气)中的时延为 3.33 ns/m。在如图 4.9-1 所示的连接盘情况下，用于构成 PCB 的玻璃环氧树脂(FR-4)的 $\varepsilon_r = 4.7$，所以时延为 7.2 ns/m。在图 4.9-1 所示的 PCB 的情况下，由于围绕连接盘的电场部分位于空气中，部分位于电介质中，所以传播速度的计算很复杂。通过计算空气的相对介电常数 $\varepsilon_r = 1$ 和玻璃环氧树脂的介电常数 $\varepsilon_r = 4.7$ 的平均值 $\varepsilon_r' = 1 + 4.7/2 = 2.85$ 来求得有效介电常数，就可以估算出传播速度。所

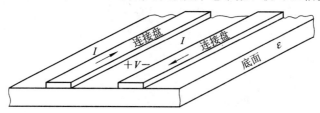

图 4.9-1　典型印制电路板(PCB)结构

以在这些结构中的传播速度近似为 $v=v_0/\sqrt{\varepsilon_r}=1.777\times10^8$ m/s。因此，在这些结构中的时延为5.6 ns/m。除非现在时钟的上升/下降时间达到皮秒数量级，否则，这些时延看上去是没有影响的。由于相互连接产生的时延没有什么影响。但是现在和将来互连线的时延都必须要考虑。

由互连线产生的另一个问题是反射。传输线的一个重要参数是它的特性阻抗 Z_c。对一根典型的同轴电缆 RG58U，它的特性阻抗为 50 Ω。正如前面所讨论的，如果 $Z_1=Z_c$，那么，在负载端就不会发生反射，而如果传输线不匹配，也就是说，$Z_1\neq Z_c$，那么将有部分反射波信号反射回源端，使信号波形发生畸变，甚至出现信号的过冲和下冲。信号如果在传输线上来回反射，就会产生振铃和环绕振荡。这种不匹配传输线上的反射现象是导致信号完整性降级的主要因素，可以采取相应的匹配措施加以消除。

由于 PCB 板上的任何两个器件或导线之间都存在互容和互感，当一个器件或一根导线上的信号发生变化时，其变化会通过互容和互感影响其他器件或导线，即串扰。串扰的强度取决于器件及导线的几何尺寸和相互距离。当 PCB 板上的众多数字信号同步进行切换时（如 CPU 的数据总线、地址总线等），由于电源线和地线上存在阻抗，会产生同步切换噪声，在地线上还会出现地平面反弹噪声（简称地弹）。SSN 和地弹的强度也取决于集成电路的 I/O 特性、PCB 板电源层和地平面层的阻抗以及高速器件在 PCB 板上的布局和布线方式。

2. 高速 PCB 电路设计

随着计算机技术的发展，数字系统中的时钟速度在不断地增加，目前 PC 的时钟频率已达到 3 GHz 以上，数字数据转换率也在不断提高。当然随着时延达到脉冲上升/下降时间的变化，通过连接盘传输的时钟已成为系统总时间预算中的一个关键因素。在时延中存在诸多问题，而时钟偏移便是其中之一。图 4.9-2 所示为时钟馈给的两种典型模块。在图 4.9-2(a)中，到达模块 1 的时延为 TD1＋TD2，到达模块 2 的总时延为 TD1＋TD2＋TD3，这是由于其连接线较长，所以比到达模块 1 的时延长。因此，从每一模块来看，时移到时间上是彼此相关的，这就是所提到的时钟偏移。而在图 4.9-2(b)中，到达模块 1 的时延和到达模块 2 的总时延是相等的。

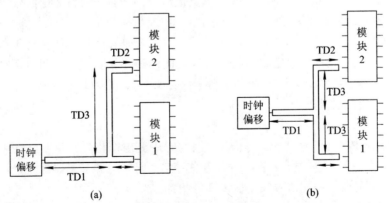

图 4.9-2　不相等的传输路径导致的"时序偏移"

（a）不相等的传输路径；（b）相等的传输路径

此外，信号传输速率的增加还会导致其他方面的问题。时钟和数据脉冲均以梯形脉冲的形式进行转换，如在 0 V 和 5 V 之间转换。电平由数字门电路以及其他设备的制造商提供，其中，保证脉冲假设为逻辑 1 和 0。如果脉冲电平无意间落在逻辑电平之间，那么数据就不能被正确地表示。也就是说，理想的情况是让传输线没有问题。不匹配传输线之所以会导致波形的畸变是由于在不匹配负载处反射造成的。而且，无论何时，只要传输线的横截面尺寸发生改变，传输线的特性阻抗就会发生改变。因此，会在不连续面上产生反射。这些连接盘往往通过过孔从一层转到另一层。显然，通过过孔从一层传输到另一层的信号将会遇到不连续面，因此特性阻抗会发生改变。

3. PCB 设计过程的中 SI 设计准则

可见，同其他的电子设备一样，PCB 也有电磁兼容性问题，其产生主要与 PCB 板的布局和布线方式有关。关于布线、拓扑结构和端接方式，通常可以从 CPU 制造商那里获得大量建议，在设计开始之前，必须先行思考并确定设计策略，这样才能指导诸如元器件的选择、工艺选择和电路板生产成本控制等工作。就 SI 而言，要预先进行调研以形成规划或者设计准则，从而确保设计结果不出现明显的 SI 问题、串扰或者时序问题。

在实际布线之前，首先要解决下列问题，在多数情况下，这些问题会影响正在设计的电路板，电路板的数量越大，这项工作就越有价值。

1）电路板的层叠

设计前应该确定电路板的一些参数，如预期的制造公差，在电路板上预期的绝缘常数，线宽和间距的允许误差、接地层和信号层的厚度和间距的允许误差。有了上述数据，就可以选择层叠了。注意，几乎每一个插入其他电路板或者背板的 PCB 都有厚度要求，而且多数电路板制造商对其可制造的不同类型的层都有固定的厚度要求，这将会极大地约束最终层叠的数目。在信号完整的理想情况下，所有高速节点应该布线在阻抗控制内层（例如带状线），但是实际上，必须经常使用外层进行所有或者部分高速节点的布线。要使 SI 最佳并保持电路板去耦，就应该尽可能将接地层/电源层成对布放。如果只能有一对接地层/电源层或如果根本就没有电源层，在设计时必须考虑 SI 问题。

2）串扰和阻抗控制

来自邻近信号线的耦合将导致串扰并改变信号线的阻抗。相邻平行信号线的耦合分析可能决定信号线之间或者各类信号线之间的"安全"或预期间距（或者平行布线长度）。如果要将时钟到数据信号节点的串扰限制在 100 mV 以内，却要信号走线保持平行，就可以通过计算或仿真，找到在任何给定布线层上信号之间的最小允许间距。同时，如果设计中包含阻抗重要的节点（或者是时钟或者专用高速内存架），就必须将布线放置在一层（或若干层）上以得到想要的阻抗。

3）重要的高速节点

时延是时钟布线必须考虑的关键因素。因为时序要求严格，这种节点通常必须采用端接器件才能达到最佳 SI 质量。要预先确定这些节点，同时将调节元器件放置和布线所需要的时间加以计划，以便调整信号完整性设计的指标。

4）技术选择

有些问题必须事先充分考虑。信号是点对点的还是一点对多抽头的？信号是从电路板输出还是留在相同的电路板上？允许的时延和噪声是多少？作为信号完整性设计的通用准则，转换速度越慢，信号完整性越好。在新型 FPGA 可编程技术或者用户定义 SASIC 中，可以找到驱动技术的优越性。采用这些定制(或者半定制)器件，会有很大的余地选定驱动幅度和速度。设计初期，要满足 FPGA(或 ASIC)设计时间的要求并确定恰当的输出选择，如果可能的话，还要包括引脚选择。在这个设计阶段，要从 IC 供应商那里获合适的仿真模型。为了有效地覆盖 SI 仿真，还需要一个 SI 仿真程序和相应的仿真模型。最后，在预布线和布线阶段应该建立一系列设计指南，它们包括目标层阻抗、布线间距、倾向采用的器件工艺、重点节点拓扑和端接规划。

5) 预布线阶段

预布线 SI 规划的基本过程是首先定义输入参数范围(驱动幅度、阻抗、跟踪速度)和可能的拓扑范围(最小/最大长度、短线长度等)，然后运行每一个可能的仿真组合，分析时序和 SI 仿真结果，最好找到可以接受的数值范围。接着，将工作范围解释为 PCB 布线的布线约束条件。可以采用不同软件工具执行这种类型的"清扫"准备工作，布线程序能够自动处理这类布线约束条件。实际上，时序信息比 SI 结果更为重要，互连仿真的结果可以改变布线，从而调整信号通路的时序。在其他应用中，这个过程可以用来确定与系统时序指标不兼容的引脚或者器件的布局。此时，有可能完全确定需要手工布线的节点或者不需要端接的节点。对于可编程器件和 ASIC 来说，此时还可以调整输出驱动的选择，以便改进 SI 设计或避免采用离散端接器件。

6) 布线后 SI 仿真

一般来说，SI 设计指导规则很难保证实际布线完成之后不出现 SI 或时序问题。布线后 SI 仿真检查是严格的布线要求下所做的必要工作。现在，采用 SI 仿真引擎，完全可以仿真高速数字 PCB(甚至是多板系统)，自动屏蔽 SI 问题并生成精确的"引脚到引脚"延迟参数。只要输入信号足够好，仿真结果也会一样好。这使得器件模型和电路板制造参数的精确性成为决定仿真结果的关键因素。

7) 后制造阶段

采取上述措施可以确保电路板的 SI 设计品质，在电路板装配完成之后，仍然有必要将电路板放在测试平台上，利用示波器或者 TDR(时域反射计)测量，将真实电路板和仿真预期结果进行比较。

习　　题

1. 电磁兼容性分析的基本思想是什么?
2. 电磁干扰预测有哪些步骤?
3. 电磁兼容设计主要考虑哪些方面?
4. 电磁兼容设计的方法有哪些?
5. 电磁兼容设计的要点是什么?
6. 什么是信号的完整性?
7. 影响信号完整性的因素有哪些?
8. PCB 设计过程中的 SI 设计准则有哪些?
9. PCB 设计中如何解决高速布线与 EMI 的冲突?

第五章 电磁兼容测试基础

电磁兼容测试,是指按照某种标准,对产品、设备、系统内部或之间的电磁兼容性指标的测试,因此电磁兼容测试分为电磁干扰发射(EMI)测试和电磁干扰敏感度(EMS)测试两大类,通常可再细分为四类,即辐射发射测试、传导发射测试、辐射敏感度(抗扰度)测试和传导敏感度(抗扰度)测试。辐射发射测试考察被测设备经空间发射的信号,这类测试的典型频率范围为 10 kHz～1 GHz,但对于磁场测量要求低至 25 Hz,而对于工作在微波频段的设备,要测到 40 GHz。传导发射测试考察在交、直流电源线上存在由被测设备产生的干扰信号,这类测试的频率范围通常为 25 Hz～30 MHz。辐射敏感度考察设备防范辐射电磁场的能力。传导敏感度考察设备防范来自电源线或数据线上的电磁干扰的能力。

本章主要介绍测试的设备、场地环境及其校准和测试的一般方法。

5.1 电磁兼容中的测试设备

电磁兼容测试领域有很多专用、特殊的设备。大致可分为两类:一类用于做接收,与适当的传感器连接,可进行电磁干扰测试;另一类用于模拟不同干扰源,通过适当的耦合/去耦合网络、传感器或天线,施加到被测设备上,以进行敏感度测试。

5.1.1 电磁干扰(EMI)测试设备

1. 测试接收机

测试接收机用来测试射频功率的幅度和频率,接收的可能是干扰,也可能是信号的载波,其组成可由图 5.1-1 表示。

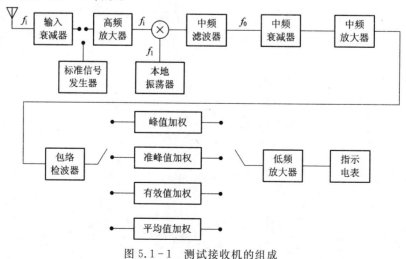

图 5.1-1 测试接收机的组成

接收机测试信号时，先调谐输入某个测试频率 f_i，该频率经高频衰减器和高频放大器后进入混频器，与本地振荡器的频率 f_1 混频，产生混频信号。混频信号经中频滤波器得到中频 $f_0 = f_1 - f_i$，中频信号再经中频衰减器、中频放大器后由包络检波器进行包络检波，滤去中频，得到低频信号 $A_{(t)}$。$A_{(t)}$ 再进一步进行加权检波，检波时可根据需要选择检波器，以分别得到 $A_{(t)}$ 峰值、有效值、平均值或准峰值。这些数值经过低频放大后可推动电表指示或在数码管屏幕显示出来。

测试接收机的技术要求如下：

(1) 幅度精度：± 2 dB；

(2) 6 dB 带宽：

国际 EMI 测试：

    9 kHz～150 kHz   200 Hz，

    150 kHz～30 MHz   9 kHz，

    30 MHz～1000 MHz   120 kHz，

国军标 EMI 测试：

    25 Hz～1 kHz   10 Hz，

    1 kHz～10 kHz   100 Hz，

    10 kHz～250 kHz   1 kHz，

    250 kHz～30 MHz   10 kHz，

    30 MHz～1 GHz   100 kHz，

    ＞1 GHz   1 MHz。

(3) 检波器：峰值、准峰值和平均值检波器；

(4) 输入阻抗：50 Ω；

(5) 灵敏度：优于 -30 dBμV（典型值）；

为满足脉冲测试的需要，接收机还应具有预选器，即输入滤波器，对接收信号频率进行调谐跟踪，以避免前端混频器上的宽带噪声过载。

测试接收机中拥有各种不同的检波器，可提供不同的检波方式。

(1) 峰值检波是检测干扰信号包络的最大值，而忽略干扰信号的频率，它只与干扰信号的幅度有关，与时间、频率无关。

(2) 准峰值检波可同时反映干扰信号的幅度和时间分布，是 CISPR 的电磁兼容性规范采用的检波方式。

(3) 平均值检波测试干扰信号包络的平均值，主要用于测试窄带的连续波。

(4) 有效值检波又称均方根检波，是测试干扰信号包络的有效值，主要用于测试电磁干扰对通信的影响。

具体如何选择检波方式应根据被测干扰源的性质、所需保护对象以及相应的测试规范来确定。

2. 频谱分析仪

频谱分析仪是显示被测信号能量与频率间函数关系曲线的测试仪器。通常根据测试信号频带的宽度，分为宽带频谱分析仪和全景频谱分析仪。

3. 电磁干扰测试附件

1) 电流探头

电流探头是测试线上非对称干扰电流的卡式电流传感器，测试时不需与被测的电源导线导电接触，也不用改变电路结构，可对复杂的导线系统，电子线路等的干扰进行测试。

圆环形卡式电流探头的结构如图 5.1-2 所示。

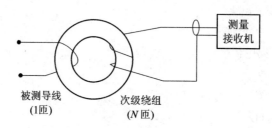

图 5.1-2　圆环形卡式电流探头

使用电流探头时，需先测出其传输阻抗，然后才能用于传导干扰测试。

圆环形卡式电流探头的技术指标如下：

测试频段：20 Hz～30 MHz；

输出阻抗：50 Ω；

内环尺寸：32 mm～67 mm。

2) 电源阻抗稳定网络

电源阻抗稳定网络的作用是在射频范围内向被测设备提供一个稳定的阻抗，并将被测设备与电网上的高频干扰隔离开，然后将干扰电压耦合到接收机上。

电源阻抗稳定网络对每根电源线提供三个端口，它们分别为供电电源输入端、到被测设备的电源输出端、连接测试设备的干扰输出端。

电源阻抗稳定网络的结构如图 5.1-3 所示。

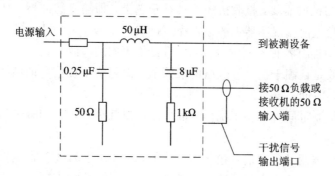

图 5.1-3　电源阻抗稳定网络结构图

电源阻抗稳定网络的阻抗是指干扰信号输出端接 50 Ω 负载阻抗时，在设备端测得的相对于参考地的阻抗的模。当干扰输出端没有与测试接收机相连接时，该输出端应接 50 Ω 负载阻抗。

3) 测试天线

在大多数的 EMC 测试中，对天线频率范围的要求远大于某一单个天线所能提供的频率范围，实际上，由于带宽和天线尺寸的限制，在一次测试中使用 5 副天线来覆盖整个测试频段的情况也并不少见。

选择 EMC 测试天线，首先必须明确测试任务对发射天线和接收天线的要求，包括频率范围，最小可接受的增益，可接受的天线的最大尺寸，还要决定使用几副天线，获得的数据是否满足测试者的需要，结果以哪种形式表示最合适，等等。

下面对各种不同测试天线及相关设备作一介绍。

(1) 磁场天线。磁场天线用于接收被测设备工作时泄漏的磁场、空间电磁环境的磁场，及测试屏蔽室的磁场屏蔽效能。测试频段为 25 Hz～30 MHz。

根据用途不同，磁场天线可分为有源天线和无源天线两类。通常有源天线适合于测试空间的弱小磁场；而无源环天线常用于近距离测试设备工作时泄漏的磁场，与有源天线相比，无源天线的尺寸较小。

一般磁场天线为环形天线，其参数如下：

① 有源天线。

测试频段：10 kHz～30 MHz；

增益：85 dB～125 dB；

灵敏度：-1 dB$(\mu A/m)$，10 kHz；

$\qquad\qquad -42$ dB$(\mu A/m)$，1 MHz；

阻抗：50 Ω；

环直径：60 cm。

② 无源环天线。

测试频段：10 Hz～100 kHz；

匝数：36；

环直径：13.3 cm；

导线规格：$7\times\phi 0.07$ mm；

屏蔽：静电。

(2) 电场天线。电场天线用于接收被测设备工作时泄漏的电场、环境电磁场及测试屏蔽室(体)的电场屏蔽效能，测试频段为 10 kHz～40 GHz。电场天线也分为有源和无源天线两类。下面介绍几种常见的电场天线。

① 杆天线。天线杆长 1 m，用于测试 10 kHz～30 MHz 频段的电磁场，其形状为垂直的单极子天线，由对称子中间插入地网演变而来，测试时一定要按天线的使用要求安装接地网。杆天线的一般技术指标如下：

频率范围：10 kHz～30 MHz；

天线有效高度：0.5 m；

输出端阻抗：50 Ω。

② 双锥天线。双锥天线的形状与偶极子天线十分接近，测试频段比偶极子天线宽，且无需调谐，适合于接收机配合组成自动测试、系统扫频测试。可用于电磁发射测试和辐射敏感度测试。双锥天线典型的技术指标如下：

频率范围：30 MHz～300 MHz；

驻波比：≤2.0；

最大连续波功率：50 W；

输出端阻抗：50 Ω；

峰值功率：200 W。

③ 半波振子天线。半波振子主要由一对天线振子、平衡/不平衡变换器及输出端口组成，可将振子长度调到适当的半波长度，同时调节平衡/不平衡变换器使天线的输出端具有小的电压驻波比。半波振子的技术指标如下：

增益：2.15 dB；

阻抗：73＋j42.5 Ω；

波瓣宽度：78°。

④ 对数周期天线。对数周期天线的结构类似八木天线，上下两组振子，从长到短交错排列。对数周期性天线方向性较强，具有高增益、低驻波、宽频带的特点，适用于电磁干扰和电磁敏感度测试。对数周期天线的典型技术指标如下：

频率范围：80 MHz～1000 MHz；

驻波比：≤1.5；

最大连续波功率：50 W；

输出端阻抗：50 Ω。

⑤ 双脊喇叭天线。双脊喇叭天线的上下两块喇叭板为铝板，铝板的中间位置是扩展频段用的弧形凸状条，两侧为环氧玻璃纤维的覆铜板，并蚀刻成细条状，连接上下铝板。双脊喇叭天线为线极化天线，测试时通过调整托架改变极化方向。一般可用于 0.5 GHz～18 GHz 辐射发射和辐射敏感度测试。双脊喇叭天线的典型技术指标如下：

频率范围：0.5 GHz～1 GHz 或 1 GHz～18 GHz；

驻波比：≤1.5；

最大连续波功率：50 W；

输出端阻抗：50 Ω。

⑥ 喇叭天线。较为常见的喇叭天线是角锥喇叭，其使用频段通常由馈电口的波导尺寸决定，在 1 GHz 以上高场强的辐射敏感度测试中，使用高增益天线容易达到所需高场强值。喇叭天线的典型技术指标如下：

频率范围：1 GHz～40 GHz(由多个天线覆盖)；

驻波比：1.5 左右；

最大连续波功率：50 W～800 W。

4）功率吸收钳

功率吸收钳适用于吸收 30 MHz～1000 MHz 频段传导发射功率的测试。功率吸收钳由宽带射频电流变换器、宽带射频功率吸收体、受试设备引线的阻抗稳定器和吸收套筒组成。电流变换器与电流探头的作用相同；功率吸收体用于隔离电源与被测设备之间的功率传递；吸收套筒则防止被测设备与接收设备之间发生能量传递。测试时，功率吸收钳与辅助吸收钳配合使用，其组成如图 5.1－4 所示。

5）天线塔与转台

辐射发射测试中，部分测试要求测试天线在离地面 1 m～4 m 的高度内可调节，以便在每一个测试频点获得最大的场强值。同时测试过程中还需要转动被测设备，以便对最大的辐射面进行测试。所以，实验时，将被测设备置于一个转台上。

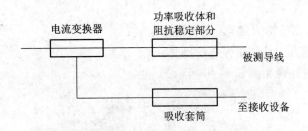

图 5.1 - 4 功率吸收钳使用原理图

天线塔由天线杆、升降装置、控制器组成，具有自动化操作功能，控制简便，升降、定位精度高，其控制器可与转台共用，具有 GPIB 接口，可方便地加入各种测试系统中。

转台由台板、传动装置与控制器组成，直径一般为 1.2 m。转台表面可以是金属，也可以是非金属的，其控制电路部分要求有良好的屏蔽，以降低不必要的电磁泄漏，使实验不受环境电平的影响。

下面以中国航天 203 所生产的 BIRMM 型天线塔和转台为例，介绍天线塔及转台基本参数。

BIRMM 天线塔的外观如图 5.1 - 5 所示。

图 5.1 - 5　BIRMM 天线塔的外观

BIRMM 天线塔可用于电磁兼容性测试、天线方向图测试等。该装置具有操作灵活简便、移动精度高，可通过 IEEE488 接口进行程控等特点，可以很方便地加入各种自动测试系统。由于控制器与天线塔之间的控制线缆采用光纤，而且采取了其他一些技术措施，使得天线塔的电磁发射大为减少，也不会因线缆穿过屏蔽室的屏蔽墙，破坏屏蔽室的屏蔽效能。BIRMM 天线塔的主要技术指标如下：

塔杆高度：6 m；

天线杆承重：15 kg；

控制线缆：光纤；

定位精度：0.5% ± 1 cm；

转速：5 m/分 ± 10%；

电源电压：210 V～230 V，50 Hz。

BIRMM 天线塔控制器的主要技术指标如下：

显示：4 位 LED，1 位状态位，3 位数据位；

位移分辨度：1 cm；

信号通道：2 路光缆输入端，4 路光缆输出端；

控制方式：手动方式；前面板按键操作。

BIRMM 转台的外观如图 5.1 - 6 所示。

图 5.1 - 6　BIRMM 转台的外观

BIRMM 转台装置可用于电磁兼容性、天线方向图测试。该装置具有操作灵活简便、转角精度高，可通过 GPIB 接口进行程控等特点，可以方便地加入各种自动测试系统。由于采用了光纤控制等一系列新技术使得转台的电磁发射量减至最低，BIRMM 转台也不会因线缆穿过屏蔽墙破坏屏蔽室的屏蔽效能。

BIRMM 转台的主要指标如下：

台面直径：1.2 m 转台承重，250 kg；

转台精度：± 1°/圈；

转速：(355°～365°)/分钟；

控制线缆：光纤；

电源电压：210 V～230 V；

功率：250 W。

BIRMM 转台控制器的主要指标如下：

4 位 LED 指示：1 位状态位，3 位数据位；

转角分辨率：1°信号；

通道：2 路光缆输入，4 路光缆；

输出控制方式：手动方式；

通过面板操作程控方式：通过 GPIB 接口。

发送指令转角步长：

手动方式：相对转角 1°、5°、10°、30°、90°；

程控方式：绝对和相对转角 1°～360°；

选项：双路电机控制程控方式：通过 GPIB 接口发送指令。

4. 近场探头

工程上经常需要对某个设备的发射源进行物理定位，这时就可以使用近场探头来完成这一功能。近场探头分为电场探头和磁场探头，电场探头为棒状结构，磁场探头为环状结构。探头和频谱仪结合可以得到频域的结果，探头和示波器结合可以得到时域的结果。

近场探头的大小决定着定位的精度和灵敏度。探头越小，定位就越准确，但其灵敏度就越低。一个好的磁场探头对电场的响应是不敏感的，反之也一样。近场探头在使用前必须进行校准。

5. 测试系统及测试软件

测试系统主要由测试接收机和各种测试传感器、天线及电源阻抗稳定网络组成，用于测试电子、电气设备工作时泄漏出来的电磁干扰信号。测试频段为 20 Hz～40 GHz。测试接收机利用不同的传感器测试传导和辐射干扰。同时，利用计算机可以实现测试的自动化，数据自动化处理并输出测试结果，最后形成测试报告。

测试系统的组成框图如图 5.1-7 所示。

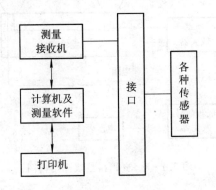

图 5.1-7　测试系统组成框图

测试过程中需要有相应的软件来管理整个过程，这个管理软件应具备以下功能。

(1) 参数设置，包括测试标准的选择、测试配置的提示、测试参数的设置(如频段、带宽、检波方式等)。

(2) 控制仪器进行信号测试，以一定的步长和速率对信号进行扫频测试、判别和读出数据。

(3) 数据处理能力，测试软件能自动将测试信号电压转成干扰的量值，自动补偿因传感器的使用而引入的随频率变化的校准系数，还可以提供信号分析的基本功能。

(4) 数据存储和输出能力，测试软件应能够将每次的测试数据列表存放，以便需要时提取，特别是对某些敏感数据。

5.1.2　电磁敏感度测试设备

电磁敏感度测试又称为电磁抗扰度(EMS)测试。用于电磁敏感度测试的设备由三部分组成：干扰信号产生器及功率放大设备、天线及传感器等信号辐射与注入设备、场强和功率监测设备。

敏感度测试要求在 25 Hz～18 GHz(或 40 GHz)频段内进行，根据测试项目与测试系统组成的需要，一般分为三个频段配置仪器，即 25 Hz～100 kHz、10 kHz～1 GHz、1 GHz～18 GHz(或 40 GHz)。

1. 亥姆霍兹线圈

亥姆霍兹线圈就是一种较为理想的低频模拟磁装置，可以在较大区域内产生均匀磁场，测试时容易操作观察。

亥姆霍兹线圈的结构如图 5.1-8 所示。从结构中可以看出，亥姆霍兹线圈在其同轴线附近产生的磁场均匀度较好，所以一般要求被测设备最大轮廓尺寸比线圈尺寸小 2～3 倍。也就是说，亥姆霍兹线圈能够测试的设备尺寸较小。

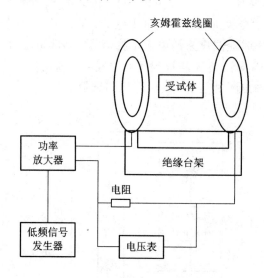

图 5.1-8　亥姆霍兹线圈结构图

2. 模拟干扰源

1）信号源

信号源在测试试验中的用途有二：一是作系统校准的信号产生器；二是用于敏感度试验中推动功率放大器产生连续波模拟干扰信号。一般要求能输出已调制或未调制的功率，输出稳定，并满足：

频率精度：不低于 ±2%；

谐波分量：谐波和寄生输出应低于基波 30 dBc；

调制方式：具备调幅、调频功能，并对调制类型、调制度、调制频率、调制波形可选择和控制。

根据测试过程中的仪器通常可根据以下原则进行配置。

（1）25 Hz～100 kHz 频段的测试项目有电源线传导敏感度和磁场辐射，使用仪器有低频功率源或低频信号源加音频放大器。

（2）10 kHz～1 GHz 频段的测试项目有电缆束的传导敏感度和电场辐射敏感度测试，使用仪器有信号源与射频放大器。

（3）1 GHz～18 GHz(或 40 GHz)频段的测试项目为电场辐射敏感度测试，通常使用微波信号源加行波管放大器产生测试所需的功率输出。

2）尖峰信号产生器

尖峰信号产生器是对设备或分系统电源线进行瞬变尖峰传导敏感度试验必备的信号产生器，该测试的对象是所有从外部给被测件供电的不接地的交流或直流电源线，测试模拟了被测件工作时开关闭合或故障引起的瞬变尖峰干扰。根据 GJB151A 规定，产生的尖峰信号上升沿 1 μs，下降时间约为 10 μs。

尖峰信号产生器在 0.5 校准电阻上产生标准波形，接入测试电路后实际波形将有所变化，这时应以仪器面板幅度指示为准。

3）浪涌模拟器

在电网中进行开关操作及直接或间接的雷击引起的瞬变过压都会对设备产生单极性瞬变干扰，浪涌测试仪就用于检验设备抵抗单极性浪涌的能力。

模拟单极性瞬态脉冲浪涌模拟器主要有两部分组成：组合波信号发生器和耦合/去耦合网络。浪涌模拟器的基本技术指标如下：

电压范围：500 V～4000 V；

电压波形：6/250（或 10/700）μs；

电流峰值：2000 A；

电流波形：8/20 μs；

极性：正、负；

相位：0°～360°。

4）电快速瞬变脉冲产生器

电快速瞬变脉冲产生器用于产生一系列脉冲，以测试被测设备抗脉冲干扰的能力，评估电器和电子设备的供电端口、信号端口和控制端口在受到重复快速瞬变脉冲干扰时的性能。

电快速瞬变脉冲产生器的结构如图 5.1-9 所示。

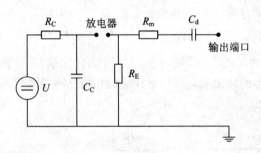

图 5.1-9　电快速瞬变脉冲产生器结构图

电快速瞬变脉冲产生器的技术指标如下：

测试电压：220 V～8000 V；

波形：上升时间 5 ns；

脉冲串宽度：50 ns；

脉冲串重复频率：0.1 kHz～1 MHz；

内置耦合网络。

5）静电放电模拟器

电子产品静电放电（ESD）指的是具有不同静电电位的电子产品相互靠近或直接接触引起的电荷转移现象，电子产品静电放电抗扰度试验是电磁兼容性的最重要的试验之一。

电子产品静电放电可分为直接放电和间接放电两种类型。其中直接放电又有接触放电和空气放电两种方式：接触放电仅施加在操作人员正常使用被测设备可能接触的点和表面上；其余的为空气放电。间接放电是对放置或安装在受试设备附近的物体放电的模拟，是通过静电放电模拟器对耦合板接触放电来实现的，其结构如图 5.1-10 所示。

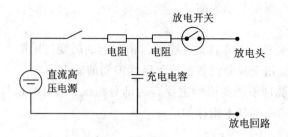

图 5.1-10　静电放电模拟器结构图

静电放电模拟器工作时，先对高压电容充电，然后闭合放电开关，向实验对象作直接或间接放电，其主要指标如下：

放电电压：空气放电：200 V～16.5 kV；

保持时间：大于 5 s；

放电模式：空气、接触放电；

内置的测试达标设定值：按 IEC 1000－4－4－2 标准设定；

电压测试：在高压端，动态精度优于±5%；

放电电压：空气中 200 V 至 16.5 kV(步长 100 V)；公差±5%；

接触时 200 V 至 9 kV(步长 100 V)；公差±5%；

放电头：IEC 标准的球形头和锥形头。

3. 功率定向耦合器

定向耦合器是功率测试的常用部件，它是一种无耗三端/四端网络。测试时，通常将定向耦合器接在功率放大器的输出端，与功率计一起组成功率监测系统，其结构如图 5.1-11 所示。

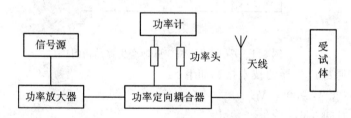

图 5.1-11　功率定向耦合器的结构图

功率定向耦合器所要求的主要参数有：耦合系数、方向性、适用频段、功率容量、插入损耗、最大驻波等。

以某电子有限公司生产的产品为例，其技术指标如下：

频率范围：800 MHz～2.5 GHz；

插入损耗：≤0.3 dB；

端口抗阻：50 Ω；

接头：N—K；

承载功率：50 W；

电路形式：腔体式/微带式。

4. 传感器

（1）电流注入探头，其使用方法如图 5.1 - 12 所示，主要用于电缆线机电拦住的高频大电流注入实验。实验中，将电流注入探头卡在被测物的电缆上，向该探头注入射频干扰，射频电流先在电缆中以共模方式流过，然后再进入被测设备接口。导线或电缆束穿过探头中心，相当于变压器的次级。其功率容量大，适合与功率源或放大器配合使用。

（2）电场探头，主要用于敏感度试验中干扰场强的监测、定标与测试，也可用于电磁核脉冲的测试及电波暗室场均匀性和屏蔽室场分布特性的测试，其结构如图 5.1 - 13 所示。

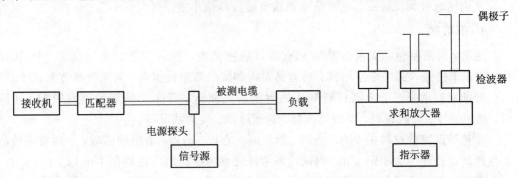

图 5.1 - 12　电流注入探头的使用原理图　　　　图 5.1 - 13　电场探头的结构图

电场探头的偶极子间隔放置，低偏压的肖特基二极管将偶极子接受的高频信号检波位直流，再经过高阻传输线送到放大电路，放大到可处理的量级传送到指示仪表。

5. 敏感度测试系统及测试软件

测试系统主要由模拟干扰装置、功率放大器、发射天线、传感器、功率监测和计算机及测试软件等组成，用于测试电子、电气设备在施加模拟干扰时的抗干扰能力。测试分为传导抗扰测试和辐射抗扰测试。敏感度测试组成如图 5.1 - 14 所示。

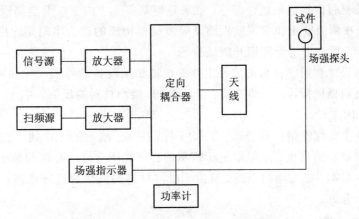

图 5.1 - 14　敏感度测试系统的组成图

测试软件的功能主要有以下几种：

（1）自动产生测试信号（包括电流、电压、场强）；

（2）自动监测功率输出与场强及被测件状态；

（3）确定被测设备故障时抗干扰门限值。

5.2 测 试 场 地

电磁兼容测试的场地分为室内场地和开阔场地，室内场地主要用于辐射发射、辐射敏感度测试、传导发射和传导敏感度测试。在有些时候也要使用开阔场地进行辐射发射测试。

5.2.1 室内场地

室内场地分为屏蔽室、电波暗室和横电磁波传输小室三种。

1. 屏蔽室

通常，屏蔽室包括无源屏蔽室和有源屏蔽室两类。前者用于对外来电磁干扰加以屏蔽，防止干扰侵入到屏蔽室内部；后者是对内部发射源进行屏蔽，防止对外界形成干扰。

屏蔽室通常是一个金属材料制成的封闭的六面体，其性能受多种因素影响，如屏蔽门、通风波导、屏蔽材料、电源滤波器、焊接缝隙、接地状况等。

建造屏蔽室的材料主要有：铜网、钢丝网夹心板、铜板、电解铜箔等，一般要求被测设备与测试设备间至少相距 1 m，测试设备与屏蔽室内壁间距离也要在 1 m 以上。

在室内也需要尽量减少不必要的设备及杂物以便减少临近物体对天线的加载效应和多径效应。

屏蔽室能提供环境电平低而恒定的电磁环境，为测试精度的提高、测试的可靠性和重复性的改善提供了条件。但是被测设备在屏蔽室中产生的干扰信号可能通过屏蔽室的六个面产生无规则的漫反射，导致在屏蔽室内形成驻波而产生较大的测试误差在辐射发射测试和辐射敏感度测试中这一点表现更严重。

2. 电波暗室

针对普通屏蔽室内壁板的反射影响测试结果准确性的问题，可使用在普通屏蔽室壁板上铺设射频吸波材料而构成的电波暗室。在普通屏蔽室 6 个内壁板上全部铺设吸波材料可构成全暗室；只在侧面壁板和室顶壁板铺设吸波材料构成的称为半暗室。其中，前者可用于模拟自由空间，后者可用于模拟开阔试验场。

电波暗室的尺寸和射频材料的选择主要根据被测试设备的外形尺寸和测试要求而定。一般射频吸收材料做成棱锥状、圆锥状、楔形状，以减小材料的反射，并且，一般应能将电波入射衰减 20 dB。

电波暗室的主要性能指标有静区、工作频率范围等。暗室的工作频率的下限取决于暗室的宽度和吸收材料的高度、上限取决于暗室的长度和所允许的静区的最小截面积，所以建造电波暗室的成本、难度均相当高，且由于吸波材料的低频特性等原因，总的测试误差有时会高达几十分贝。

3. 横电磁波传输小室

横电磁波室又称为 TEM 室。TEM 室能较好地隔离外部电磁辐射的影响，可测试被测体发出的很弱的电磁信号并可用于 EMI 试验；在 EMS 试验中，TEM 室可产生场强为几百伏特每米的均匀横向电磁场，且场强大小便于控制，误差一般小于 2 dB。

1974 年，美国国家标准局(NBS)的专家首先系统地论述了横电磁波传输小室(Transverse Electromagnetic Transmission Cell），简称 TEM 小室，其外形为上下两个对称梯形。横电磁波传输小室的优点是结构简单，缺点是可用频率上限与可用空间存在矛盾。标准 TEM 小室的尺寸大约限定在测试的最小工作波长的 1/4 范围内。如果要进行 1 GHz（波长 30 cm）的测试，测试腔尺寸要限定在 7.5 cm。如果对 PC 机进行测试，测试腔高度起码要有半米，即使加入一些侧壁吸收材料，可用频率上限也不会超过 300 MHz。目前，用 TEM 小室的方法测试已列入 CISPR 标准之中。

为了克服 TEM 小室的缺点，1987 年瑞士 ABB 公司发明了 TEM 小室家族中的新成员——GTEM 小室，其外形为四棱锥形。GTEM 小室综合了开阔场、屏蔽室、TEM 小室的优点，克服了各种方法的局限性，便于进行几乎全部辐射敏感度及发射试验，其频率范围可覆盖 0～18 GHz，模拟入射平面波，可以产生强的场强、对周围的人员和设备没有危害和干扰。

一般小室进行敏感度测试的系统组成如图 5.2-1 所示。

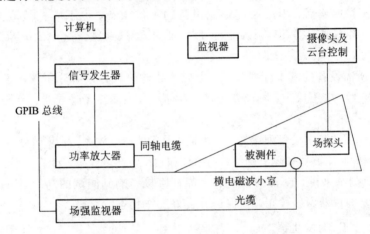

图 5.2-1　敏感度小室测试的系统组成

电磁辐射干扰测试与敏感度测试相比，只是少了场强监视器，并且功率放大器用干扰接收机代替。

5.2.2　开阔场地

在电磁兼容测试中，通常会由于场地的不同而产生不同的测试结果，所以国际、国内相关标准中，都以开阔场地测试结果为准。

开阔的测试场地应该是一个空旷、平坦的场地，在其边界范围内无架空线，附近无反射结构物（如钢筋水泥结构和高大树木等），或至少远离这些物体 30 m 以上，环境电平在所测频率下至少比允许极限低 6 dB，而且场地尺寸应根据不同标准规范而定。

根据标准要求测试场通常呈椭圆形，长轴是焦距的两倍，短轴是焦距的 $\sqrt{3}$ 倍，发射与接收天线分别置椭圆的两个焦点上。两个焦点的距离即是要求的测试距离，根据现有标准测试距离有 3 m、10 m 和 30 m 三种。我国现有标准大多数规定测试 3 m，美国的 FCC 标准、英国的 VDE 标准有测试距离为 10 m 的要求。

测试场一般应选择在远离市区、电磁环境较好的地方建造，应设有转台和天线升降塔，便于全方位的辐射发射及天线升降测试。

开阔场地在电磁兼容领域主要用于 30 MHz～1000 MHz 频率范围内的测试。

5.3 测试设备及环境的校准

在进行 EMC 测试时，测试设备本身也存在一定的电磁发射，另外，测试场地也会对测试的结果产生一定的影响，所以在测试之前要对测试设备及场地进行校准。

5.3.1 测试设备的校准

一般要求测试设备比被测干扰电压和电流小 20 dB，比允许的干扰量小 40 dB，电压测试误差小于等于±2 dB，场强测试误差小于等于±3 dB，距离容差小于等于 5％，频率容差小于等于 2％，干扰接收机幅度容差小于等于±2 dB，测试系统容差小于等于±3 dB，时间容差小于等于 5％。

设备接入测试回路后，不应改变被测设备的工作状态，也不应在被测点产生明显分流。高性能的设备需要取得 TUV 认证、CE 认证等，需要严格符合 CISPR16 和 VDE0878 等规格。

EMI 测试所需设备的基本配置如下：电磁干扰测试仪；频谱分析仪；各种天线；功率吸收钳、电流探头、电压探头、隔离变压器，存储示波器、各式滤波器、定向耦合器；计算机及测试软件。

EMS 测试所需的基本设备配置如下：模拟干扰源；功率放大器；频谱分析仪；各式天线；场传感器、射频抑制滤波器和隔离网络；功率计和功率定向耦合器；计算机和测试软件。

对于 EMC 测试来讲，设备的精度和可靠性直接影响到测试的结果，所以在测试前必须要对一些重要的仪器做以校正，以保证其良好工作状态。

1. 静电放电(ESD)发生器

标准的静电放电波形如图 5.3－1 所示。

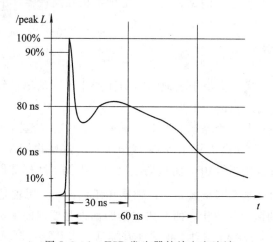

图 5.3－1 ESD 发生器的放电电流波

在 IEC61000－4－2 中，推荐使用法拉第笼和标准 2 Ω 靶来校准 ESD 发生器的放电波形。特制的铜靶面 2 Ω 电阻应有 1 GHz 带宽，安装于法拉第笼侧面的铝板上。放电电极的尖端应与电流传感器直接接触。从靶上取出电压信号送入至少 1 GHz 带宽的示波器进行测试，其布局如图 5.3 - 2 所示。

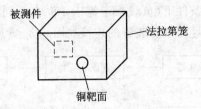

图 5.3 - 2　法拉第笼的布局

2. 快速电脉冲群发生器

快速电脉冲群(EFT/B)发生器的输出单脉冲波形如图 5.3 - 3 所示。

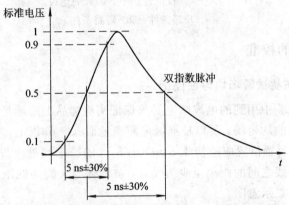

图 5.3 - 3　快速电脉冲群发生器的单脉冲波形

EFT/B 发生器所输出的信号通过 50 W 的同轴衰减器接至示波器上，测试设备的带宽至少为 400 MHz，应对一个脉冲群内的脉冲上升时间、脉冲持续时间和脉冲重复频率进行监视。EFT/B 测试系统图如图 5.3 - 4 所示。

图 5.3 - 4　EFT/B 测试系统图

3. 浪涌发生器

对于不同的波形，浪涌发生器的校准要求不尽相同，表 5.3.1 是 1.2/50 μs 和 8/20 μs 波形参数的定义。

表 5.3.1　1.2/50 μs 和 8/20 μs 波形参数的定义

定义	IEC60—1		IEC469—1	
	波头时间/μs	半峰时间/μs	上升时间/(10%～90%)μs	持续时间/(50%～50%)μs
开路电压	1.2	50	1	50
短路电流	8	20	6.4	16
注：现行 IEC 出版物中，1.2/50 μs 和 8/20 μs 波形通常按 IEC60—1 定义，其他 IEC 推荐按 IEC469—1 定义的波形。				

校准时，浪涌发生器的输出应和具有足够带宽和电压电流容量的测试系统相连以监视其波形特性。在开路条件下(负载大于等于 10 kΩ)，可以将浪涌发生器的电压输出经电压探棒连接到示波器；在短路条件下(负载小于等于 100 Ω)，可以使用电流传感器将浪涌发生器并联接到示波器。校准过程中各装置的连接如图 5.3-5 所示。

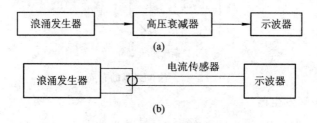

图 5.3-5　校准过程中各装置的连接

(a) 开路条件；(b) 短路条件

5.3.2　测试场地的校准

1. 辐射电磁场抗扰试验场均匀性校正

在辐射抗扰性试验中用到的电波暗室必须保证实验样品上的场是均匀分布的。由于不能建立一个靠近地面的均匀场，所以校准域应距离地面 0.8 m 以上，被测设备尽量置于这个高度。发射天线的放置位置应能使 1.5 m×1.5 m 的校准域处于发射场的主瓣宽度内。场传感器与场发射天线之间的距离至少为 1 m，被测件与天线间的距离为 3 m。图 5.3-6 为电波暗室场校正选点示意图。

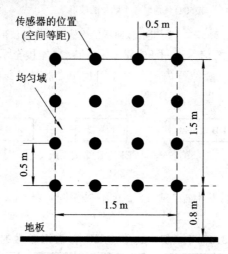

图 5.3-6　电波暗室场校正选点

校准的程序如下：

(1) 将场传感器分别放于图 5.3-6 所示的 16 个点上，对发射天线施加能量，得到场强在 3 V/m～10 V/m 的范围内，并记录读数；

(2) 分析所有点的结果，删除偏差超过 25% 的数据点；

(3) 留点的场强应在 ±3 dB 内；

（4）从输入功率和场强的关系算出需要的实验场强所必需的发送功率，并记录；

（5）对于垂直极化和水平极化，在工作频带范围内，都要以不高于起始频率的 10％ 步长重复以上步骤；

（6）16 个点在每一频点上的场强及输入到天线的射频功率数据装入计算机，通过软件控制自动对场强进行校正。

2. 背景信号的校正

背景信号校正的目的是利用信号相关性对存在的背景信号进行剔除，保证测试的结果准确可靠。背景信号的校正采用信号相关技术，其测试配置如图 5.3 - 7 所示。

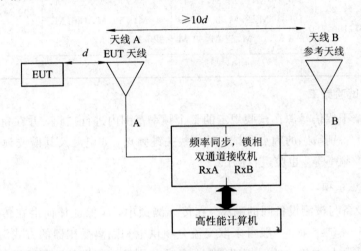

图 5.3 - 7　相关性测试配置图

如图所示，在被测设备前方距离 d 处放置主天线，在至少 10 倍 d 处放置辅助天线，两天线分别接到两个信道。主天线负责对被测设备和背景的电磁特性进行监测，辅助天线负责测试来自背景的噪声情况。两天线保持相同的极化方向，并与被测设备保持一致。

将 A 信道所接收的被测信号和背景信号与 B 信道所接收的包括背景信号及衰减至少 20 dB 的背景信号同时输入到 DSP 卡上通过信号处理机制识别两信道的差异，进而检出被测设备的电磁特性，使测试结果更加准确。

5.4　电磁兼容测试的一般方法

本节主要介绍电磁兼容测试的方法，首先给出测试用频率的选择原则，然后介绍传导发射测试、辐射发射测试、传导抗扰度测试、辐射抗扰度测试和静电辐射抗扰度测试等测试的方法。

5.4.1　测试用频率的选择原则

一般而言，如果受试设备具有频率选择特性，则对每个调谐频段、调谐单元或固定信道范围内的每倍频，试验选择工作频率数目不少于 3 个，包括频点 $1.05f_L$ 和 $0.95f_H$（f_L 和 f_H 分别为每个频段的下限和上限频率）。当受试设备调谐频段或固定信道不超过 6 个时，对每个频段都应将受试设备频率调谐在与上下限频率偏差不超过 5％ 的频点；当受试设备有 6 个以上的频段或固定信道时，应将受试设备频率调谐到每个频段或信道中心频率。

1. 发射试验频率

（1）窄带干扰中，对基波、谐波、本振频率、中心频率等关键频率应进行测试；

（2）宽带干扰中，应按表 5.4.1 选择测量频率，如在测量点有其他干扰，允许偏离，但不得超出容差。

表 5.4.1　频率测量标准

测量频段/Hz	10～150	0.15 M～30 M	30 M～300 M	300 M～1000 M
优选频率/Hz	10,15,25,35,55,100,150	0.16 M,0.24 M,1 M,1.4 M,2 M,3.5 M,6 M,10 M,22 M,33 M	30 M，45 M，65 M，90 M，150 M，180 M，220 M，300 M	300 M,400 M,500 M,600 M,800 M,1000 M
允许偏差	±10%	±10%	±5 M	±5 M

2. 抗扰度试验频率

一般用每个干扰信号源在试验规定的整个频率范围内进行扫频，并在每个倍频程中至少选择三个以上特别敏感的频点测试，对一些关键频点，如电源及其谐波频率、本振频率、中心频率和镜像频率等，也应进行测试。

3. 测试注意事项

（1）测试设备与被测设备间的隔离。在传导测试中，应保证任何潜在传导路径上的串扰不会明显影响测试结果。一般可采取交流分项供电和隔离变压器的方式解决该问题。三相交流电通常采用星形接法的三相四线制，各项分别接被测设备和测试设备，避免一起由于共用一条供电线路而引起的串扰问题。或者将测量接收机通过隔离变压器接到交流电源上，从而断开接收机壳体的电源地，避免可能的射频地电流通过地回路对接收机产生影响。

（2）抗扰度判别。在抗扰度试验中，在有外界干扰时，被测设备性能的降低或丧失的量度标志着该设备的抗扰度的大小，此标准一般由被测方提供，并应经常观测以避免不良现象的产生。

（3）被测设备的放置。各种标准有相应的规定，其中心思想是保证试验的可重复性，保证仪器、电缆等布局与实际应用的布局近似。

（4）设备试验结果的一般准则。一般将设备性能分为四个等级：

① 在技术范围内性能正常；

② 功能或性能暂时降低或丧失，但能自行恢复；

③ 功能或性能暂时降低或丧失，但需要操作者干预或系统复位；

④ 因设备或软件损坏或数据丢失造成不能自行恢复的功能降低或丧失。

5.4.2　传导发射测试

传导发射测试的目的是测量被测设备通过线路向外发射的干扰，包括输入电源线、互连线、控制线等。主要测试其产生的连续波干扰电压、连续波干扰电流或尖峰干扰信号等。依据频段及被测对象的不同，测试方法可分为以下几种。

1. 电流法

电流法用于测试被测设备沿电源线向供电端发出的干扰，测量频率在 25 Hz~10 kHz 范围内。测试时，利用电流探头为传感器，测试场地一般选在屏蔽室内，测试系统组成则如图 5.4-1 所示。

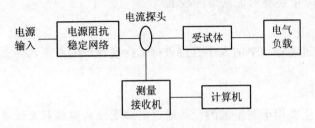

图 5.4-1　电流法测试系统

图 5.4-1 中，电源阻抗稳定网络的作用是将电网与被测件隔离，防止电源网的干扰混入，并为测量提供稳定阻抗（通常为 50 Ω）。

电流探头输出接接收机输入端，通过探头将接收到的电压转换为电流，其表达式为

$$I = U + F \tag{5.4.1}$$

式中，I 为干扰电流（dBA）；U 为端口电压（dBV）；F 为电流探头转换系数（dB/Ω）。

计算机用于自动完成参数设定、仪器控制、测量和数据处理功能，并得出幅/频曲线。

测量时要将被测导线放在环形电流探头的中心位置，并且还要注意阻抗稳定网络与受试设备之间连接线的天线效应引起的虚假信号，测前应先去掉受试设备，检查环境电平是否存在，一般应保证环境电平小于 6 dB。同时为防止干扰信号损坏测量接收机还应在探头与接收机间放置抑制滤波器。

2. 电源阻抗稳定网络法

电源阻抗稳定网络法主要测试受试设备沿电源线向供电网络发射的干扰电压，测量频率在 10 kHz~30 MHz 内，测量一般在屏蔽室内进行，测量系统组成如图 5.4-2 所示。

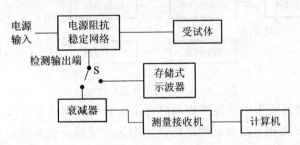

图 5.4-2　电源阻抗稳定网络法测试系统

测量直接通过阻抗稳定网络上的监视测量端进行，此端口通过电容耦合的形式，将电源线上被测件产生的干扰电压引出，连续波干扰电压由测量接收机接收，并通过阻抗稳定网络将接收的电压转换为线上的实际电压，得到不同频率上干扰电压的幅度。

在测量尖峰传导干扰时，不能用接收机直接接收，以防止接收机损坏。同时尖峰信号通常在设备系统中的开关、继电器动作瞬间出现，测量过程中要不断作开关动作（在电源输入端进行），并用有一定带宽并带存储功能的示波器代替接收机（即使图 5.4-2 中的开

关 S 接到示波器上），直接捕捉和测量一段时间内出现的尖峰干扰信号最大值，与极限值比较进行干扰性评价。

运用该方法时应注意，电源阻抗稳定网络必须可靠接地。为防止网络电源线间的耦合，布线时要隔离，不能交叉布线。针对网络阻抗特性在频率变化时出现的变化以及阻抗不匹配的情况，实际中还要考虑网络的校准。

3. 功率法

功率法是指通过测量功率的大小直接进行干扰度评价的方法，主要包括功率吸收钳法和定向耦合器法。

1）功率吸收钳法

功率吸收钳法主要用于测量被测设备通过电源线或其他具有天线效应的引线辐射的干扰功率，测量频段一般在 30 MHz～1000 MHz 内。其中，功率吸收钳相当于传感器，用其所吸收的功率最大值可近似表示其所环绕的引线所辐射的能量的大小。该测量系统的组成如图 5.4 - 3 所示。

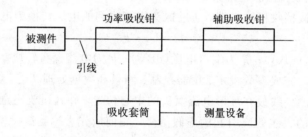

图 5.4 - 3　功率吸收钳法测试系统

2）定向耦合器法

定向耦合器法主要用于测量发射机或接收机天线端子的传导发射，测量频段一般在 10 kHz～40 GHz 内。测量系统的组成如图 5.4 - 4 所示。

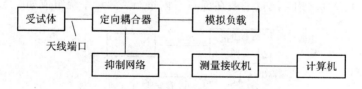

图 5.4 - 4　定向耦合器法测试系统

其中，定向耦合器的作用是将天线端口的输出能量加到模拟负载，并通过耦合口测量天线输出端口的传导发射，而抑制网络的使用则是由于耦合载波能量太高，且非干扰测量所需，故而将其先做抑制处理，仅将传导发射产生的干扰送入接收机。

5.4.3　辐射发射测试

辐射发射测试是测量受试体通过空间传播的干扰辐射场强。所测信号经天线接收，并由同轴电缆送到接收机测出干扰电压，再考虑天线系数得到测量场值。一般辐射干扰发射测试包括磁场干扰发射测试和电场干扰发射测试，二者的区别在于所用天线不同，所测频段不同。

1. 磁场辐射发射测试

磁场辐射发射测试法主要用于测量来自受试体及其电线、缝隙、连接头和电缆等产生的磁场辐射干扰，测量频段在 25 Hz～100 kHz 内。这种测试一般在屏蔽室或半电波暗室中进行。测量系统的组成如图 5.4-5 所示。（在 GJB151A/152A 中规定环形天线直径为 13.3 cm）。

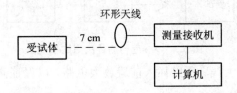

图 5.4-5　磁场辐射干扰发射测试系统

测试时，环形天线与待测面（待测电缆轴线）平行，调节接收机并移动天线，利用计算机处理数据得到所测频点的磁场强度曲线。

由于屏蔽室壁面的反射和天线加载，通常测量前需对天线进行校准。

2. 电场辐射发射测试

电场辐射发射测试按所测件的干扰发射性质可分为天线测量法和近场测量法。

1）天线测量法

天线测量法用于测量被测件、电源线、互连线等的电场泄漏，测量频段为 10 kHz～18 GHz 内。该测试在半电波暗室中进行。在测试的频段内一般使用 4 副天线覆盖，具体如下：10 kHz～30 MHz 使用杆状天线；30 MHz～200 MHz 使用双锥天线；200 MHz～1 GHz 使用对数周期天线；1 GHz～18 GHz 使用双脊喇叭天线。测量系统的组成如图 5.4-6 所示。

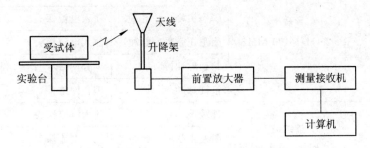

图 5.4-6　天线测量系统的组成

测量结果由接收机端口电压和天线系数得到：

$$E = U + F \tag{5.4.2}$$

式中，E 为被测场强($dB\mu V/m$)；U 为端口电压($dB\mu V$)；F 为天线系数(dB/m)。

测试一般在水平、垂直两种极化方向进行，且根据不同标准，天线与被测件距离、天线中心距地距离等参数都有相应要求。GJB 中要求天线距受试体 1 m，天线中心距地 1.2 m。被测体放在旋转台上旋转，天线在 1 m～4 m 高度范围内扫描，从而检测最大的辐射场强。

测试前，应对所要测量的频段进行环境电平扫描，看其是否低于极限值 6 dB。若超出则应记录在案，以便在正式实验中将其剔除。

2）近场测量法

近场测量法主要用于近距离测量受试体的电磁场干扰辐射，多用于诊断性测量，即根据接收值大小判断泄漏的位置。测量系统的组成如图 5.4-7 所示。

图 5.4-7　近场测量法测试系统

由于近场天线为电小天线，所以加入前置放大电路，以保证测量的灵敏度。

5.4.4　传导抗扰度测试

传导抗扰度测试是测量受试体对耦合到输入电源线、互连线及机壳上的干扰信号的承受能力。一般传导干扰的来源有两个：一是由空间电磁场在敏感设备的各连线上产生的感应电流（或电压）；二是各干扰源通过连接在设备上的电缆直接对设备产生影响。干扰的形式有连续波、尖峰信号、阻尼正弦振荡、浪涌信号、快速瞬变脉冲群等。同时按信号注入的形式又可分为电压注入法和电流注入法。具体测试方式如表 5.4.2 所示。

在发生敏感现象时，在敏感频点上，先减小注入使受试体收到的干扰信号至门限以下，再逐渐提升从而得到抗扰度门限。

表 5.4.2　传导抗扰度测试方式

受试体	特性及频段	干扰信号类型	注入方法
电源线	连续波 25 Hz～400 MHz	连续波	注入变压器、 注入电流探头
		瞬态尖峰	注入电流探头
		阻尼正弦瞬变脉冲	注入电流探头
		快速脉冲群	耦合网络
		浪涌脉冲	耦合网络
互连线	连续波 10 kHz～400 MHz	连续波	注入电流探头
		阻尼正弦瞬变脉冲	注入电流探头
		快速脉冲群	耦合夹具
壳体	50 Hz～100 kHz	连续波	直接注入
天线端子	10 kHz～20 GHz	连续波（加调制）	三端网络

1. 连续波传导抗扰度测试方法

施加的模拟干扰信号为正弦波，对电源进行测试时，50 kHz 以下测试来自电源的高次谐波传导抗扰度，10 kHz～400 MHz 测试电缆线对电磁场感应电流的传导抗扰度。

1）电压法

电压法主要测量电源线注入 30 Hz～50 kHz 频段或向地线注入 10 kHz～50 kHz 频段

连续波干扰时受试体的抗扰度。

（1）电源线传导抗扰度测试。测试系统的组成如图 5.4-8 所示。其中，注入式变压器具有隔离作用，其初级通过放大器与信号源连接，次级传入被测电源线中。

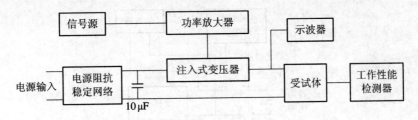

图 5.4-8　电源线传导抗扰度测试系统

（2）地线传导抗扰度测试。测试系统组成如图 5.4-9 所示。

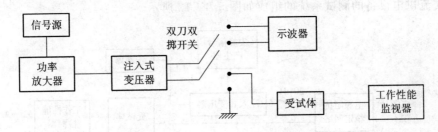

图 5.4-9　地线传导抗扰度测试系统

测量时，将开关先置于受试体处，调节信号源，逐步加大输出电平，在规定测试频率内，观察最敏感频率点并在该点处再将开关调至示波器，以检测信号特性并记录之。

2）电流法

电流法主要用于测试 10 kHz～400 MHz 电缆线束的连续波干扰抗扰度。测试系统组成如图 5.4-10 所示。

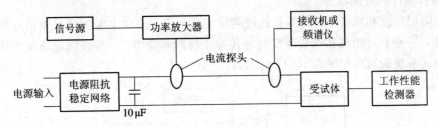

图 5.4-10　电流法测试系统

测试时，在每个频点上调节信号幅度至规定极限电平，同时监测受试体是否出现性能降低现象。

2. 脉冲信号的传导抗扰度测试方法

在脉冲信号的传导抗扰度测试中，施加的干扰为各类脉冲信号，并测试受试体电源线及电缆束对脉冲干扰的抗扰度。注入干扰的方法有并联注入、变压器注入、电流探头注入等。

（1）电源线尖峰信号传导抗扰度测试方法。该方法主要模拟设备进行开关动作或由故障产生的电源瞬变引起的尖峰信号。对直流供电设备的测试系统的组成如图 5.4 - 11 所示。

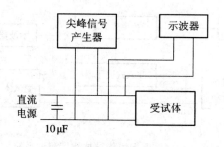

图 5.4 - 11　直流供电设备的测试系统组成框图

对交流供电设备的测试系统的组成如图 5.4 - 12 所示。

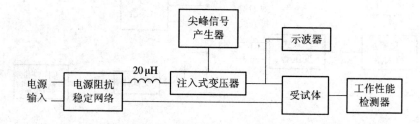

图 5.4 - 12　交流供电设备的测试系统组成框图

在上述两个测试系统内，电容和电感的作用是将电源与受试体隔离开，保证尖峰信号加到受试体上。

测试使用的尖峰信号产生器事前应在一个 5 Ω 的无感电阻上对输出信号的特性进行校准。测试时分别改变尖峰信号的脉冲宽度、脉冲极性、相位等参数，每种状态持续 5～10 分钟观察被测件的性能状态。

（2）阻尼正弦和瞬变脉冲传导抗扰度测试方法。该方法的主要测试对象是电源线和互连电缆束，考察其对阻尼正弦和瞬变脉冲传导干扰的承受力。一般使用电流探头注入干扰信号。测试系统的组成如图 5.4 - 13 所示。

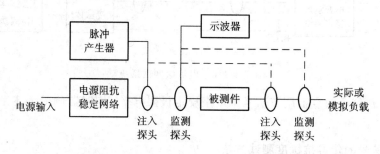

图 5.4 - 13　阻尼正弦和瞬变脉冲传导抗扰度测试系统组成框图

监测探头距被测件 5 cm，注入探头距监测探头 5 cm。分别测量干扰来自电源和来自负载时对被测件的影响。

测试时，改变脉冲的频率和幅度，同时监测被测件的工作状态，从而测出每个被测件的抗扰度的门限值。

（3）电快速瞬变脉冲群抗扰度测试方法。该方法主要模拟电感性负载断开时，由于开关触点间隙的绝缘击穿或触点弹跳在断开点引起的瞬变脉冲群。该脉冲群能量较小，频谱分布较宽，可能导致设备可靠性的降低，一般不会造成损害。测试系统的组成如图5.4-14所示。

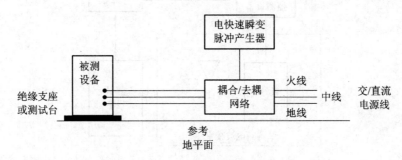

图5.4-14　电快速瞬变脉冲群抗扰度测试系统组成框图

测试时，一般参考地平面的大小至少为1 m×1 m，并由厚度不小于0.25 mm的铜板（或铝板）构成。落地式设备下面应放置绝缘座，其厚度应为0.1 m，台式设备则应置于距地面0.8 m的非金属实验台上。

测试时，从脉冲群幅度最低等级开始，在观察设备性能的同时提高脉冲幅度，直至加到所选的实验脉冲幅度。

（4）浪涌抗扰度测试方法。该方法用于测试设备对大能量浪涌干扰的承受能力。浪涌来自电力系统的操作瞬态、感应雷击、瞬态系统故障等产生暂态过压、过流。主要受试体为设备的电源端口和互连线电缆端口。测试系统的组成如图5.4-15所示。

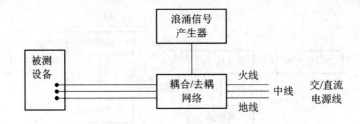

图5.4-15　浪涌抗扰度测试系统组成框图

其中，浪涌抗扰度测试中的波形、实验设备、实验程序等在GB/T17624.4.5中均有叙述。实验点上施加浪涌的组合很多，如线—线耦合，线—地耦合。每种组合至少加5次正极性和5次负极性。

5.4.5　辐射抗扰度测试

辐射抗扰度测试主要检测被测设备对辐射电磁场的承受能力。实验对象包括电子系统及其互连电缆。干扰场包括电场、磁场、瞬变电磁场。干扰信号包括连续波、加调制的连续波和瞬变脉冲。测试场地有半电波暗室、TEM室、GTEM室。

测试方法可分为天线法、TEM室法和GTEM室法。

1. 天线法

天线法一般在半电波暗室中进行，电场天线距被测件一般为 1 m，磁场天线距被测件一般为 5 cm。天线应照射到被测件较敏感部位，如缝隙等。天线法测试系统的组成如图 5.4 - 16 所示。

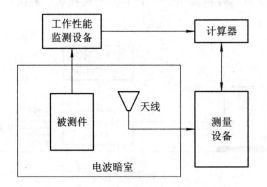

图 5.4 - 16　天线法测试系统组成框图

用天线法测试的测量过程可由计算机自动完成，包括调节辐射能量、监控被测件性能、处理数据等。

2. TEM 室和 GTEM 室法

将被测设备置于 TEM 室内，利用室内的中心隔板与上下板间存在的均匀电磁场进行抗扰度测试。场强由电场探头监测或由公式计算得到，由计算机控制以一定步长做频率扫描及发射干扰信号的强度的调节，由监视设备监测被测件性能变化。

TEM 室法的优势在于占用空间小，缺点在于被测设备尺寸受限。测试系统组成如图 5.4 - 17 所示。

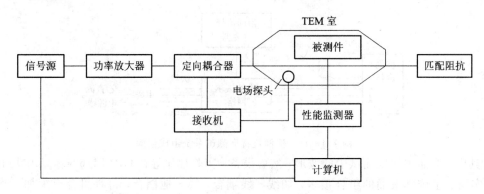

图 5.4 - 17　TEM 室法的测试系统组成框图

GTEM 室法的基本原理与 TEM 法类似，只是 TEM 室由 GTEM 室代替。在此不再赘述。

5.4.6　静电辐射抗扰度测试

静电辐射抗扰度测试是评估电子和电气设备遭受直接来自操作者和邻近物体的静电辐射抗扰度。实验时一般使用两种放电方式：接触放电和空气放电。前者一般用于对被测设备的导电表面和耦合板的放电；后者一般用于被测设备的孔、缝隙和绝缘面放电。这两种方法是直接放电方式。另外还有一种间接放电方式，这是模拟放置或安装在被测设备附近的物体对被测设备的放电，采用放电枪对耦合板接触放电的方式进行测试。

实验室的接地平面至少应设置为 1 m²，每边至少比被测设备多 0.5 m。台式设备可放在一个位于接地平面上高 0.8 m 的木桌上。水平耦合板面积应为 1.6 m×0.8 m，并用厚 0.5 mm 的绝缘衬垫将被测设备的电缆与耦合板隔离。落地式设备与电缆用厚约 0.5 mm 的绝缘衬垫与接地参考平面隔开。实验应以单次放电的方式进行，在选定的实验点上至少施加 10 次单次放电，放电间隔至少 1 s。

测试系统布局参考图如图 5.4-18 所示。

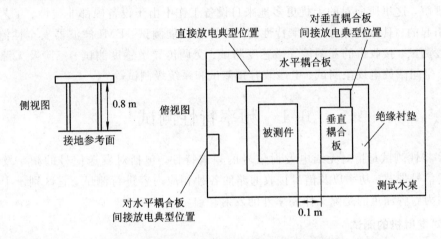

图 5.4-18 静电辐射抗扰度测试系统布局

习 题

1. 电磁兼容测试的设备主要有哪些？
2. 电源阻抗稳定网络的作用是什么？
3. 测试用天线主要有哪些？
4. 电波暗室与屏蔽室有什么区别？
5. 为什么要对测试仪器进行校准？
6. 测试频率的选择原则是什么？
7. 电磁兼容测试主要包括哪些内容？
8. 传导干扰测试用什么设备？画出系统组成框图。
9. 发射干扰测试用什么设备？画出系统组成框图。
10. 比较几种抗扰度测试。

第六章　电磁兼容相关的测试技术

EMC 相关测试是指除经典的 EMC 测试之外，对设备、系统工作性能还存在潜在影响和干扰的测试。

这里所说的干扰的产生并不像经典测试中所测量的那样相对较为直观且容易为人们所观察和理解，这里所面对的干扰更多地来自设备工作中由于设备内部非线性、工艺问题等原因所引起的。具体内容有：频率特性测试、屏蔽效能测试、EMI 滤波器安全性测试、天线隔离度测试、接收机的互调传导敏感度测试、交调传导敏感度测试、三阶及无源互调产物测试、空间微放电现象测试、电磁兼容预测试和系统级测试等。

6.1　频率特性测试

频率特性测试是指对无线电发射信号的频谱特性，包括对发送信号的频率及其稳定度、发送信号带宽、功率以及信号接收通路的各种相应内容进行测试。它区别于干扰发射测试，因为后者注重的是除工作频率外的发射。

1. 对发射机的测试

频率特性测试可通过辐射场方式进行，也可通过闭合回路的传导方式进行。前者将发射机与测试接收机直接连接，利用频谱分析仪测量数据；后者一般在暗室里进行，在一定距离上利用天线组合频谱仪测试。

一般发射机测试系统的组成如图 6.1-1 所示。

图 6.1-1　发射机测试系统的组成框图

工程中经常会遇到由于调制器带宽过宽，使得边带超出所配置的信道，从而引起临近通道受到干扰的现象。因此则必须进行调制器带宽测量，其测量原理是，用音频信号对发射机进行调制，调制幅度恒定且频率为 f。在固定频率下调整功率，使调制度为 30%（调幅发射机），调制频偏为额定值的 30%（调频发射机），峰值功率为额定值的 10%（指单边带），记录调制功率和频率。保持调制功率不变，降低频率，直到出现单边带输出功率减小 1 dB（或调幅调制降为 25%，或调频频偏降为额定值的 25%）记录降低后的调制频率。重复上述过程，将输出功率减小 3 dB、6 dB、12 dB、18 dB 和 24 dB（或将调幅调制度降为 15%、7.5%、3.75%、1%，或将调频频偏降为额定值的 15%、7.5%、3.75%、1%），记录功率和频率。将测得的数据记录在 f 两边，在每个调谐频段中间标准频率上，按发射机的各种调制类型重复上述步骤，可得到调制器带宽。

2. 对接收机灵敏度的测试

被测试接收机置于工作状态的调制模式，将其调谐至标准试验频率，通过改变调制频率(对调频、调幅接收机等)、射频频率(对单边带接收机)或本振频率(超外差接收机)，使接收机载波输出(信号＋噪声)最大(接收机工作在最佳状态)，然后改变输入电平，使其产生标准响应，记录此时的最小电平。对于调制系统还应引入一个未调制信号，改变此信号的输入电平和频率，使其在接收机音频输出端产生 20 dB 的静噪，记录此时的最小输入电平。对于脉冲调制接收机则需注意在给定脉冲宽度、脉冲重复频率等特定情况下的最大、最小灵敏度极限值。

测试系统的组成如图 6.1-2 所示。

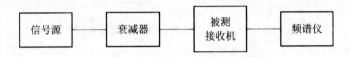

图 6.1-2　接收机灵敏度测试组成框图

衰减器控制接收机输入，使接收机工作在线性区。利用频谱仪在接收机输出端检测通带特性。

6.2　屏蔽效能测试

电缆、电缆接头、机箱或方舱等电子设备都具有一定的屏蔽效能。

1. 电缆屏蔽效能测试

电缆测试是测量射频泄露的量，一般按频段可分为 3 种：30 MHz 以下，利用电流探头测试；30 MHz～1 GHz，利用功率吸收钳测试；1 GHz 以上，利用混响室测试。测试前应注意阻抗匹配问题，电缆要与测试仪器实现匹配以免因失配带来较大的测试误差。具体测试方法如下：

1) 电流探头法

电流探头法的测试系统组成如图 6.2-1 所示。

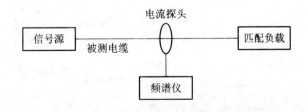

图 6.2-1　电流探头法测试框图

测试步骤如下：

(1) 被测电缆一端接信号源，另一端接频谱分析仪，分别记录信号源输出功率 P_1 和频谱分析仪读数 S_{A1}；

（2）被测电缆一端接信号源，另一端接匹配负载，在电流探头输出端接频谱仪，则电缆屏蔽效能为

$$SE = P_1 - P - L - K - 34 \tag{6.2.1}$$

式中：K 为电流探头转换因子(dB/Ω)；34 是由单位变换过程中产生的常数；P 是电流探头相连的频谱仪读数；L 为电缆损耗，$L = P_1 - S_{A1}$；SE 表示电缆屏蔽效能。

2）功率吸收钳法

功率吸收钳法的测试系统如图 6.2 - 2 所示。

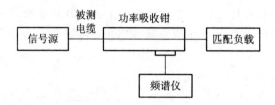

图 6.2 - 2　功率吸收钳法测试组成框图

测试步骤如下：

（1）被测电缆一端接信号源，另一端接频谱分析仪，分别记录信号源输出功率 P_1 和频谱分析仪读数 S_{A1}；

（2）将被测电缆端接信号源和匹配负载，在功率吸收钳耦合端接频谱分析仪，则电缆屏蔽效能为

$$SE = P_1 - P - L - K - 17 \tag{6.2.2}$$

式中，各量的定义与电流探头法一样。其中，17 为单位变换中产生的常数(10 lg50)。

3）混响室法

混响室法利用屏蔽室内的机械搅拌器，连续改变内部的电磁场结构，使得屏蔽室内任意位置的场的相位、幅度、极化均按某一固定的统计分布规律随机变化。混响室的结构及测量布局如图 6.2 - 3 所示。

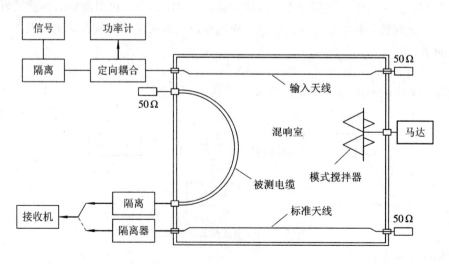

图 6.2 - 3　混响室的结构及测量布局图

测试时，在混响室内产生均匀场强，将被测电缆放入，一端接匹配负载，一端接接收

机，在混响室内电缆产生低信号电压。另置一裸露电缆于混响室内，用于测量电缆上产生电压，将两者比较得出电缆屏蔽衰减。

2. 电缆接头屏蔽效能测试

电缆接头屏蔽效能的测试系统组成如图6.2-4所示，其测量原理是，将屏蔽接头放置一柱形腔体内，屏蔽接头内的导线与屏蔽层组成内同轴线，屏蔽接头与腔体组成外同轴线。当接头屏蔽不好时，接头上将有电流存在，使得外同轴线有能量，由探头耦合得到送至频谱仪，得到功率值，并与信号源发射功率比较得到屏蔽效能。短路活塞是调整谐振使耦合信号达到最大而设定的。

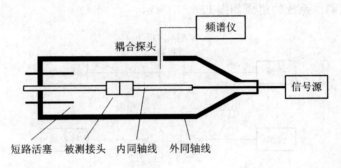

图 6.2-4 电缆接头屏蔽效能测试组成框图

3. 机箱屏蔽效能测试

机箱由于留有装配界缝、散热孔、安装调节轴、表头等的开洞、电缆的引出孔等，因此都会产生电磁泄漏，从而降低屏蔽效能。通过合理设计可使效能降低到可接受水平。

机箱屏蔽测试系统的结构如图6.2-5所示。

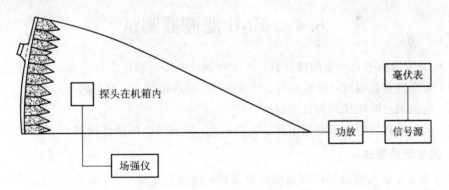

图 6.2-5 机箱屏蔽测试组成框图

信号源发射信号经放大器后在GTEM室内产生均匀场，利用毫伏表监视，使输出稳定，测量探头设在机箱内。同时，要使探头引出电缆屏蔽良好，以免干扰测试结果。

对此探头在有无机箱时测得场强值，便得到机箱的屏蔽效能。

6.3 天线耦合度测试

测试是用来衡量天线间相互作用的程度。由于天线辐射的非理想化以及交叉极化的产生，天线间会出现不希望的功率耦合。

耦合度测量的内容主要有以下几方面：

（1）天线耦合度测试，是指被测设备为单个天线，信号源是单载波信号；

（2）天线系统耦合度测试，是指被测设备为天线和馈电系统，信号源为单载波信号；

（3）与天线相关的系统耦合度测试，是指被测设备为天线、馈源和发射机。

对于以上各种测试，测量系统的组成基本类似，关键在于测量界面的选择。其中，天线耦合度测试时选在接收或发射天线端口，天线系统耦合度测试时选在馈源输入或输出端口，与天线相关的系统耦合度测试时选在实际发射机或接收机的输入或输出端口。

天线耦合度测试系统的组成如图 6.3-1 所示。

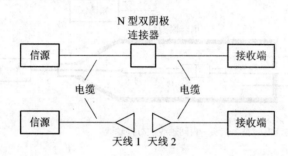

图 6.3-1　天线耦合度测试系统的组成框图

固定信源频率，将信源与接收机直接相连，记录接收到的功率。再将天线接入，以同样的功率、频率发射，监测接收机端输出。将两次记录结果相减就得到天线在该频点的耦合度（折算成分贝）。

6.4　EMI 滤波器测试

EMI 滤波器由于其功能的特殊性，要求在测试时需注意以下几方面：

（1）安全性参数测试，如漏电流、试验电压、绝缘电阻、放电电阻等；

（2）电流加载时的插入损耗测试；

（3）插入损耗与滤波器端接阻抗、负载相关，检测时应按标准设置。

1. 漏电流的测试

漏电流安全值与滤波器的额定电压有关，一般为 0.5 mA～5 mA。滤波器的基本电路如图 6.4-1 所示。

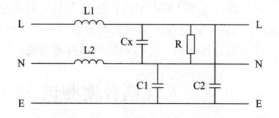

图 6.4-1　滤波器的基本电路

漏电流测试系统的组成如图 6.4-2 所示。

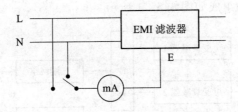

图 6.4-2 漏电流测试组框图

漏电流主要指的是滤波器中 C1、C2 两电容向 E 级（即滤波器的地线）泄漏的电流。按图 6.4-2 安装测试系统，其中，负载空接，将开关打到 L 级测量 C2 的漏电流，打到 N 测量 C1 漏电流。

2. 测试电压

测试电压表征电容器 Cx、C1、C2 上所能承受浪涌电压的能力。该测试要求将千伏级试验电压加到实验端子（线一线间、线一地间），将浪涌模拟器接在滤波器输入端，逐渐加强输入信号强度，观察浪涌电压产生和试验电压加载期间，滤波器是否出现击穿现象。当出现击穿现象时，临界电压理论上应为滤波器抗浪涌干扰的门限，但实际标称值应比该值稍小，以保证仪器安全使用。测试时，由于漏电流较大，应特别注意安全。

3. 放电电阻检测

放电电阻测试的目的在于检测 EMI 滤波器内部的放电电阻是否符合有关规定。具体方法是，在 EMI 滤波器负载端与负载间串接电流表，将滤波器额定电压经 1∶1 隔离变压器加到滤波器电源端，将示波器的高阻输入探头接在滤波器电源端，调节滤波器负载，使电流表指示滤波器额定电流。用示波器检查滤波器断电后，电源插头两端电压下降情况。

6.5 互调性能与交调传导敏感度测试

1. 互调性能测试

互调是指当两个或多个频率的输入信号同时输入接收系统前端，由于系统的非线性（这里的非线性不一定只限定在非线性设备如检波器，有些设备在输入功率较强时也会工作在非线性区），在射频放大器的任一级或混频器中混频，使得输出信号除原有频谱外还有新的频率分量，其频率等于各输入频率的整数倍的线性组合，即 $f = mf_1 + nf_2$，其强度一般用低于载波的分贝数描述。

互调的测试主要是测试仪器的互调敏感度，即通信接收机、射频放大器、无线电收发信机、雷达接收机、声纳接收机以及电子对抗设备接收机等对互调产物的抗扰能力。

在 EMC 的互调干扰测试领域，首先计算出可能在接收机内产生的干扰信号及谐波的差频。接下来要确定的是标准参考输出电平，是指在被测设备正常工作时的输出值。一般用（信号＋噪声）/噪声来表示。当设备工作于非正常状态时，标准参考输出由相应规范给出。测量时确定互调产物极限，用高于标准参考输出电平的分贝数表示。当输入电平（即信源的输出电平）高于标准参考电平某一值时，接收机进入非线性区，则这个值确定为接收机的非线性工作点。

互调性能测试系统的组成如图 6.5 - 1 所示。

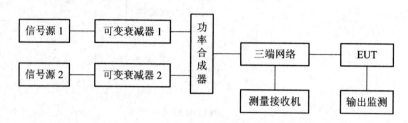

图 6.5 - 1　互调性能测试组成框图

下面以测量三阶互调产物为例给出具体的测量步骤。

第一步：信号源 2 无输出，信源 1 调谐至被测设备（EUT）频率 f_0，并按规定方式调制。调整输出电平使被测设备输出标准参考电平，记录为 U_{10}。信源 1 无输出，将信源 2 调谐在 f_0 上，并按规定方式调制。调整输出电平使被测设备输出标准参考电平，记录为 U_{20}。

第二步：信源 2 无输出，使信源 1 输出为频率 f_0，并按规定调制，使其输出功率为规范规定的极限电平和 U_{10} 之和，然后保持功率不变逐渐提高信源 1 的频率，使其等于 $f_0 + \Delta f$。调节信源 2，使其发射频率为 $f_0 + 2\Delta f$，且不加调制。功率电平与信源 1 调节方法一致，观察被测设备，若无反应则逐步调节两信源输出电平，直到被测设备出现响应。此时响应是由互调产物或信源谐波产生，当断开信源 1 时被测设备响应消失，则该响应为互调产物。

第三步：等量降低信源输出电平，直到被测设备输出达到标准参考电平。记录此时的输出电平 U_1 和 U_2（所有电压值单位为 dBμV）。

互调抑制电平可由下式算出：

$$S_{IM} = U_1 - U_{10} \quad \text{或} \quad S_{IM} = U_2 - U_{20} \tag{6.5.1}$$

另外，可通过调节两信源的 Δf 实现高阶互调产物的测试。

2. 交调传导敏感度测试

交调是指一个足够强的无用信号进入接收机，由于非线性器件的存在，使得接收机的有用信号受到干扰，产生寄生调制。只要干扰信号有一定强度就会产生这种干扰。

交调传导敏感度的测试系统的总体思路近似于互调测试。

具体测试步骤如下：

第一步：信号源 2 无输出，信源 1 调谐至被测设备频率 f_0，并按规定方式调制。调整输出电平是被测设备输出标准参考电平，记为 U_{10}。信源 1 无输出，将信源 2 调谐在 f_0 上，并按规定方式调制。调整输出电平使被测设备输出标准参考电平，记为 U_{20}。

第二步：同时接通两部信源，信源 1 不调制，且输出比 U_{10} 高 10 dB，信源 2 按规定调制，使其输出功率为规范规定的极限电平和 U_{20} 之和。调整信源 2 使其输出频率为 $f_0 \pm f_{IF}$（f_{IF} 为被测设备中频）。利用测量接收机观察交调产物。

6.6　无源互调产物测试

无源互调（Passive InterModulation，PIM）是指由无源器件的固有非线性导致的互调产物。通常，PIM现象是由于电流流过非线性部件产生的，其产生机理复杂，与材料的性质、结构、通道加载、系统装配工艺等相关。

无源互调的特点是：时间上不稳定；对物理运动或温度循环的过程或温度变化敏感；具有门限效应；频谱形状不固定，PIM干扰频点数与输入频率个数有关；PIM与传导功率电平有关。

无源互调产物测试所需的仪器及要求如下：

（1）信源：高功率、频谱纯度较高；

（2）带通滤波器：可调谐、对谐波及反向传输衰减大于50 dB；

（3）功率合成器：自身不产生可比拟的互调信号；

（4）窄带滤波器：允许被测互调信号通过、改善功率源于探测器间的隔离作用；

（5）高灵敏度频谱分析仪：灵敏度高，可对频谱进行精细的分析；

（6）负载：本身不产生可探测的互调电平。

无源互调产物的系统组成如图6.6-1所示。双工器由两个带通滤波器组成。

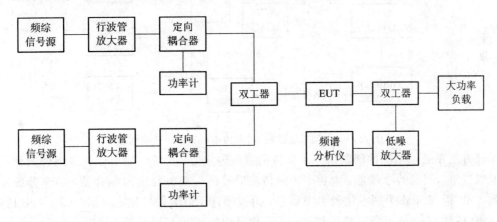

图6.6-1　无源互调产物测试组成框图

测试时，信源输出保持不变，将输出带通滤波器和频谱分析仪调到特定的频段上就能观测到无源互调产物。

如果将一路信号断开，所观测的干扰明显减小，则可判断为PIM信号，从而确认PIM的存在。

6.7　空间微放电现象测试

微放电现象是指在真空条件下，电子在强微波电场加速下，在金属表面之间产生的二次电子倍增现象，即在传输微波大功率的无源部件中出现的一种射频击穿现象。这种现象主要是由于设计、加工工艺、表面处理、材料、污染等因素，当功率、频率和部件内部结构缝隙尺寸满足一定关系时出现的。所引起的不良后果主要表现在以下几方面：导致微波传输系统驻波比增大，反射功率增强；引起腔调谐、耦合参数、波导损耗和相位常数等的波动；产生谐波引起带外干扰和互调产物；产生附加噪声；对电缆、接头和部件表面出现慢侵蚀。

一般微放电测试有整体法和局部法之分。前者多用于测试完整器件，通过测试可以知道微放电出现在组件系统内的哪个部分；后者则可以接近实际放电点，检测点可选在靠近测试的滤波器、环形器上。

局部法的前/后向功率调整检测系统的组成如图 6.7-1 所示。

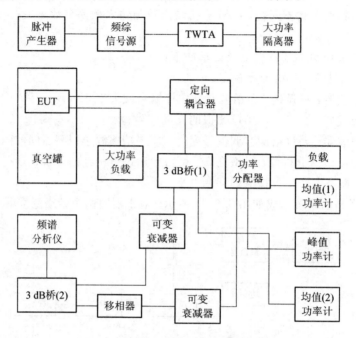

图 6.7-1　局部法的前/后向功率调零检测组成框图

该方法是通过加脉冲调制信号主部件的微放电阈值，系统一般工作在被测件的额定工作电压以下。测量的原理是：大功率正向传输信号的一部分经定向耦合器、功率分配器发射到 3 dB 桥(2)，作为调零比较参考信号；由被测件反射的信号经定向耦合器、3 dB 桥(1)至 3 dB 桥(2)；调整可变衰减器和移相器，使这两路信号等幅反相，同时在频谱分析仪上观察调零过程。当微放电现象发生，反射功率增大，调零状态被破坏，这从频谱分析仪上可以看出。

微放电现象的抑制方法一般有以下几种：

（1）使用大间隙尺寸设计方法，控制频率与间隙尺寸之积，使之除在微放电敏感区外，能够有尽量大的余量；

（2）采用适当表面处理工艺以减小表面二次电子发射系数；

（3）填充介质；

（4）工艺上避免毛刺、细丝等不利因素；

（5）防止污染；

（6）部件设计考虑适当的排气孔，便于将存留在部件内部的残余气体排出。

6.8　电磁兼容预测试

1. 预测试的目的

预测试是通过测试对被测设备的电磁兼容性指标给予定量的评价，并分析产生干扰的类型。预测试的重要性在民用来看，它决定了产品是否能推向市场；从军用来看，它关系到产品是否能交付使用，能否完成指定的军用目的。

测试主要验证电磁兼容设计是否合理，所采取的抑制干扰措施是否奏效，若存在干扰源，应从哪些环节入手。

换句话说，EMC 预测试就是保证产品的 EMC 设计落实到工程中，是从样品到产品的重要过程，是产品通过 EMC 测试标准的保障。

2. 电磁兼容预测试设备及对设备的要求

预测试主要作定性测试，测试设备一般是由通用仪器加上必要附件组成。具体包括：

(1) 灵敏度高的接收机，一般用频谱分析仪实现；

(2) 测量传导发射时选用电流钳作为传感器；

(3) 使用电源阻抗稳定匹配网络(LISN)可使测试接近实际；

(4) 瞬态限幅器，保证未知、大幅度尖峰信号不破坏仪器；

(5) 使用必要的近场探头、天线；

(6) 必要的干扰信号模拟源。

对于以上所述的各设备，总的要求及发展趋势是系统化、集成化、高灵敏度、大带宽、低噪声，以及仪器引入不破坏原有的电磁环境。

3. EMC 预测试

对于预测试而言，测试环境的要求并不能因为其不属于正规测试而降低要求，但也没必要在十分规范的场地进行，因此，测试前及测试数据处理过程中应进行以下操作以剔除环境的影响：

(1) 被测设备开机前，对环境背景噪声进行测试，记录测试曲线；

(2) 测试完成后，关闭被测仪器，对背景进行再测试，对关键环境影响作进一步确认，同时观测环境随时间变化的情况；

(3) 利用测试接收机的调幅/调频解调功能，调节并监听本地调频、调幅、电视或移动通信信号。

EMC 预测试内容为相对比较性测试，即衡量采用某些 EMC 措施前后干扰影响降低的程度，所以需要对所测得的数据进行校准，得到测试点处所有的场强，要考虑到天线因子、电缆损耗等因素，并结合所读数据得到切实的分析结果。

在分析数据时应注意以下问题：

(1) 分析测得的干扰是否与开关电源频率及谐波有关；

(2) 分析测得的干扰是否与 CRT 显示器产生的电磁泄漏有关；

(3) 分析测得的干扰是否与时钟频率的谐波相关；

(4) 分析测得的干扰是否与晶振频率的谐波有关；

(5) 分析测得的干扰是否与发射频率各次谐波相关；

(6) 分析测得的干扰是否与发射的各种杂波相关；

(7) 分析测得的干扰是否与接收机本振及谐波泄漏有关；

(8) 分析测得的干扰是否与天馈机构射频泄漏相关；

(9) 如发现不明频率，检查并计算是否由于有源器件非线性和无源部件锈蚀等带来的非线性特性影响导致的组合干扰。

6.9　系统级电磁兼容试验

EMC 测试一般分为三个等级：设备和分系统级、系统级和系统的 EMC 环境测试。一般将后两者统称为系统级 EMC 测试。

1. 基本概念

（1）工作性能阈值：用于描述被测设备（EUT）某一技术特性特征实现或失效的界限，理论上是一个特定常数，实际通常为一个数值范围。该值是明确的，在相关技术文件中会有所标明。

（2）关键点：干扰最敏感点为关键点，它与灵敏度、固有敏感性、对人物目标的重要性、所处的电磁环境等因素有关。关键点实际上是一个电气点，即实际系统的某个位置，如输入端、输出端等，用以确定阈值基准。

（3）监测点：是指测试时监测系统响应的一个或几个实际物理位置，在选择时必须确保监测点上安装的监测仪器不会对试验结果造成影响。

（4）辐射发射限值：是指被测系统辐射发射幅值的极限值。它是根据理论分析得到的对设计所规定的系统所能容许的辐射发射限制值，是频率的函数。

（5）辐射敏感度限值：是指被测系统辐射敏感度频谱和幅度极限值。它是根据理论分析和实验认为系统能容忍的外界干扰量值，体现了系统的抗干扰能力，是频率的函数。

（6）辐射发射测试值：是指在任务书中给出的被测系统有用的和不希望发射的实测值，与测试频率及测试位置有关。

（7）辐射敏感度阈值（敏感度门限）：是指被测系统接收模拟干扰后所呈现出的最小可辨别的、不希望响应情况下的干扰信号电平，是频率的函数，一般可由测量得到。

（8）安全系数：敏感度门限与出现在关键试验点或信号线上的干扰之比。

2. 试验内容

系统级 EMC 主要包括系统总装过程中的接地电阻和搭接电阻测试、电源线上传导干扰检测、系统内自兼容试验和系统电磁环境测试。

1）接地电阻和搭接电阻测试

（1）接地电阻测试。接地电阻测试主要是要保证操作人员、电子设备安全及降低电器噪声对电子系统的不良影响。

测量原理如下：根据欧姆定律，可通过电流、电压、电阻间的关系将接地电阻求出。这里的接地电阻是指接地电极对大地的电阻，即电极与一较远点之间的电阻。当电流经过电极流入大地时，电极向周围呈半球状散开，从而得到距电极 r 处的电流密度为 $i_r = \dfrac{I}{2\pi r^2}$，电场强度为 $E_r = \dfrac{\rho I}{2\pi r^2}$，$\rho$ 为大地电阻率。很远处的电极可做半径为 R 的半球，则从电极表面到 r 处的电压可表示为

$$U_R^r = \int_R^r E_r \, \mathrm{d}x = \frac{\rho I}{2\pi}\left(\frac{1}{R} - \frac{1}{r}\right)$$

当 r 趋向无穷远处时，其电压为

$$U_R^r = \frac{\rho I}{2\pi R} \qquad\qquad (6.9.1)$$

接地电阻测试的连接如图 6.9-1 所示。

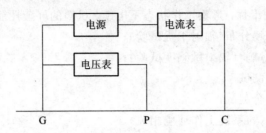

图 6.9-1　接地电阻测试连接图

图中，电极 G 为接地电极，电极 C 为电流电极，电极 P 为电位电极(C 与 G 间距离一般在 20 m 以上)。测量时，从 G 向 C 移动电极 P，绘出电压随位置变化而变化的曲线，进而得到电阻随位置改变的情况。

此方法适用于单极接地或多极接地。

(2) 搭接电阻的测试。为使电子设备外壳与舱体、结构件等构成整个良好导体，则需要在总装过程中实时进行搭接电阻的测试。搭接电阻的测试连接如图 6.9-2 所示。

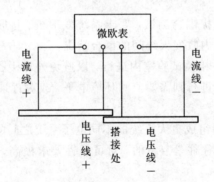

图 6.9-2　搭接电阻的测试连接图

微欧表中电流源应为恒流源，并可根据搭接电阻的大小来选择电流的大小。这样，恒流源输出的四端口技术可使测量误差达到最小。

连接时，电流引线的固定位置离搭接点应较远，电压线位置要靠近搭接处。

2) 电源线上传导干扰检测

电源线传导测试方法在前面已有所叙述，此处仅做几点说明：

(1) 模拟正常切换，检测供电电源的起伏、瞬态峰值以及其他传导发射；

(2) 分析干扰频谱，判断干扰的出处，是负载、电源，还是配电器等。

将所测数据与分系统、设备测试数据进行比较，确定系统电磁兼容程度。并且在数据比较时注意量纲，即电流与电压值间的转换。

3) 系统自兼容测试

系统自兼容测试的目的在于验证系统内各分系统与相关的设备和分系统间的兼容情况。主要测试内容如下：

（1）系统内关键设备互连线上的传导发射测试；

（2）系统内射频泄漏测试（在天线处接模拟匹配负载情况下，检验电缆、机箱射频泄漏）；

（3）系统内射频敏感度测试（在系统天线处接模拟负载情况下，在关键接收设备周围施加系统内可能存在的干扰，考察工作状态下电缆、机箱的屏蔽性能）；

（4）系统周围电磁场分布（辐射干扰试验）；

（5）系统的敏感度试验（辐射敏感度试验）；

（6）系统安全系数测试；

（7）天线间干扰耦合测试；

（8）静电放电试验（与系统工作环境相关）。

系统自兼容测试的测试方法与前述基本一致，下面就几个应注意问题作一说明：

（1）进行电磁干扰发射测试时，应将被测系统在各种工作状态下的发射信号全部测出，并将被测设备置于最大发射状态，进行记录。测试应在整个频段内进行，并对关键接收频段进行主要发射试验。记录被测系统在不同高度、不同方位的数据。

（2）进行辐射敏感度测试时，为安全起见，应先注明系统的几个接收频带，并留有少许余量。余量的大小依据具体接收机的性质进行选择。在测试时，若发现异常情况，先在该频段上降低干扰，使被测设备恢复正常，再选定相关较窄频带，调节辐射幅度，以确定敏感度阈值。

（3）进行系统天线间干扰耦合测试，要求系统发射机、接收机进入正常工作状态，被测设备正常运行，研究系统内收发天线间的耦合情况。

系统自兼容测试尽量在相关试验室内进行，以避免外界干扰、切实反映系统内各设备间的兼容情况。若在外场地进行则需要监测环境电平，或对背景噪声进行剔除。

4）系统电磁环境测试

系统电磁环境测试包括组成更大系统的不同电子系统之间的辐射发射测试和辐射敏感度测试。由于现实工程问题往往是复杂的，对可靠性要求极高，因此它们对于系统与空间环境的兼容性就显得很重要。

测试时要定义系统间的环境界面，即定义一个系统间的"媒质"以使设计制造有所依据。当该界面两端不方便进行测试时，可将其周围的空间场分布数据经数据修正作为其本身真实数据。

由此可见，系统级电磁兼容测试是一项费时、费力的工作，实际操作时应注意以下几点：

（1）被测系统应工作于实际工程模式下，测试时要与被测系统的实地联机试验和综合电测一起考虑，在电气性能测试的同时完成兼容性测试；

（2）对设备、分系统测试数据以及系统内 EMI、EMS 测试数据进行分析，对有可能发生干扰的收发对进行重点测试；

（3）重视联机、电测试时的异常现象；

（4）系统级 EMC 测试应最大限度地接近实际的使用条件，各种天线、电缆、电源等应配套齐全。

习　题

1. 简述频率测试的步骤。
2. 屏蔽效能测试的主要内容是什么？
3. 天线的耦合度测试分为哪几种？
4. EMI 滤波器测试时应注意哪些问题？
5. 互调与交调有何区别？
6. 测试中如何判断 PIM 的产生。
7. 电磁兼容预测试的目的是什么？
8. 电磁兼容预测试对设备有哪些要求？
9. 电磁兼容预测试在数据分析时应注意哪些方面？
10. 系统级测试包括哪些内容？
11. 画出接地电阻测试的组成框图。

第七章 测试中的数据处理技术

任何测试都离不开对数据的处理，测试得到的往往是一些或一组数据，由于测试中的误差等原因，这些数据往往不能直接作为测试的结果，因此必须对其进行相应的处理。本章主要介绍数据处理的原则和方法。

7.1 数据处理中的几个重要的原则

7.1.1 平等性

近代科学技术突飞猛进，把数据处理的理论和技术提高到了一个新阶段，其思想观念是尽量做到简单、对称、和谐。在具体做法上是实现数据处理中的几个重要的原则或特性，那就是平等性、正常性、约束性和简洁性。这些近代数据处理观念对数据处理工作带来新的活力。

平等性是自然界普遍存在的参与性在数据处理领域中的反映。追求平等参与是一个过程。

作为例子，设有一群平面点(x_i, y_i)，$i=1, 2, 3, \cdots, n$，欲使这批数据回归成一条直线，试求$y=kx+b$中的k和b。为了说明追求平等性处理的发展过程，先从不平等性处理说起。

1. 最简单的不平等方法——图解法处理

将n对(x_i, y_i)测量值标在坐标纸上，若点群形成一条直线带，则在直线带中间作一直线，将此直线近似为回归直线，如图7.1-1所示。在此回归直线带上找出两端点$M_1(x_1, y_1)$，$M_2(x_2, y_2)$，则有

$$y = kx + b \tag{7.1.1}$$

$$k = \frac{y_1 - y_2}{x_1 - x_2} \tag{7.1.2}$$

$$b = y_1 - \frac{(y_1 - y_2)}{(x_1 - x_2)}x_1 \tag{7.1.3}$$

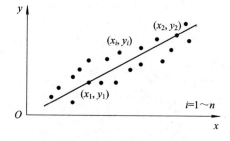

图 7.1-1 图解法处理

由于缺乏所有试验点（测试点）的全员参与，所以这种处理是不平等的，b、k之解肯定不精确。

2. 简单的平均法处理

把数据分成两组，分别相加后得两组二元一次方程式：

$$y_1 = kx_1 + b \qquad\qquad y_{\frac{n}{2}+1} = kx_{\frac{n}{2}+1} + b$$
$$y_2 = kx_2 + b \qquad\qquad y_{\frac{n}{2}+2} = kx_{\frac{n}{2}+2} + b$$
$$\vdots \qquad\qquad\qquad\qquad \vdots$$
$$+) \; y_{\frac{n}{2}} = kx_{\frac{n}{2}} + b \qquad\quad +) \; y_{\frac{n}{2}+\frac{n}{2}} = kx_{\frac{n}{2}+\frac{n}{2}} + b$$
$$\overline{\phantom{+) \; y_{\frac{n}{2}} = kx_{\frac{n}{2}} + b}} \qquad\quad \overline{\phantom{+) \; y_{\frac{n}{2}+\frac{n}{2}} = kx}}$$
$$\frac{n}{2}(y_{\mathrm{I}}) = \frac{n}{2}(kx_{\mathrm{I}} + b) \qquad \frac{n}{2}(y_{\mathrm{II}}) = \frac{n}{2}(kx_{\mathrm{II}} + b)$$

联立求解上式，得

$$\begin{cases} k = \dfrac{(y_{\mathrm{I}} - y_{\mathrm{II}})}{(x_{\mathrm{I}} - x_{\mathrm{II}})} \\[3mm] b = y_{\mathrm{I}} - \dfrac{(y_{\mathrm{I}} - y_{\mathrm{II}})}{(x_{\mathrm{I}} - x_{\mathrm{II}})}x_{\mathrm{I}} = \dfrac{y_{\mathrm{I}}x_{\mathrm{I}} - y_{\mathrm{I}}x_{\mathrm{II}} - y_{\mathrm{I}}x_{\mathrm{I}} + y_{\mathrm{II}}x_{\mathrm{I}}}{x_{\mathrm{I}} - x_{\mathrm{II}}} = \dfrac{x_{\mathrm{I}}y_{\mathrm{II}} - x_{\mathrm{II}}y_{\mathrm{I}}}{x_{\mathrm{I}} - x_{\mathrm{II}}} \end{cases}$$

$$(7.1.4)$$

由上述可见，试验点的参与性增强了，但由于分组的不确定性，使 k、b 的解不唯一，平面点群 (x_i, y_i) 是分片参与处理，仍然不是完全意义的平等性，见图 $7.1-2$。

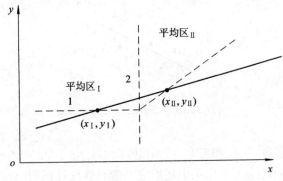

图 7.1-2　平均法处理

3. 线性回归处理

设第 i 组数据存在的残差为

$$\begin{cases} \varepsilon_i = y_i - (kx_i + b) \\[2mm] \min\displaystyle\sum_{i=1}^{n}\varepsilon_i^2 = \min\displaystyle\sum_{i=1}^{n}(y_i - kx_i - b)^2 \\[2mm] \dfrac{\partial \varepsilon}{\partial k} = 0 \\[2mm] \dfrac{\partial \varepsilon}{\partial b} = 0 \end{cases}$$

$$(7.1.5)$$

可得

$$\begin{cases} k = \dfrac{l_{xy}}{l_{xx}} \\[2mm] b = \bar{y} - k\bar{x} \end{cases}$$

$$(7.1.6)$$

式中，

$$\begin{cases} l_{xy} = \sum_{i=1}^{n} (x_i - \bar{x})(y_i - \bar{y}) \\ l_{xx} = \sum_{i=1}^{n} (x_i - \bar{x})^2 \\ \bar{x} = \frac{1}{n} \sum_{i=1}^{n} x_i \\ \bar{y} = \frac{1}{n} \sum_{i=1}^{n} y_i \end{cases} \tag{7.1.7}$$

在线性回归中，每组数据(x_i, y_i)的地位是平等的，但仍然存在不平等性，主要是因为$\varepsilon_i = \Delta y_i$未含$\Delta x_i$的缘故。

4. 曲线的法向回归法处理

以上述回归直线为例，设平面数据点群(x_i, y_i)回归成一条直线，使其与直线的法向距离平方和为最小，如图 7.1-3 所示。

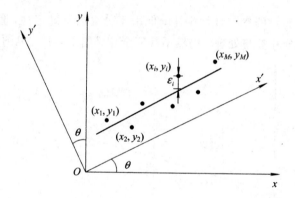

图 7.1-3 曲线的法向回归法

把 x 轴旋转 θ 角，在 $x'oy'$ 坐标系中还原成一般直线线性回归问题，且直线斜率 $k'=0$。于是有，

$$\begin{cases} \varepsilon_i = \sum_{i=1}^{n} (y_i' - b') \\ \begin{bmatrix} x' \\ y' \end{bmatrix} = \begin{bmatrix} \cos\theta & \sin\theta \\ -\sin\theta & \cos\theta \end{bmatrix} \begin{bmatrix} x \\ y \end{bmatrix} \\ \tan\theta = k \\ b' = b\cos\theta \end{cases} \tag{7.1.8}$$

$$\begin{cases} \sin\theta = \dfrac{k}{\sqrt{1+k^2}} \\ \cos\theta = \dfrac{1}{\sqrt{1+k^2}} \\ \varepsilon_i = \dfrac{1}{1+k^2} \sum_{i=1}^{n} (y_i - kx_i - b)^2 \end{cases} \tag{7.1.9}$$

$$\begin{cases} \dfrac{\partial \varepsilon_i}{\partial k} = 0 \\[2mm] \dfrac{\partial \varepsilon_i}{\partial b} = 0 \end{cases} \tag{7.1.10}$$

则有,

$$\begin{cases} k = \dfrac{(l_{yy} - l_{xx}) + \sqrt{(l_{yy} - l_{xx})^2 + 4l_{xy}}}{2l_{xy}} \\[3mm] b = \bar{y} - k\bar{x} \end{cases} \tag{7.1.11}$$

式中,

$$\begin{cases} l_{xx} = \sum_{i=1}^{n} (x_i - \bar{x})^2 \\[3mm] l_{yy} = \sum_{i=1}^{n} (y_i - \bar{y})^2 \\[3mm] l_{xy} = \sum_{i=1}^{n} (x_i - \bar{x})(y_i - \bar{y}) \\[3mm] \bar{x} = \dfrac{1}{n} \sum_{i=1}^{n} x_i \\[3mm] \bar{y} = \dfrac{1}{n} \sum_{i=1}^{n} y_i \end{cases} \tag{7.1.12}$$

法向回归不但体现了各组数据(x_i, y_i)之间的平等性,还体现了各变量(如坐标 x, y)之间的平等性,若变量之间存在不等精度,则可作加权预处理,加权后各数据组依然是平等的。

7.1.2　正常性

数据处理的主要目标之一是尽可能地消除偶然误差,通常方案是采用多余数组。按照一般概念,数据处理应该有解,而且如果所提供的数据愈精确,则所得结果也应愈好,这就是数据处理的正常性。

不过,在实际的数据处理中有时也会遇到反常情况,这就需要做细微讨论且谨慎处理的。

出现反常性的第一种情况是:在构造的数据处理格式中,若所提供的数据越精确,则反而使结果出现奇异。下面以研究圆的法向回归为例对其加以介绍。问题的基本提法是:平面数据群(x_i, y_i),如图 7.1-4 所示。

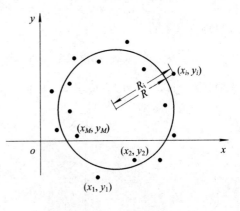

图 7.1-4　平面数据群

将其拟合成一圆,并假定目标函数为

$$\min \varepsilon = \min \sum_{i=1}^{n} \{f_i(x_0, y_0) - R\}^2 \tag{7.1.13}$$

其中,

$$f_i(x_0, y_0) = \sqrt{(x_0 - x_i)^2 + (y_0 - y_i)^2} \tag{7.1.14}$$

求回归圆心(x_0, y_0)和回归半径R。

根据目标函数要求，有$\partial\varepsilon/\partial x_0 = 0$、$\partial\varepsilon/\partial y_0 = 0$和$\partial\varepsilon/\partial R = 0$，可得

$$\begin{cases} x_0 = \dfrac{\sum\limits_{i=1}^{n} x_i - R\sum\limits_{i=1}^{n}\left(\dfrac{x_i}{R_i}\right)}{n - R\sum\limits_{i=1}^{n}\dfrac{1}{R_i}} \\[3em] y_0 = \dfrac{\sum\limits_{i=1}^{n} y_i - R\sum\limits_{i=1}^{n}\left(\dfrac{y_i}{R_i}\right)}{n - R\sum\limits_{i=1}^{n}\dfrac{1}{R_i}} \\[3em] R = \dfrac{1}{n}\sum\limits_{i=1}^{n} R_i \end{cases} \tag{7.1.15}$$

十分明显，所提供的数据愈精确，则上式中的分母$n - R\sum\limits_{i=1}^{n}\dfrac{1}{R_i} \to 0$，即会造成计算结果的不确定性，且使结果趋于异常，将异常转化为正常性的一个有效手段是重新构造数据处理格式。对于上述问题可改进迭代方程，如下所示：

$$\begin{cases} x_0 = \dfrac{1}{n}\left[\sum\limits_{i=1}^{n} x_i - R\sum\limits_{i=1}^{n}\left(\dfrac{x_i}{R_i}\right) + Rx_0\sum\limits_{i=1}^{n}\dfrac{1}{R_i}\right] \\[2em] y_0 = \dfrac{1}{n}\left[\sum\limits_{i=1}^{n} y_i - R\sum\limits_{i=1}^{n}\left(\dfrac{y_i}{R_i}\right) + Ry_0\sum\limits_{i=1}^{n}\dfrac{1}{R_i}\right] \\[2em] R = \dfrac{1}{n}\sum\limits_{i=1}^{n} R_i \end{cases} \tag{7.1.16}$$

显然，问题的难点也在于如何构造正常的数据处理格式。

反常性的第二种情况是：数据处理出现无解，典型的例子是齐次问题。无误差方程为

$$a_1 x_1 + a_2 x_2 + \cdots + a_m x_m = 0 \tag{7.1.17}$$

假定第i次测量误差为

$$\varepsilon_i = a_{1i} x_1 + a_{2i} x_2 + \cdots + a_{mi} x_m, \quad i = 1, 2, 3, \cdots, n \tag{7.1.18}$$

且目标函数ε的定义为

$$\min\varepsilon = \min\sum_{i=1}^{n}(a_{1i} x_1 + a_{2i} x_2 + \cdots + a_{mi} x_m)^2 \tag{7.1.19}$$

式中，$x_1, x_2, \cdots, x_m$为待求量，根据$\partial\varepsilon/\partial x_i = 0(i = 1, 2, 3, \cdots, n)$可得

$$\begin{bmatrix} \sum\limits_{i=1}^{n} a_{1i}^2 & \sum\limits_{i=1}^{n} a_{1i}a_{2i} & \cdots & \sum\limits_{i=1}^{n} a_{1i}a_{mi} \\[1.5em] \sum\limits_{i=1}^{n} a_{1i}a_{2i} & \sum\limits_{i=1}^{n} a_{2i}^2 & \cdots & \sum\limits_{i=1}^{n} a_{2i}a_{mi} \\[1.5em] & & \vdots & \\[1em] \sum\limits_{i=1}^{n} a_{1i}a_{mi} & \sum\limits_{i=1}^{n} a_{2i}a_{mi} & \cdots & \sum\limits_{i=1}^{n} a_{mi}^2 \end{bmatrix} \begin{bmatrix} x_1 \\ x_2 \\ \vdots \\ x_m \end{bmatrix} = 0 \tag{7.1.20}$$

亦可简写作：$\boldsymbol{A}x = 0$。

我们知道，齐次方程的有解条件是 $\det\boldsymbol{A}=0$，其中，det 表示矩阵所对应的行列式。但是，由于数据的各种偶然误差，这一条件一般不满足，从而致使 x 无解。也就是说，又一次出现了数据处理的反常性。

7.1.3 约束性

最优化理论中存在无约束优化和带约束优化两大分支，其主要区别是优化参量的可取域不同。类似地，在数据处理问题中也存在无约束和带约束两种情况。

约束所起的作用主要是把非独立参量之间的约束关系引入目标函数，或者把无解的问题转化为带约束的极小解。

作为例子，研究上节 $\boldsymbol{A}x = 0$，且 $\det\boldsymbol{A}\neq 0$ 问题。在一般意义下，此问题无解。试引入约束条件：

$$x^{\mathrm{T}}x - c = 0 \tag{7.1.21}$$

和 Lagrange 因子 μ，其中，x^{T} 表示 x 的转置矩阵，则带约束齐次问题的极小解定义为

$$\min\varepsilon = \min\{x^{\mathrm{T}}\boldsymbol{A}^{\mathrm{T}}\boldsymbol{A}x - \mu(x^{\mathrm{T}}x - c)\} \tag{7.1.22}$$

由 $\partial\varepsilon/\partial x_i = 0$，$i = 1, 2, \cdots, n$ 和 $\partial\varepsilon/\partial\mu = 0$ 的极小化条件又可得到

$$\begin{cases} (\boldsymbol{A}^{\mathrm{T}}\boldsymbol{A} - \mu\boldsymbol{I})x = 0 \\ x^{\mathrm{T}}x = c \end{cases} \tag{7.1.23}$$

其中，$\boldsymbol{I}$ 为单位矩阵。在式两边点乘 x^{T}，再考虑到约束条件，则可知

$$\min x^{\mathrm{T}}\boldsymbol{A}^{\mathrm{T}}\boldsymbol{A}x = \min\mu c \tag{7.1.24}$$

特别，当取 $c = 1$ 时，则更简化为

$$\min x^{\mathrm{T}}\boldsymbol{A}^{\mathrm{T}}\boldsymbol{A}x = \min\mu$$

也即我们要求的极小解等于最小本征值 μ，进一步考虑 $\boldsymbol{A}$ 矩阵的对称性，则有：

$$\begin{cases} (\boldsymbol{A} - \lambda\boldsymbol{I})x = 0 \\ \lambda = \sqrt{\mu} \end{cases} \tag{7.1.25}$$

问题得到又一次简化，所需的 x 即为 $\min\lambda$ 所对应之解。上面讨论的就是齐次方程的带约束极小解。

应该指出：根据实际要求，约束的形式可以是多种多样的，这里仅表示其中一种对称约束。

7.1.4 简洁性

简单一直是科学研究追求的主要目标之一。数据处理问题中所谓的简洁性是指所需的信息种类尽可能少，方法简单，逻辑思路简洁。

需要提到的是，这一性质对我们来说，不仅有理论意义，还有重要的实用价值。例如，在物理光学中，"光辐射场的位相恢复问题"始终占有十分显要的地位。因为光场在检测过程中只能获得其强度而无法测定其相位。如果光学反演问题能从振幅中获取全部信息，则将会使物理学的发展跨前一大步。又例如，在微波和电磁的反演和网络参数测定中，如果只要求振幅信息对于自动化技术是十分有利的，甚至可以用标量网络分析仪局部取代矢量网络分析仪。

总之，数据处理理论不仅在方法上而且在思想上给出若干重要原则，这对于其发展和研究都是十分必要的。基于测量的数据处理，广义地说是对某种目标的反演。倘若说经典的数据处理是以误差作为讨论的主要内容，那么近年来，关于模糊反演或不完全信息反演的概念业已提出，这些思想对于数据处理理论的进一步发展无疑会有深刻的影响，也为今后的研究工作指出了方向。

7.2　数据处理的一般方法

7.2.1　组合测量的数据处理

组合测量是经常使用的一种测量方法，通过直接测量待测参数的各种不同组合量（一般为等精度测量），可间接求得各待测参数，这需要用到线性参数的最小二乘法处理的知识。以下讨论都是居于等精度的多次测量，测得值无系统误差、不存在粗大误差。

精密测量三个电容值 x_1、x_2、x_3，采用多种方案（等权）测得独立值和组合值 x_1、x_2、x_1+x_3、x_2+x_3，可列出待解的数学模型，即

$$\begin{cases} x_1 = 0.3 \\ x_2 = -0.4 \\ x_1 + x_3 = 0.5 \\ x_2 + x_3 = -0.3 \end{cases} \tag{7.2.1}$$

这是一个超定方程组，即方程的个数多于待求量的个数，不存在唯一的确定解。由于测量有误差，按残余误差的平方和函数式对 x_1、x_2、x_3 求偏导求极值，并令其等于零，得到如下的确定性方程组：

$$\begin{cases} (x_1 - 0.3) + (x_1 + x_3 - 0.5) = 0 \\ (x_2 + 0.4) + (x_2 + x_3 + 0.3) = 0 \\ (x_1 + x_3 - 0.5) + (x_2 + x_3 + 0.3) = 0 \end{cases}$$

由以上方程组可求出唯一解 $x_1 = 0.325$、$x_2 = -0.425$、$x_3 = 0.150$。这组解称为原超定方程组的最小二乘解。

1. 最小二乘原理

用 $\varphi(x)$ 拟合 m 对数据 (x_k, y_k) $(k=1, 2, \cdots, m)$，使得误差平方和 $\sum_{k=1}^{m} [y_k - \varphi(x_k)]^2$ 最小，这种求 $\varphi(x)$ 的方法称为最小二乘法。若采用直线拟合，则 $y = \varphi(x) = a_0 + a_1 x$，于是

$$\begin{cases} m a_0 + \left(\sum_{k=1}^{m} x_k \right) a_1 = \sum_{k=1}^{m} y_k \\ \left(\sum_{k=1}^{m} x_k \right) a_0 + \left(\sum_{k=1}^{m} x_k^2 \right) a_1 = \sum_{k=1}^{m} x_k y_k \end{cases} \tag{7.2.2}$$

即 a_0、a_1 是方程组的解。最小二乘估计法作为求回归方程式中参数的最一般方法，由其计算而得的估计量在所有的线性无偏估计中具有最小方差，这是高斯-马尔可夫定理的基本结论。

最小二乘法对于误差的表示，是通过 $[y_k - \varphi(x_k)]^2$ 来描述的，当然也可以有别的误差表达形式，如 $[y_k - \varphi(x_k)]^n$，其中，n 可以取任意正整数。这样用 $\varphi(x)$ 拟合 m 对数据 $(x_k, y_k)(k=1, 2, \cdots, m)$，使得 $\sum\limits_{k=1}^{m}[y_k - \varphi(x_k)]^n$ 最小，可以称之为最小 n 乘法。在最小 n 乘法中，最小二乘法作为拟合直线的一种特例方法，所得到的拟合直线也不一定是最佳直线。

最小二乘法的基本做法就是使点到直线离差的平方和最小。如果对点到拟合直线的离差绝对值化，就是最小绝对值估计法，即最小一乘法。对于最小二乘估计法，每一个离差的损失是离差的平方。对于最小一乘估计法，每一个离差的损失是该离差的绝对值。两者的损失函数都是关于离差符号对称的函数。通常认为离差的重要性与其数量大小成正比。

当处理的数据含有异常点时，很可能不止一个。采用人为修改异常点是缺乏说服力的，因为它们有可能反映的是变量间的重要关系，不能轻易地将其舍弃，必须再进行奇异点有效性判断。如果奇异点有效并且偏差较大，采用最小二乘法就不太合适。在最小二乘法失效的情况下，可以尝试采用最小一乘法。

基于最小二乘原理的数据处理方法是解决如上述实际问题的有效方法，在各学科领域中得到广泛应用，它可用于解决参数的最可信赖值的估计、组合测量的数据处理、实验数据的线性回归等问题。处理过程可用代数式或矩阵形式表达两种不同的形式表达。

现有线性测量方程组为

$$y_i = a_{i1}x_1 + a_{i2}x_2 + \cdots + a_{it}x_t \quad (i=1, 2, \cdots, n) \tag{7.2.3}$$

式中，有 n 个直接测得量 y_1, y_2, $\cdots$, y_n，t 个待求量 x_1, x_2, $\cdots$, x_t，且 $n>t$，各 y_i 等权、无系统误差和无粗大误差。

因 y_i 含有测量的随机误差，每个测量方程都不严格成立，故有相应的测量误差方程组

$$v_i = y_i - \sum_{j=1}^{t} a_{ij}x_j \quad (i=1, 2, \cdots, n; j=1, 2, \cdots, t) \tag{7.2.4}$$

式中，v_i 称为残差。即为

$$v_1 = y_1 - (a_{11}x_1 + a_{12}x_2 + \cdots + a_{1t}x_t)$$
$$v_2 = y_2 - (a_{21}x_1 + a_{22}x_2 + \cdots + a_{2t}x_t)$$
$$\vdots$$
$$v_n = y_n - (a_{n1}x_1 + a_{n2}x_2 + \cdots + a_{nt}x_t)$$

线性参数的最小二乘法借助矩阵进行讨论将有许多方便之处，下面给出矩阵形式。设有以下列向量：

$$\boldsymbol{Y} = \begin{bmatrix} y_1 \\ y_2 \\ \vdots \\ y_n \end{bmatrix}, \quad \boldsymbol{X} = \begin{bmatrix} x_1 \\ x_2 \\ \vdots \\ x_t \end{bmatrix}, \quad \boldsymbol{V} = \begin{bmatrix} v_1 \\ v_2 \\ \vdots \\ v_n \end{bmatrix}$$

系数的 $n \times t$ 阶矩阵为

$$\boldsymbol{A} = \begin{pmatrix} a_{11} & a_{12} & \cdots & a_{1t} \\ a_{21} & a_{22} & \cdots & a_{2t} \\ \vdots & \vdots & & \vdots \\ a_{n1} & a_{n2} & \cdots & a_{nt} \end{pmatrix} \tag{7.2.5}$$

式中，各矩阵元素：

y_1，y_2，$\cdots$，y_n 为 n 个直接测得量（已获得的测量数据）；

x_1，x_2，$\cdots$，x_t 为 t 个待求量的估计量；

v_1，v_2，$\cdots$，v_n 为 n 个直接测量结果的残余误差；

a_{11}，a_{12}，$\cdots$，a_{nt} 为 n 个误差方程的 $n \times t$ 个系数。

则测量残差方程组可表示为

$$\begin{bmatrix} v_1 \\ v_2 \\ \vdots \\ v_n \end{bmatrix} = \begin{bmatrix} y_1 \\ y_2 \\ \vdots \\ y_n \end{bmatrix} - \begin{bmatrix} a_{11} & a_{12} & \cdots & a_{1t} \\ a_{21} & a_{22} & \cdots & a_{2t} \\ \vdots & \vdots & & \vdots \\ a_{n1} & a_{n2} & \cdots & a_{nt} \end{bmatrix} \begin{bmatrix} x_1 \\ x_2 \\ \vdots \\ x_t \end{bmatrix} \tag{7.2.6}$$

即为

$$\bm{V} = \bm{Y} - \bm{AX}$$

按最小二乘原理，即要求

$$(\bm{Y} - \bm{AX})^{\mathrm{T}}(\bm{Y} - \bm{AX}) = \mathrm{Min}$$

按条件求解，中间过程可得正规方程组：

$$[a_i y] - \{[a_t a_1]x_1 + [a_t a_2]x_2 + \cdots + [a_t a_t]x_t\} = 0$$

式中，$i = 1, 2, \cdots, t$。

经变换可表示为

$$\begin{cases} a_{11}v_1 + a_{21}v_2 + \cdots + a_{n1}v_n = 0 \\ a_{12}v_1 + a_{22}v_2 + \cdots + a_{n2}v_n = 0 \\ \qquad\qquad\vdots \\ a_{1t}v_1 + a_{2t}v_2 + \cdots + a_{nt}v_n = 0 \end{cases}$$

因而它可表示为

$$\begin{bmatrix} a_{11} & a_{21} & \cdots & a_{n1} \\ a_{12} & a_{22} & \cdots & a_{n2} \\ \vdots & \vdots & & \vdots \\ a_{1t} & a_{2t} & \cdots & a_{nt} \end{bmatrix} \begin{bmatrix} v_1 \\ v_2 \\ \vdots \\ v_n \end{bmatrix} = \begin{bmatrix} 0 \\ 0 \\ \vdots \\ 0 \end{bmatrix} \tag{7.2.7}$$

即矩阵表示的正规方程为

$$\bm{A}^{\mathrm{T}}\bm{V} = 0 \tag{7.2.8}$$

以 $\bm{V} = \bm{Y} - \bm{AX}$ 代入上式，则为

$$\bm{A}^{\mathrm{T}}\bm{AX} = \bm{A}^{\mathrm{T}}\bm{Y} \tag{7.2.9}$$

若 $\bm{A}$ 的秩等于 t，则矩阵 $\bm{A}^{\mathrm{T}}\bm{A}$ 是满秩的，即其行列式 $|\bm{A}^{\mathrm{T}}\bm{A}| \neq 0$，方程有解：

$$\bm{X} = (\bm{A}^{\mathrm{T}}\bm{A})^{-1}\bm{A}^{\mathrm{T}}\bm{Y}$$

$\bm{X}$ 这就是待求量的解。

综合前面的分析，可以得到以下结论：

对于最小二乘法和最小一乘法，如果数据组不存在异常点，两种方法得到的线性拟合系数差别不大，但是最小一乘法拟合所获得的平均绝对值误差比最小二乘法拟合的要小。最小一乘法较最小二乘法具有更高的准确性。

如果数据组存在异常点，那么两种方法得到的线性拟合系数的差异会很大，但是最小一乘法的结果更准确、真实。这是因为最小二乘法考虑的是偏差的平方，故受个别异常值

的影响很大。由于异常值与真值有较大的偏差，其平方的相对偏差更大，为了压低平方和，异常点会把拟合直线拉得离它更近一些，从而使拟合直线与真实直线相差较远。对最小一乘法而言，由于仅考虑偏差的一次方而非平方，因此它受异常点的影响比最小二乘法要小得多。

对于所有的数据组分布，最小一乘法拟合得到的结果准确性都要比最小二乘法高。但是，最小一乘法自身也存在缺点和不足，那就是计算复杂，不如最小二乘法简单，所以应用不如最小二乘法广泛。但是在某些特殊情况下，如异常点存在，由于最小一乘法对异常点不比最小二乘法敏感，具有更好的稳健性，因此建议这种情况下采用最小一乘法。

2. 组合测量的数据处理

现有一检定，如图 7.2-1 所示，要求检定刻线 A、B、C、D 间的三段间距 x_1、x_2、x_3，按图 7.2-2 所示，用组合测量方法测得如下数据：

$l_1 = 1.015$ mm；$l_2 = 0.985$ mm；$l_3 = 1.020$ mm；

$l_4 = 2.016$ mm；$l_5 = 1.981$ mm；$l_6 = 3.032$ mm。

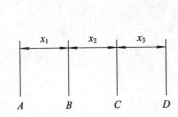

图 7.2-1　长度检定

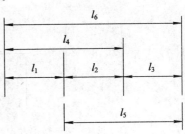

图 7.2-2　组合测量

则有

$$v_1 = l_1 - x_1$$
$$v_2 = l_2 - x_2$$
$$v_3 = l_3 - x_3$$
$$v_4 = l_4 - (x_1 + x_2)$$
$$v_5 = l_5 - (x_3 + x_2)$$
$$v_6 = l_6 - (x_1 + x_2 + x_3)$$

矩阵形式表达为

$$
\begin{bmatrix} v_1 \\ v_2 \\ v_3 \\ v_4 \\ v_5 \\ v_6 \end{bmatrix} =
\begin{bmatrix} y_1 \\ y_2 \\ y_3 \\ y_4 \\ y_5 \\ y_6 \end{bmatrix} -
\begin{bmatrix} 1 & 0 & 0 \\ 0 & 1 & 0 \\ 0 & 0 & 1 \\ 1 & 1 & 0 \\ 0 & 1 & 1 \\ 1 & 1 & 1 \end{bmatrix}
\begin{bmatrix} x_1 \\ x_2 \\ x_3 \end{bmatrix}
$$

$$\boldsymbol{X} = \begin{bmatrix} x_1 \\ x_2 \\ x_3 \end{bmatrix} = (\boldsymbol{A}^{\mathrm{T}} \boldsymbol{A})^{-1} \boldsymbol{A}^{\mathrm{T}} \boldsymbol{Y}$$

其中，

$$Y = \begin{bmatrix} 1.015 \\ 0.985 \\ 1.020 \\ 2.016 \\ 1.981 \\ 3.032 \end{bmatrix}$$

$$A^{\mathrm{T}}A = \begin{bmatrix} 1 & 0 & 0 & 1 & 0 & 1 \\ 0 & 1 & 0 & 1 & 1 & 1 \\ 0 & 0 & 1 & 0 & 1 & 1 \end{bmatrix} \begin{bmatrix} 1 & 0 & 0 \\ 0 & 1 & 0 \\ 0 & 0 & 1 \\ 1 & 1 & 0 \\ 0 & 1 & 1 \\ 1 & 1 & 1 \end{bmatrix} = \begin{bmatrix} 3 & 2 & 1 \\ 2 & 4 & 2 \\ 1 & 2 & 3 \end{bmatrix}$$

所以，

$$(A^{\mathrm{T}}A)^{-1} = \begin{bmatrix} 3 & 2 & 1 \\ 2 & 4 & 2 \\ 1 & 2 & 3 \end{bmatrix}^{-1} = \frac{1}{\begin{vmatrix} 3 & 2 & 1 \\ 2 & 4 & 2 \\ 1 & 2 & 3 \end{vmatrix}} \begin{bmatrix} 8 & -4 & 0 \\ -4 & 8 & -4 \\ 0 & -4 & 8 \end{bmatrix} = \frac{1}{4}\begin{bmatrix} 2 & -1 & 0 \\ -1 & 2 & -1 \\ 0 & -1 & 2 \end{bmatrix}$$

结果为

$$X = (A^{\mathrm{T}}A)^{-1}A^{\mathrm{T}}Y = \frac{1}{4}\begin{bmatrix} 2 & -1 & 0 \\ -1 & 2 & -1 \\ 0 & -1 & 2 \end{bmatrix}\begin{bmatrix} 1 & 0 & 0 & 1 & 0 & 1 \\ 0 & 1 & 0 & 1 & 1 & 1 \\ 0 & 0 & 1 & 0 & 1 & 1 \end{bmatrix}\begin{bmatrix} 1.015 \\ 0.985 \\ 1.020 \\ 2.016 \\ 1.981 \\ 3.032 \end{bmatrix}$$

$$= \frac{1}{4}\begin{bmatrix} 2 & -1 & 0 & 1 & -1 & 1 \\ -1 & 2 & -1 & 1 & 1 & 0 \\ 0 & -1 & 2 & -1 & 1 & 1 \end{bmatrix}\begin{bmatrix} 1.015 \\ 0.985 \\ 1.020 \\ 2.016 \\ 1.981 \\ 3.032 \end{bmatrix}$$

$$= \frac{1}{4}\begin{bmatrix} 4.112 \\ 3.932 \\ 4.052 \end{bmatrix} = \begin{bmatrix} 1.028 \\ 0.983 \\ 1.013 \end{bmatrix}$$

即解得

$$\begin{cases} x_1 = 1.028 \text{ mm} \\ x_2 = 0.983 \text{ mm} \\ x_3 = 1.013 \text{ mm} \end{cases}$$

7.2.2　线性回归处理

1. 经验公式的总结

在科学实验和工程测试中经常得到一系列的测量数据，其数值随着一些因素的改变而变化，可以通过在特定的坐标系上描出相应的点，得到反映变量关系的曲线图。如果能找到一个函数关系式，正好反映变量之间如同曲线表示的关系，就可以把全部测量数据用一个公式来代替，这不仅简明扼要，而且便于作进一步的后续运算。通过一系列数据的统计分析，归纳得到函数关系式的方法称为回归。得到的公式称为回归方程，通常也称为经验公式，有时也称为数学模型。

建立回归方程所用的方法称为回归分析法。根据变量个数的不同及变量之间关系的不同，可分为一元线性回归（直线拟合）、一元非线性回归（曲线拟合）、多元线性回归和多项式回归等。其中一元线性回归最常见，也是最基本的回归分析方法。而一元非线性回归通常可采用变量代换，将其转化为一元线性方程回归的问题。

回归方程的大致步骤如下：

（1）以输入自变量作为横坐标，输出量即测量值作为纵坐标，描绘出测量曲线。

（2）对所描绘曲线进行分析，确定公式的基本形式。

如果数据点基本上成一直线，则可以用一元线性回归方法确定直线方程。

如果数据点描绘的是曲线，则要根据曲线的特点判断曲线属于何种函数类型。可对比已知的数学函数曲线形状加以对比、区分。如果测量曲线很难判断属于何种类型，则可以按多项式回归处理。

（3）确定拟合方程（公式）中的常量。直线方程表达式为 $y = b + kx$，可根据一系列测量数据确定方程中的常量（即直线的截距 b 和斜率 k），其方法一般有图解法、平均法及最小二乘法。确定 k、b 后，对于采用了曲线化直线的方程应变换为原来的函数形式。

（4）检验所确定的方程稳定性、显著性。用测量数据中的自变量代入拟合方程计算出函数值，看它与实际测量值是否一致、差别的大小，通常用标准差来表示，以及进行方差分析、F检验等。如果所确定的公式基本形式有错误，此时应建立另外形式的公式。

如果两个变量之间存在一定的关系，通过测量获得 x 和 y 的一系列数据，并用数学处理方法得出这两个变量之间的关系式，这就是工程上的拟合问题。若两个变量之间关系是直线性关系，就称为直线拟合或一元线性回归，如果变量之间的关系是非线性关系，则称为曲线拟合或一元非线性回归。有些曲线关系可以通过化直法变换为直线关系，其实只是自变量（横坐标）的值采用原变量的某种函数值（如对数值），这样就可按一元线性回归方法处理，变为直线拟合的问题。

2. 一元线性方程回归

已知变量 x 和 y 之间存在直线关系，在通过试验寻求其关系式时，由于实验、测量过程等存在误差和其他因素的影响，两个变量之间的关系会存在一定的偏离，但试验得到的一系列的数据会基本遵循相应的关系，分析所测得的数据，便可找出反映两者之间关系的经验公式。这是工程上和科研中常会遇到的一元线性方程回归问题。

由于因变量测量中存在随机误差，一元线性方程回归同样可用到最小二乘法处理。

测量某导线在一定温度 x 下的电阻值 y，得到如下结果（见表 7.2.1），试找出它们之间的内在关系。图 7.2-3 为数据分布。

表 7.2.1　测量数据

$x/℃$	17.1	25.0	30.1	36.0	40.0	46.5	50.0
y/Ω	76.30	77.80	77.75	80.80	82.35	83.90	85.10

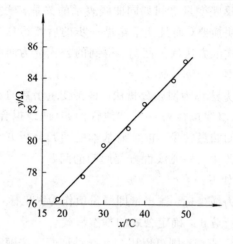

图 7.2-3　数据分布

为了先了解电阻 y 与温度 x 之间的大致关系，把数据表示在坐标图上，如图 7.2-3 所示。这种图叫做散点图，从散点图可以看出，电阻 y 与温度 x 大致呈线性关系。因此，我们假设 x 与 y 之间的内在关系是一条直线，有些点偏离了直线，这是试验过程中其他随机因素的影响而引起的。这样就可以假设这组测量数据有如下结构形式：

$$y_t = \beta_0 + \beta x_t + \varepsilon_t, \quad t = 1, 2, \cdots, N \tag{7.2.10}$$

式中，ε_1，ε_2，$\cdots$，ε_N 分别表示其他随机因素对电阻测得值 y_1，y_2，$\cdots$，y_N 的影响，一般假设它们是一组相互独立、并服从同一正态分布的随机变量，式（7.2.10）就是一元线性回归的数学模型。

以下用最小二乘法来估计式（7.2.10）中的参数 β_0、β。

设 b_0 和 b 分别是参数 β_0 和 β 的最小二乘估计，便可得到一元线性回归的回归方程

$$\hat{y} = b_0 + bx \tag{7.2.11}$$

式中，b_0 和 b 是回归方程的回归系数。对每一个实际测得值 y_t 与这个回归值 $\hat{y}_t$ 之差就是残余误差，即

$$v_t = y_t - b_0 - bx, \quad t = 1, 2, \cdots, N \tag{7.2.12}$$

应用最小二乘法求解回归系数，就是在使残余误差平方和为最小的条件下求得回归系数 b_0 和 b 的值。用矩阵形式，令

$$\boldsymbol{Y} = \begin{bmatrix} y_1 \\ y_2 \\ \vdots \\ y_N \end{bmatrix}, \quad \boldsymbol{X} = \begin{bmatrix} 1 & x_1 \\ 1 & x_2 \\ \vdots & \vdots \\ 1 & x_N \end{bmatrix}, \quad \boldsymbol{B} = \begin{bmatrix} b_0 \\ b \end{bmatrix}, \quad \boldsymbol{V} = \begin{bmatrix} v_1 \\ v_2 \\ \vdots \\ v_N \end{bmatrix}$$

则式(7.2.12)的矩阵形式为

$$V = Y - XB \qquad (7.2.13)$$

假定测得值 y_i 的精度相等，根据最小二乘原理，回归系数的矩阵解为

$$B = (X^T X)^{-1} X^T Y$$

代入数据后，得

$$Y = \begin{bmatrix} 76.30 \\ 77.80 \\ 79.75 \\ 80.80 \\ 82.35 \\ 83.90 \\ 85.10 \end{bmatrix}, \quad X = \begin{bmatrix} 1 & 19.1 \\ 1 & 25.0 \\ 1 & 30.1 \\ 1 & 36.0 \\ 1 & 40.0 \\ 1 & 46.5 \\ 1 & 50.0 \end{bmatrix}$$

计算下列矩阵：

$$X^T X = \begin{bmatrix} 1 & 1 & 1 & 1 & 1 & 1 & 1 \\ 19.1 & 25.0 & 30.1 & 36.0 & 40.0 & 46.5 & 50.0 \end{bmatrix} \begin{bmatrix} 1 & 19.1 \\ 1 & 25.0 \\ 1 & 30.1 \\ 1 & 36.0 \\ 1 & 40.0 \\ 1 & 46.5 \\ 1 & 50.0 \end{bmatrix} = \begin{bmatrix} 7 & 246.7 \\ 246.7 & 9454.07 \end{bmatrix}$$

所以，

$$(X^T X)^{-1} = \begin{bmatrix} 7 & 246.7 \\ 246.7 & 9454.07 \end{bmatrix}^{-1} = \frac{1}{\begin{vmatrix} 7 & 246.7 \\ 246.7 & 9454.07 \end{vmatrix}} \begin{bmatrix} 9454.07 & -246.7 \\ -246.7 & 7 \end{bmatrix}$$

$$= \frac{1}{5317.6} \begin{bmatrix} 9454.07 & -246.7 \\ -246.7 & 7 \end{bmatrix} = \begin{bmatrix} 1.77788 & -0.04639 \\ -0.04639 & 0.001316 \end{bmatrix}$$

$$X^T Y = \begin{bmatrix} 1 & 1 & 1 & 1 & 1 & 1 & 1 \\ 19.1 & 25.0 & 30.1 & 36.0 & 40.0 & 46.5 & 50.0 \end{bmatrix} \begin{bmatrix} 76.30 \\ 77.80 \\ 79.75 \\ 80.80 \\ 82.35 \\ 83.90 \\ 85.10 \end{bmatrix} = \begin{bmatrix} 566.00 \\ 20161.955 \end{bmatrix}$$

求解线性方程系数：

$$B = (X^T X)^{-1} X^T Y = \begin{bmatrix} 1.77788 & -0.04639 \\ -0.04639 & 0.001316 \end{bmatrix} \begin{bmatrix} 566.00 \\ 20161.955 \end{bmatrix} = \begin{bmatrix} 70.97 \\ 0.2764 \end{bmatrix} = \begin{bmatrix} b_0 \\ b \end{bmatrix}$$

因此，$b_0 = 70.97(\Omega)$，$b = 0.2764(\Omega/℃)$，于是线性方程为

$$\hat{y} = 70.97 + 0.2764x \quad (\Omega)$$

3．其他线性回归方法

上述按最小二乘法拟合直线，所得直线关系最能代表测量数据的内在关系，其标准差最小，但它的计算较为复杂。有时在精度要求不是很高或试验数据线性较好情况下，为了减少计算量，可采用如下一些简便的回归方法。

1）分组法（平均值法）

分组法是将全部 N 个测量点值$(x，y)$，按自变量从小到大顺序排列，分成数目大致相同的两组，前半部 K 个测量点$(K=N/2$ 左右$)$为一组，其余 $N-K$ 个测量点为另一组，建立相应的两组方程，两组由实际测量值表示的方程分别作相加处理，得到两个方程组成的方程组，解方程组可求得方程的回归系数。

对上述导线温度的数据用分组法求回归方程。给定 7 个测得值，可列出七个方程，分成两组如下所示：

$$\begin{cases} 82.35 = b_0 + 40.0b \\ 83.90 = b_0 + 46.5b \\ 85.10 = b_0 + 50.0b \end{cases} \qquad \begin{cases} 76.30 = b_0 + 19.1b \\ 77.80 = b_0 + 25.0b \\ 79.75 = b_0 + 30.1b \\ 80.80 = b_0 + 36.0b \end{cases}$$

分别相加，得

$$314.65 = 4b_0 + 110.2b \qquad 251.35 = 3b_0 + 136.5b$$

解方程组：

$$\begin{cases} 314.65 = 4b_0 + 110.2b \\ 251.35 = 3b_0 + 136.5b \end{cases}$$

得

$$b_0 = 70.80 \ (\Omega) \quad b = 0.2853 \quad (\Omega/℃)$$

所求的线性方程为

$$\hat{y} = 70.80 + 0.2853x \quad (\Omega)$$

此方法简单实用，求得的回归方程与采用最小二乘法求得的回归方程比较接近，实际工程中也经常使用。拟合的直线就是通过第一组重心和第二组重心的一条直线。

2）作图法

把 N 个测得数据画在坐标纸上，其大致成一直线，画一条直线使多数点位于直线上或接近此线并均匀地分布在直线的两旁。这条直线便是回归直线，找出靠近直线末端的两个点$(x_1，y_1)$、$(x_2，y_2)$，用其坐标值按下列公式求出直线方程的斜率 b 和截距 b_0，即

$$\begin{cases} b = \dfrac{y_2 - y_1}{x_2 - x_1} \\ b_0 = y_1 - bx_1 \end{cases} \qquad (7.2.14)$$

在以上三种方法中，最小二乘法所得拟合方程精确度最高，分组法次之，作图法较差。最小二乘法计算工作量最大，分组法次之，作图法最为简单。因此，对于精确度要求较高的情况应采用最小二乘法，在精度要求不是很高或实验测得的数据线性较好的情况下，才采用简便计算方法，以减少计算工作量。

必须指出：用最小二乘法求解回归方程是以自变量没有误差为前提的。讨论中不考虑

输入量有误差，只认为输出量有误差。另外，所得的回归方程一般只适用于原来的测量数据所涉及的变量变化范围，没有可靠的依据不能任意扩大回归方程的应用范围。也就是说，所确定的只是一段回归直线，不能随意延伸。

7.2.3　基于人工神经网络的非线性回归

回归分析就是确立和分析某种响应(因变量 Y)和重要因素(对响应有影响的自变量 X)之间的函数关系，即力求把 Y 表达成 X 的一个合适的函数，使之在"某种意义"上最好。为了与下面所要表述的问题易于衔接，在术语上，把这种函数关系表述为映射。那么，传统的回归分析就是希望找到映射的具体表达式 $f: Y = f(x)$。这里的"某种意义"可以是使误差平方和为最小以限制极限误差的思想，也可以是其他体现整体误差的表述。但不论如何表述，要从大量的带有一定随机性的实验数据样本组 (X_1, Y_1)、(X_2, Y_2)，(X_3, Y_3)，…，(X_k, Y_k)中"回归"出映射 $X \rightarrow Y$ 的具体表达 f 的形式，通常是十分困难的。人们对此进行了长期的研究，提出了许多拟合方法。在一些基本函数的组合无法表达时，就用多项式进行回归，从而近似确定这种规律。从理论上说，在多项式回归中，拟合的多项式次数越高、模型越准确，但实际拟合过程并非如此。甚至有些情况无论怎样拟合所找出的 f，相应的误差都较大，或者对应的相关系数都比较小，就是说拟合不好。也可以说，在这种情况下，传统的回归分析方法找不到合适的 f 来表述映射 $X \rightarrow Y$。

有时可能" f "根本就不能被表达成一种简明的函数形式，但实验上 $X \rightarrow Y$ 的映射关系是明确的，而" f "的具体表达难以找到。例如，在基于 DSP(数字信号处理)的系统中，实际物理量要经过传感器、变换器、放大器 A/D 转换器等电子器件才能成为计算机能够处理的数字量，其过程的任何一个过程的非线性必然导致实际物理量与数字量的非线性关系，这里的实际物理量与数字量关系明确，有一一对应关系，只不过不是线性关系。通常情况下，这种非线性关系是难以用一个简明的数学关系来表达的。于是，在以前的计算机控制系统中，人们使用了许多硬件方法，试图减少信号变换过程中的非线性。那么，怎样才能更好地解决这类问题呢？鉴于人工神经网络在非线性领域应用的成功实践，对于非线性回归，神经网络模型也许有用武之地。基于神经网络的回归分析，希望寻找的不是具体的映射数学表达，而是通过网络对样本进行学习训练，当网络训练完成后，其网络结构 F 就代表了映射 $X \rightarrow Y$。虽然这个过程不能得出简明的数学公式表达，但它却代表了更复杂的映射关系。通过这个网络结构(网络层数、各层单元数、各连接权及阈值等均确定下来)，当有一自变量 x 输入时，就会产生一因变量输出 y，这就是网络的回想过程，这个参数被确定下来的网络就成为解决该特殊问题的"专家"，上述问题可以得到较好的解决。在计算机编程过程中，所使用的网络模型及确定的参数，可以通过类、对象等软件技术实现。需要指出的是，学习过程必须是有教师示教的学习方式，实验数据样本组 (X_1, Y_1)、(X_2, Y_2)，(X_3, Y_3)，…，(X_k, Y_k)就是学习样本，从理论上说，学习样本越多，学习效果越好。

在人工神经网络的发展中，误差逆传播学习算法(Error Back-Propagation)占有重要地位。以该算法为基础的人工神经网络简称 BP 网络，是目前人工神经网络领域中应用最为广泛的模型之一。从人工神经网络的非线性处理能力进行分析，得知人工神经网络完全具有处理此类问题的能力，而且回归效果优于传统的回归方法。当学习完成后，确定的网络模型、网络参数就代表了相应的映射 F，也就是说，我们找到了映射 F。下面把基于神经网络的回归分析与传统的回归分析作简要比较：

（1）传统的回归分析目标在于寻找函数表达的具体形式，而基于神经网络的回归分析目的在于寻找一个神经网络模型，用实验样本来训练这个网络，训练完成后，这个网络就成为该问题的"专家"了，这个"专家"可以完成映射 $X{\rightarrow}Y$。

（2）与传统回归分析的目标函数 f 相比，神经网络 F 的结构表达更加复杂，网络参数由网络的层数、各层单元数、连接权、阈值等进行描述，其间关系取决于网络模型，这个网络是通过对样本的"学习"而形成的，它能够解决映射 $X{\rightarrow}Y$ 的表达问题，因此用 F 取代 f 是一种合理的选择。

（3）在回归方式上，传统的回归分析根据多组样本数据，寻求与某种函数表达式的逼近，根据剩余标准偏差、相关系数的判定来确定函数中的参数值。基于神经网络的回归分析，是将这些样本数据交给网络学习，根据全局误差极小来判定学习是否完成，从而确定网络结构参数。它们的原理是一致的，基于人工神经网络的回归用更复杂的表达方式，同时它也可以解决更复杂的问题。

（4）在运算工具与时间上，两者都必须借助于计算机作为运算工具，一般情况下，网络的学习过程所需时间远大于传统回归过程。

当然，要利用神经网络作为回归分析的工具，还有一些问题值得继续探讨：① 为了保证学习收敛，应该如何选取网络模型，即使对同一个网络模型也还有学习方法的选取、网络结构单元的确定、学习率与学习初始值等参数调整问题，不过此类问题已有诸多文献讨论；② 是否现有的人工神经网络模型均可用于非线性回归分析，哪些模型最为合适。另外，实际应用中也还有一些具体问题值得研究，但基于人工神经网络的非线性回归作为一种方法可以被应用到解决实际问题中是肯定的。

7.3 误 差 的 处 理

7.3.1 直接测量实验数据的误差分析处理

由于测量误差的存在，使测量结果带有不可信性，为提高其可信程度和准确程度，常对同一量进行相同条件下的重复多次的测量，取得一系列的包含有误差的数据，按统计方法处理，获知各类误差的存在和分布，再分别给以恰当的处理，最终得到较为可靠的测量值，并给出可信程度的结论。数据处理包括下列内容。

1. 系统误差的消除

测量过程中的系统误差可分为恒定系统误差和变值系统误差，它们具有不同的特性。恒定系统误差对每一测量值的影响均为相同常量，对误差分布范围的大小没有影响，但使算术平均值产生偏移，通过对测量数据的观察分析，或用更高精度的测量鉴别，可较容易地把这一误差分量分离出来并作修正；变值系统误差的大小和方向则随测试时刻或测量值的不同以及大小等因素按确定的函数规律变化。如果确切掌握了其规律性，则可以在测量结果中加以修正。消除和减少系统误差的常见方法有：补偿修正法、抵消法、对称法、半周期法等。

2. 随机误差的处理

在测量过程数据中，排除系统误差和粗大误差后余下的便是随机误差。随机误差的处理从它的统计规律出发，按其为正态分布，求测得值的算术平均值以及用于描述误差分布的标准偏差。随机误差是不可消除的一个误差分量，进行分析处理的目的是为了得知测得值的精确程度。通过对求得的标准偏差作进一步的处理，可获得测量结果的不确定度。

（1）算术平均值以及任一测量值的标准偏差。消除系统误差和粗大误差后的一系列测量数据（n 个分量相互独立）x_1，x_2，…，x_n 的算术平均值为

$$\bar{x} = \frac{\sum\limits_{i=1}^{n} x_i}{n} \tag{7.3.1}$$

设 Q 为被测量的真值，δ_i 为测量列中测得值的随机误差，则上式中的 $x_i = Q + \delta_i$。在等精密度的多次测量中，随着测量次数 n 的增大，$\bar{x}$ 必然越接近真值，这时取算术平均值为测量结果，将是真值的最佳估计值。

测量中单次测量值（任一测量值）的标准偏差定义为

$$\sigma = \sqrt{\frac{\sum\limits_{i=1}^{n} \delta_i^2}{n}} \tag{7.3.2}$$

由于真差 δ_i 未知，因此不能直接按定义求得 σ 值，故实际测量时常用残余误差 $v_i = x_i - \bar{x}$ 代替真差 δ_i，按照贝塞尔（Bessel）公式求得 σ 的估计值 S：

$$S = \sqrt{\frac{\sum\limits_{i=1}^{n} v_i^2}{n-1}} \tag{7.3.3}$$

（2）随机误差的分布。大量的测量实践表明，随机误差通常服从正态分布规律，所以其概率密度函数为

$$y = \frac{1}{\sigma \sqrt{2\pi}} \exp\left\{ -\frac{1}{2}\left(\frac{x-\mu}{\sigma}\right)^2 \right\} \tag{7.3.4}$$

该函数曲线如图 7.3-1 所示，σ 越大，表示测量的数据越分散。

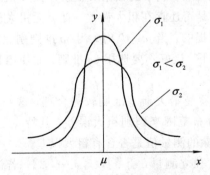

图 7.3-1　正态分布图

（3）测量算术平均值的标准偏差。如果在相同条件下，对某一被测几何量重复地进行 m 组的"n 次测量"，则 m 个"n 个数的算术平均值"的算术平均值将更接近真值。m 个平均值的分散程度要比单次测量值的分散程度小得多。描述它们的分散程度，可用测量算术平

均值的标准偏差 $\sigma_{\bar{x}}$ 作为评定指标，其值按下式计算：

$$\sigma_{\bar{x}} = \frac{\sigma}{\sqrt{n}} \qquad (7.3.5)$$

其估计量为

$$S_{\bar{x}} = \frac{S}{\sqrt{n}}$$

此值将是不确定度表达的根据，以上过程和方法也是现代不确定度评定方法中所要应用的方法。

3. 测量数据中粗大误差的处理

在一组重复测量所得数据中，经系统误差修正后如有个别数据与其他数据有明显差异，则这些数据很可能含有粗大误差，称其为可疑数据，记为 x_d。根据随机误差理论，出现粗大误差的概率虽小，但不为零。因此，必须找出这些异常值，并给以剔除。然而，在判别某个测得值是否含有粗大误差时，要特别慎重，需要作充分的分析研究，并根据选择的判别准则予以确定，因此要对数据按相应的方法作预处理。

预处理并判别粗大误差有多种方法和准则，如 3σ 准则、罗曼诺夫斯基准则、狄克松准则、格罗布斯准则等，其中 3σ 准则是常用的统计判断准则，罗曼诺夫斯基准则适用于数据较少场合。

1）3σ 准则

3σ 准则先假设数据只含随机误差，对其进行处理后计算得到标准偏差，按一定概率确定一个区间，便可以认为：凡超过这个区间的误差就不属于随机误差而是粗大误差，含有该误差的数据应予以剔除。这种判别处理原理及方法仅局限于对正态或近似正态分布的样本数据处理。

3σ 准则又称拉依达准则，作判别计算时，先以测得值 x_i 的平均值 $\bar{x}$ 代替真值，求得残差 $\nu_i = x_i - \bar{x}$。再以贝塞尔（Bessel）公式算得的标准偏差 S 代替 σ，以 $3S$ 值与各残差 ν_1 作比较，对某个可疑数据 x_d，若其残差 ν_d 满足下式则为粗大误差，则应剔除数据 x_d。

$$|\nu_d| = |x_d - \bar{x}| > 3S$$

每经一次粗大误差的剔除后，剩下的数据要重新计算 S 值，即再次以数值已变小的新的 S 值为依据，进一步判别是否还存在粗大误差，直至无粗大误差为止。应该指出：3σ 准则是以测量次数充分大为前提的，当 $n \leqslant 10$ 时，用 3σ 准则剔除粗大误差是不够可靠的。因此，在测量次数较少的情况下，最好不要选用 3σ 准则，而使用其他准则。

2）**罗曼诺夫斯基准则**

当测量次数较少时，用罗曼诺夫斯基准则较为合理，这一准则又称 t 分布检验准则，它是按 t 分布的实际误差分布范围来判别粗大误差，其特点是首先剔除一个可疑的测量值，然后按 t 分布检验被剔除的测量值是否含有粗大误差。

设对某量作多次等精度独立测量，得 x_1，x_2，…，x_n。若认为测得值 x_d 为可疑数据，将其预剔除后计算平均值（计算时不包括 x_d）：

$$\bar{x} = \frac{1}{n-1} \sum_{i=1, i \neq d}^{n} x_i \qquad (7.3.6)$$

并求得测量的标准差估计量（计算时不包括 $\nu_d = x_d - \bar{x}$）：

$$S = \sqrt{\frac{\sum\limits_{i=1}^{n-1} v_i^2}{n-2}} \qquad (7.3.7)$$

7.3.2 间接测量实验数据的误差分析处理

间接测量方法是通过测量别的量，然后利用相关的函数关系计算出需要得到的量。如对于大的直径，很难直接对其进行测量，那么可以通过测量周长后除以圆周率来求得，也可以用测量弓高和弦长，通过函数式计算求得。当测量周长、弓高和弦长时，测得值都是含有误差的，所求直径的误差(或不确定度)该是多少？这一问题要用到函数误差的计算知识才能解决。函数误差的处理实质是间接测量的误差处理，也是误差的合成方法。

间接测量中，测量结果的函数一般为多元函数，其表达式为
$$y = f(x_1, x_2, \cdots, x_n) \qquad (7.3.8)$$
式中，x_1，x_2，$\cdots$，x_n 为各变量的直接测量值，y 为间接测量得到的值。

1. 函数系统误差的计算

由高等数学可知，多元函数的增量可用函数的全微分表示，故上式的函数增量 dy 为
$$dy = \frac{\partial f}{\partial x_1} dx_1 + \frac{\partial f}{\partial x_2} dx_2 + \cdots + \frac{\partial f}{\partial x_n} dx_n \qquad (7.3.9)$$

若已知各直接测量值的系统误差为 Δx_1，Δx_2，$\cdots$，Δx_n，由于这些误差都很小，可以近似等于微分量，从而可近似求得函数的系统误差 Δy 为
$$\Delta y = \frac{\partial f}{\partial x_1} \Delta x_1 + \frac{\partial f}{\partial x_2} \Delta x_2 + \cdots + \frac{\partial f}{\partial x_n} \Delta x_n \qquad (7.3.10)$$
式中：$\frac{\partial f}{\partial x_i}(i=1, 2, \cdots, n)$ 为各直接测量值的误差传递系数。

若函数形式为线性公式，即
$$y = a_1 x_1 + a_2 x_2 + \cdots + a_n x_n$$
则函数系统误差的公式为
$$\Delta y = a_1 \Delta x_1 + a_2 \Delta x_2 + \cdots + a_n \Delta x_n$$
式中，各误差传递系数 a_i 为不等于 1 的常数。若 $a_i = 1$，则有
$$\Delta y = \Delta x_1 + \Delta x_2 + \cdots + \Delta x_n$$

此情形正如同把多个长度组合成一个尺寸一样，各长度测量时都有其系统误差，在组合后的总尺寸中，其系统误差可以用各长度的系统误差相加得到。

但是，大多数实际情况并不是这样的简单函数，往往需要用到微分知识求得其传递系数 a_i。

2. 函数随机误差的计算

随机误差是多次测量结果中讨论的问题。间接测量过程中要对相关量(函数的各个变量)进行直接测量，为提高测量精度，这些量可进行等精度的多次重复测量，求得其随机误差的分布范围(用标准差的某一倍数表示)，此时，若要得知间接测量值(多元函数的值)的随机误差分布，便要进行函数随机误差的计算，最终要求得测量结果(函数值)的标准差或极限误差。

对 n 个变量各测量 N 次，其函数的随机误差与各变量的随机误差关系，经推导可知：

$$\sum_{i=1}^{N} \mathrm{d}y_i^2 = \left(\frac{\partial f}{\partial x_1}\right)^2 (\delta x_{11}^2 + \delta x_{12}^2 + \cdots + \delta x_{1N}^2)$$
$$+ \left(\frac{\partial f}{\partial x_2}\right)^2 (\delta x_{21}^2 + \delta x_{22}^2 + \cdots + \delta x_{2N}^2)$$
$$+ \cdots + \left(\frac{\partial f}{\partial x_n}\right)^2 (\delta x_{n1}^2 + \delta x_{n2}^2 + \cdots + \delta x_{nN}^2)$$
$$+ 2\sum_{1 \leqslant i < j}^{n} \sum_{m=1}^{N} \left(\frac{\partial f}{\partial x_i} \cdot \frac{\partial f}{\partial x_j} \cdot \delta x_{im}\delta x_{jm}\right) \tag{7.3.11}$$

两边除以 N 得到标准差方差的表达式：

$$\sigma_y^2 = \left(\frac{\partial f}{\partial x_1}\right)^2 \sigma_{x1}^2 + \left(\frac{\partial f}{\partial x_2}\right)^2 \sigma_{x2}^2 + \cdots + \left(\frac{\partial f}{\partial x_n}\right)^2 \sigma_{xn}^2 + 2\sum_{1 \leqslant i < j}^{n} \left[\frac{\partial f}{\partial x_i} \cdot \frac{\partial f}{\partial x_j} \cdot \frac{\sum_{m=1}^{N} \delta x_{im}\delta x_{jm}}{N}\right]$$
$$\tag{7.3.12}$$

若定义

$$K_{ij} = \frac{\sum_{m=1}^{N} \delta x_{im}\delta x_{jm}}{N}$$

$$\rho_{ij} = \frac{K_{ij}}{\sigma_{xi}\sigma_{xj}} \quad 即 \quad K_{ij} = \rho_{ij}\sigma_{xi}\sigma_{xj}$$

函数随机误差的计算公式为

$$\sigma_y^2 = \left(\frac{\partial f}{\partial x_1}\right)^2 \sigma_{x1}^2 + \left(\frac{\partial f}{\partial x_2}\right)^2 \sigma_{x2}^2 + \cdots + \left(\frac{\partial f}{\partial x_n}\right)^2 \sigma_{xn}^2 + 2\sum_{1 \leqslant i < j}^{n} \left(\frac{\partial f}{\partial x_i} \cdot \frac{\partial f}{\partial x_j} \cdot \rho_{ij}\sigma_{xi}\sigma_{xj}\right)$$
$$\tag{7.3.13}$$

式中：ρ_{ij} 为第 i 个测得值和第 j 个测得值间的误差相关系数；$\partial f/\partial x_i$ 为 $i=1, 2, \cdots, n$ 的误差传递系数。

若各直接测得值的随机误差是相互独立的，且 N 适当大时，相关系数为零。便有

$$\sigma_y^2 = \left(\frac{\partial f}{\partial x_1}\right)^2 \sigma_{x1}^2 + \left(\frac{\partial f}{\partial x_2}\right)^2 \sigma_{x2}^2 + \cdots + \left(\frac{\partial f}{\partial x_n}\right)^2 \sigma_{xn}^2$$

即

$$\sigma_y = \sqrt{\left(\frac{\partial f}{\partial x_1}\right)^2 \sigma_{x1}^2 + \left(\frac{\partial f}{\partial x_2}\right)^2 \sigma_{x2}^2 + \cdots + \left(\frac{\partial f}{\partial x_n}\right)^2 \sigma_{xn}^2}$$

令 $\partial f/\partial x_i = a_i$，则

$$\sigma_y = \sqrt{a_1^2\sigma_{x1}^2 + a_2^2\sigma_{x2}^2 + \cdots + a_n^2\sigma_{xn}^2}$$

同理，当各测得值随机误差为正态分布时，其极限误差的关系为

$$\delta y_{\lim} = \pm\sqrt{a_1^2\delta x_{1\lim}^2 + a_2^2\delta x_{2\lim}^2 + \cdots + a_n^2\delta x_{n\lim}^2}$$

若所讨论的函数是系数为 1 的简单函数，则

$$y = x_1 + x_2 + \cdots + x_n$$

便有

$$\sigma_y = \sqrt{\sigma_{x1}^2 + \sigma_{x2}^2 + \cdots + \sigma_{xn}^2}$$

$$\delta y_{\lim} = \pm \sqrt{\delta x_{1\lim}^2 + \delta x_{2\lim}^2 + \cdots + \delta x_{n\lim}^2}$$

3. 误差间的相关关系和相关系数

当函数各变量的随机误差相互有关时，相关系数 ρ_{ij} 不为零，此时，

$$\sigma_y = \sqrt{a_1^2 \sigma_{x1}^2 + a_2^2 \sigma_{x2}^2 + \cdots + a_n^2 \sigma_{xn}^2 + 2\sum_{1 \leqslant i < j}^{n} a_i a_j \rho_{ij} \sigma_i \sigma_j}$$

若完全正相关，则 $\rho_{ij} = 1$。此时，

$$\sigma_y = \sqrt{a_1^2 \sigma_{x1}^2 + a_2^2 \sigma_{x2}^2 + \cdots + a_n^2 \sigma_{xn}^2 + 2\sum_{1 \leqslant i < j}^{n} a_i a_j \sigma_i \sigma_j} = a_1 \sigma_{x1} + a_2 \sigma_{x2} + \cdots + a_n \sigma_{xn}$$

即函数具有线性的传递关系。

虽然通常遇见的测量实践多属于误差间线性无关，或关系很小近似线性无关，但线性相关的情形也会碰到，此时，相关性不能忽略，必须先求出误差间的相关系数，然后才能进行误差的合成。

1）误差间的线性相关关系

误差间的线性相关关系是指误差的线性依赖关系，这种关系有强弱之分。一个误差的值完全取决于另一误差值，此情形依赖性最强，相关系数为1；反之则互不影响，依赖性最弱，相关系数为零。通常两误差的关系处于上述两个极端之间，既有联系又不完全，且具有一定的随机性。

2）相关系数

两误差间有线性关系时，其相关性的强弱由相关系数来表达，在误差合成时应求得相应的相关系数，才能计算出相关项的数值大小。

两误差 a、b 之间的相关系数为 ρ，根据定义：

$$\rho = \frac{K_{ab}}{\sigma_a \sigma_b} = \frac{D_{ab}}{\sigma_a \sigma_b}$$

式中，D_{ab} 为误差 a 与 b 之间的协方差；σ_a、σ_b 分别为误差 a 和 b 的标准差。

按误差理论，相关系数的数值范围是 $-1 \leqslant \rho \leqslant +1$。

（1）当 $0 < \rho < 1$ 时，误差 a、b 正相关，即一误差增大时，另一误差值平均地增大；

（2）当 $-1 < \rho < 0$ 时，误差 a、b 负相关，即一误差增大时，另一误差值平均地减小；

（3）当 $\rho = +1$ 时，误差 a、b 完全正相关，即两误差具有确定的线性函数关系；

（4）当 $\rho = -1$ 时，误差 a、b 完全负相关，即两误差具有确定的线性函数关系；

（5）当 $\rho = 0$ 时，误差 a、b 无线性相关关系，或称不相关，即一误差增大时，另一误差值可能增大，也可能减小。

确定两误差间的相关系数是比较困难的，通常采用以下方法，即直接判断法，试验观察法，简略计算法，按相关系数定义直接计算，用概率论、最小二乘法理论计算等。

4. 随机误差参数的合成

实际测量鉴定中，在处理随机误差或评定不确定度时，常有多个分量要进行合成，此情形就如同上述函数误差处理一样，通常是采用"方和根"的方法合成，同时也需考虑传递系数和相关性。

若有 q 个单项随机误差，它们的标准差为 σ_1，σ_2，$\cdots$，σ_q，误差传递系数分别为 a_1，a_2，

$\cdots$, a_q，则合成后的标准差为

$$\sigma = \sqrt{\sum_{i=1}^{q} a_i^2 \sigma_i^2 + 2\sum_{1 \leqslant i < j}^{q} \rho_{ij} a_i a_j \sigma_i \sigma_j} \qquad (7.3.14)$$

若各项随机误差互不相关，相关系数 ρ_{ij} 为零，则总标准差为

$$\sigma = \sqrt{\sum_{i=1}^{q} a_i^2 \sigma_i^2} \qquad (7.3.15)$$

7.3.3 测量不确定度评定方法

ISO 发布的《测量不确定度表示指南》是测量数据处理和测量结果不确定度表达的规范，由于在评定不确定度之前，要求测得值为最佳值，故必须作系统误差的修正和粗大误差(异常值)的剔除。最终评定出来的测量不确定度是测量结果中无法修正的部分。

测量不确定度评定流程如图 7.3-2 所示。具体还有各个环节的计算。

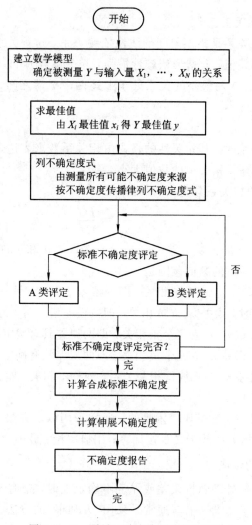

图 7.3-2 测量不确定度评定流程图

1. 标准不确定度的 A 类评定

A 类评定是通过对等精度多次重复测量所得数据进行统计分析评定的。正如前面介绍的随机误差的处理过程，标准不确定度 $u(x_i)=s(x_i)$，$s(x_i)$ 是用单次测量结果的标准不确定度 $s(x_{ik})$ 算出的，即

$$s(x_i) = \frac{s(x_{ik})}{\sqrt{n_i}} \tag{7.3.16}$$

其单次测量结果的标准不确定度 $s(x_{ik})$ 可用贝塞尔法求得，即

$$s(x_{ik}) = \sqrt{\frac{1}{n_i-1}\sum_k (x_{ik} - x_i)^2} \tag{7.3.17}$$

其实，单次测量结果的标准不确定度 $s(x_{ik})$ 还有如下求法：

(1) 最大残差法：$s(x_{ik}) = c_{ni} \max_k (x_{ik} - x_i)$，系数 c_n 如表 7.3.1 所示。

表 7.3.1 最大列差法系数 c_{ni}

n	2	3	4	5	6	7	8	9	10	15	20
c_{ni}	1.77	1.02	0.83	0.74	0.68	0.64	0.61	0.59	0.57	0.51	0.48

(2) 极差法：居于服从正态分布的测量数据，其中，最大值与最小值之差称为极差。

$s(x_{ik}) = \dfrac{1}{d_n}(\max_k x_{ik} - \min_k x_{ik})$，系数 d_n 如表 7.3.2 所示。

表 7.3.2 极差法系数 d_n

n	2	3	4	5	6	7	8	9	10	15	20
d_n	1.13	1.69	2.06	2.33	2.53	2.70	2.85	2.97	3.08	3.47	3.74

2. 标准不确定度的 B 类评定

B 类评定是一种非统计方法，当不能用统计方法获得标准不确定度，或已有现成的相关数据时采用此法，此时，测量结果的标准不确定度是通过其他途径获得，如信息、资料等。数据的来源有以下几方面，如此前已做测量分析，仪器制造厂的说明书，校准或其他报告提供的数据，手册提供的参考数据等。具体计算标准不确定度方法如下：

$$u(x_j) = \frac{U(x_j)}{k_j} \tag{7.3.18}$$

式中，$U(x_j)$ 为已知的展伸不确定度，或是已知的测量值按某一概率的分布区间的半值；k_j 为包含因子，它的选取与分布有关，正态分布时则与所取的置信概率有关。

(1) 当得知不确定度 $U(x_j)$ 为估计标准差的 2 或 3 倍时，k_j 则为 2 或 3；

(2) 若得知不确定度 $U(x_j)$ 以及对应的置信水准，则可视其为服从正态分布。若置信水准为 0.68、0.95、0.99 或 0.997 时，k_j 则对应为 1、1.96、2.58、3；

(3) 若得知 $U(x_j)$ 是 x_j 变化范围的半区间，即 X_j 在 $[x_j - U(x_j)，x_j + U(x_j)]$ 内，且知道其分布规律，k_j 由表 7.3.3 选取。

表 7.3.3 集中非正态分布的置信因子

分布	三角分布	梯形分布	均匀分布	反正弦分布
k_j	$\sqrt{6}$	$\sqrt{6}/\sqrt{1+\beta^2}$	$\sqrt{3}$	$\sqrt{2}$

3. 求合成标准不确定度

测量结果 y 的标准不确定度 $u_c(y)$ 或 $u(y)$ 为合成标准不确定，它是测量中各个不确定度分量共同影响下的结果，故取决于 x_i 标准不确定度 $u(x_i)$，可按不确定度传播律合成。计算方法与前面介绍的随机误差的合成方法相同。

4. 求展伸不确定度

展伸不确定度是为使不确定度置信水准（包函概率）更高而提出的，需将标准不确定度 $u_c(y)$ 乘以包含因子 k 以得到展伸不确定度：$U = ku_c(y)$。展伸不确定度计算见图 7.3-3 所示，其流程有两种处理方法：一种是自由度不明或无，当"无"处理；另一种是知道自由度，按"有"处理，此时包含因子 k 与自由度有关。

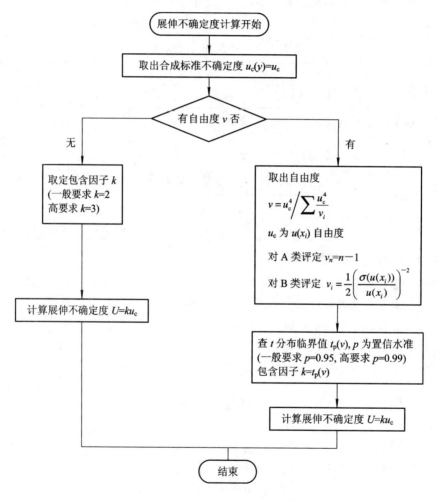

图 7.3-3 展伸不确定度计算

5. 测量不确定度报告

根据测量原理，使用测量装置进行测量，求得测量结果以及测量结果的展伸不确定度，最后给出测量结果报告，同时还应给出测量不确定度报告。测量不确定度报告用展伸不确定度表示，具体形式如下。

（1）有自由度 v 时的表达。测量结果的展伸不确定度为 $U=XXX$，并加如下附注：U 由合成标准不确定度 $u_c=XXX$ 求得，其基于自由度 $v=XXX$，置信水准 $p=XXX$ 的 t 分布临界值所得包含因子 $k=XXX$。

（2）自由度 v 无法获得时的表达。测量结果的展伸不确定度为 $U=XXX$，并加如下附注：U 由合成标准不确定度 $u_c=XXX$ 和包含因子 $k=XXX$ 所得。

例 7.3.1 等精度测量某一尺寸 15 次，各次的测得值如下（单位为 mm）：30.742，30.743，30.740，30.741，30.755，30.739，30.740，30.739，30.741，30.742，30.743，30.739，30.740，30.743，30.743。求测量结果平均值的标准偏差。若测得值已包含所有的误差因素，给出测量结果及不确定度报告。

解：（1）求算术平均值：

$$\bar{x} = \frac{\sum_{i=1}^{n} x_i}{n} = \frac{461.130}{15} = 30.742$$

（2）求残差 $v_i = x_i - \bar{x}$（单位 μm），得：0，+1，-2，-1，+13，-3，-2，-3，-1，0，+1，-3，-2，+1，+1。

（3）求残差标准偏差估计值 S：

$$S = \sqrt{\frac{\sum_{i=1}^{n} v_i^2}{n-1}} = \sqrt{\frac{214}{14}} = 3.9 \ \mu m$$

（4）按 3σ 准则判别粗大误差，剔除不可靠数据：$|+13| > 3\sigma$（等于 $3S=11.7$），即 30.755 应剔除。

（5）将剩余的 14 个数字再进行同样处理。

求得平均值：

$$\frac{430.375}{14} = 30.741$$

求残差（单位 μm）：+1，+2，-1，0，-2，-1，-2，0，+1，+2，-2，-1，+2，+2。

求残差标准偏差估计值（单位 μm）

$$S = \sqrt{\frac{33}{13}} = 1.6$$

$3\sigma = 3S = 4.8$，再无发现粗大误差。

（6）求测量结果平均值的标准偏差（单位 μm）：

$$S_{\bar{x}} = \frac{S}{\sqrt{n}} = \frac{1.6}{\sqrt{14}} = 0.4$$

（7）测量结果（属于 A 类、按贝塞尔法评定）。

测得值：30.741 mm；

测量结果的展伸不确定度：$U=0.0009$ mm；

附注：U 由合成标准不确定度 $u_c=0.0004$ 求得，基于自由度 $v=13$，置信水准 $p=0.95$ 的 t 分布临界值所得包含因子 $k=2.16$。

7.3.4 测量次数较少时数据的处理

在一般的测量实验中，为了减少测量过程中产生的随机误差，常常进行多次测量，然后求平均值，再求出标准偏差，去掉其中误差较大的数据。反复进行以上操作，直至没有误差较大、不满足一定规则的数据，最后进行测量结果准确度的评价，完成测量结果的统计处理。但是，在测量次数较少，而且只能在极少几次内进行的情况下，以上方法便有相当的局限性甚至失去了作用。原因有两个：一是由于测量次数较少，不满足进行统计处理的要求；二是由于数据量少，无法进行后续的数据去粗取精的处理。

在这种情况下，可以采用如下四种方法得到较为精确的结果。

处理方法一：采用标准件法，即将待测件的测量结果与相同标准件测量值进行比较，如果相等则测量正确，否则不正确，需再进行测量或对待测件进行改进。

处理方法二：可以对有限次的测量值进行线性拟合，得到离这些点最近的函数，也就如同对测量结果取了平均值。

处理方法三：在拟合基础上取某些点或等距离地取一些点作为测量值，进行相应处理也可得测量结果。

处理方法四：误差预处理机制，即仪器在出厂时，根据实际情况将有可能出现的误差考虑到仪器中，形成对每次测量数据都有误差处理方法的测量系统。

7.3.5 测试数据不完整时数据的处理

在天线方向图的测试过程中，一些大型高增益天线，由于体积大，因此不能测量出完整的方向图，只能测量出主瓣附近的方向图。这时尽管数据不完整，有时还是能够较精确地求出增益的。这是因为该类天线辐射能量很集中，离主瓣稍远的旁瓣与主瓣相比能量相差很多，且离主瓣越远，相差越大，因此对增益的影响也就越小。为了检验计算误差，可采用如下方法：首先，计算增益时把没有数据的那一段按最后一点数据进行计算，显然这样计算的结果比实际值偏小；其次，计算增益时把没有数据的那一段忽略不计，这样计算的结果比实际的增益偏大，因此实际的增益就在这两者之间，如果两者相差不大就说明误差小，否则误差大。当其误差在可以接受的范围之内时，增益取两者之平均作其最终结果。

习　　题

1. 数据处理有哪几个原则。
2. 解释回归的含义。
3. 线性回归的基本步骤有哪些？
4. 直接测量误差需做哪些处理？
5. 最小二乘法的优点何在？
6. 测试数据不完整时如何处理？
7. 测试数据较少时如何处理？

第八章　电磁兼容技术的应用

电磁兼容技术在含有电子技术的各个领域都得到了广泛的应用，并发挥着重要的作用。可以毫不夸张地说，电磁兼容技术已经和人们的生活密不可分，它已无处不在。

8.1　无线电通信技术中的电磁兼容

作为近年来信息技术领域发展最为迅速的无线通信技术，彻底改变了人们的生活方式和工作方式。无论是工作还是生活，各种无线通信设备已经是人们不可缺少的必备品之一。由此，相关的电磁兼容问题也就愈来愈多，愈来愈复杂。如果不能很好地规划、设计，无线设备与非无线设备之间、无线设备与人之间则会存在性能恶化、相互干扰、相互破坏、危害健康等严重的电磁兼容问题。那样，无线通信技术的发展对于信息知识的影响可能就不是健康的，而是恶性的，也就是说，无线电通信技术的发展总的来讲有一个饱和度，一旦超过这个限度，那么无线通信技术革新愈发展，破坏性愈大。

现代的移动通信技术，必须解决一些关键的电磁兼容问题，使得技术的发展建立在一个合理的基础结构之上，既兼顾到各种无线电技术不同种类之间的电磁兼容性问题，也兼顾到今天和将来技术持续性发展的电磁兼容性问题。研究工作必然包括系统内部和系统之间的电磁兼容两个方面。作为一个系统，特别具有高频器件和电路的无线电系统，其内部的电磁兼容问题非常复杂。对于高速信息传输系统尤其要给予重视，这将是电磁兼容问题的一个重要研究领域。另外，一些关键的、来自于系统之间的电磁兼容性问题也必须引起重视。

1. 宽带无线通信系统与窄带无线系统之间的电磁兼容问题

目前，正在使用的900兆赫兹频段（AMPS、TACS、ETACS、GSM900、CDMA800）和1800兆赫兹频段（DCSl800、CDMA ）之间是一种倍频或者准倍频关系，它们之间的低次谐波之间会出现近似相等的情况，且相互影响严重，需要严格和认真的考虑。大力开发的第三代宽带CDMA系统的工作在2400兆赫兹频段，其与900兆赫兹和1800兆赫兹频段系统的兼容能力将是这项新技术在未来几年取得成功的一个关键因素。

2. 移动通信系统和无线接入系统之间的电磁兼容问题

移动通信系统工程与无线接入系统，包括高速Flex系统的电磁兼容问题可能成为一个关键的问题。这些系统发射功率大、基站多、影响面大，另外许多用户同时使用移动电话。这些因素会对移动通信系统、城市无线本地接入系统产生重要的影响。而DECT、PHS、PACS等无绳系统的迅速发展，将使得本就已经严重的兼容性问题更加恶化。

3. 地面无线电系统、同温层系统和卫星系统之间的电磁兼容问题

当"铱"系统等复杂和中低轨道系统建成时，这些系统由于直接与地面终端通信，到达地面的功率远高于目前的同步轨道系统，因而与地面无线电通信系统之间的兼容问题将是全球通信网、特别是移动通信网成败的关键。目前，正在研究和实施的同温层移动通信系统，由于其定位高度更低，与卫星和地面系统之间的电磁兼容问题应格外受到关切。

4. 宽带、超高速移动通信与其他系统之间的电磁兼容性问题

目前，高速宽带移动通信业务将是发展的主要方向，它是全球个人多媒体移动通信业务的基础。相应地宽带电磁兼容性的研究是非常重要的工作。这一方面是为了提高宽带移动业务的可靠性；另一方面是为了降低宽带业务系统设备内部、移动网内部、移动网之间、移动网和非移动网之间、移动通信和非通信业务设备之间的干扰，提高兼容工作的能力和信息的保密性。研究工作包括基本概念、定义和支撑体系等。作为一项新技术的出现，无线宽带业务由于固有的宽带特性，当考虑到与其他系统的相互作用时，其结果就是宽带信号发射和宽带干扰接收。对于这样的一个系统，如果没有可行的电磁兼容方案，其结果将不堪设想。

5. 无线电系统与其他系统之间的电磁兼容性

其他很多系统，包括家用电器、军事通信、医院设备、广播等，虽然已经制定了一些相关的法律，比如禁止在飞机上、军事重地等使用移动电话，但干扰的问题从来就没有停止过。因此不仅无线电通信系统之间，包括无线电通信系统与其他系统之间的电磁兼容问题，都将是研究工作的重点课题。

6. 手机的辐射

当人们使用手机时，手机会向发射基站传送无线电波，而任何一种无线电波或多或少地被人体吸收，从而改变人体组织，有可能对人体的健康带来影响，这些电波就被称为手机辐射。

据英国移动电话研究中心最近的一项测试表明，金属眼镜框明显导致电磁场增强，而使用者对辐射的吸收率增加 63%。故打手机时，若戴的是金属眼镜框，应及时取下，以免对身体健康造成损害，因为打手机时会产生电子辐射，而金属眼镜架正好是一种导体，将辐射导入眼和大脑，从而损伤眼睛，影响视力，并使大脑短暂升温，干扰脑部的正常运转，致使思维混乱或突然出现大脑一片空白。

而我们常听说的移动电话吸收辐射率 SAR(Specific Absorption Rate)代表生物体(包括人体)每单位公斤容许吸收的辐射量，这个 SAR 值代表辐射对人体的影响，是最直接的测试值，SAR 有针对全身的、局部的、四肢的数据。SAR 值越低，辐射被吸收的量越少。其中针对脑部部位的 SAR 标准值必须低于 1.67 瓦特，才算安全。但是，这并不表示 SAR 等级与手机用户的健康直接有关。

手机 SAR 值是在使用最高认可功率的情况下测得的，因此手机操作时的实际 SAR 等级要远低于测得的最高值。这是因为手机被设计为在多种功率等级中进行操作，它仅使用接驳网络所需的功率，因此，用户距离基站天线的位置越近，手机发出的功率就会越低。

国家环保总局、卫生部和信息产业部共同起草了一个 SAR 限制规定(草案)，限定今后在中国市场上销售的手机 SAR 为 1 W/kg 体重(以 10 克为计算单位)。国际非电离性照射保护委员会(ICNIRP)规定的 SAR 值标准为 2 W/kg 体重，这一标准已被大多数欧洲国家采用。美国规定的限值为 1.6 W/kg 体重。

手机防辐射的有效措施和无效措施可以归纳如下：

无效措施一：给手机贴上防磁贴。严格地说，这种方法根本没有作用，因为手机的辐射源是天线，而防磁贴却被贴在听音器上，是不会有效果的。

无效措施二：选用塑料外壳的手机。塑料壳与金属壳的手机辐射是一样的，即使塑料壳的手机内部也会涂一层金属，用来与外界保持隔离。

无效措施三：购买天线外置式手机。其实，无论天线内置或外置，辐射量都是一样的。这是因为手机天线的材料和尺寸没有改变，即使手机小型化或天线内置，也不比外置式天线的辐射强。

无效措施四：购买进口手机。所有手机的生产都必须符合欧洲的 FTA 认证标准，这个标准所规定的辐射量对所有手机都是一视同仁的，因此进口手机并不见得就比国产手机辐射弱。

有效措施一：接通瞬间将手机远离头部。手机信号刚接通时，信号传输系统还不稳定，处在最大工作率，也是辐射最强的时候。其后，手机辐射会迅速降低，并保持在一个稳定状态，所以在接通瞬间将手机远离头部是正确的。

有效措施二：选购 CDMA 手机。不同制式的手机辐射量也不同，GSM 标准的手机辐射标准较高，而 CDMA 手机的辐射标准就相对低得多，这也是 CDMA 被称为"绿色手机"的原因。

有效措施三：长话短说。手机是否会对人体产生伤害目前虽无定论，但手机能产生电磁辐射是肯定的。因此，尽量少打电话，打电话做到长话短说，一定是没有错的。

有效措施四：尽量少地打出电话。据观测，用手机打出电话和接入电话，辐射量是不同的，打出电话的辐射强度大大超过了接进电话的辐射强度。

目前关于手机辐射对人体的影响，还存在许多争议。法国科学院最近发表新闻公报称，全球数十个实验室对手机信号进行的测试显示，使用手机对人体健康无明显影响。法国科学院表示，毋庸讳言，个别研究结果也表明，使用手机可能会对人体产生一些影响，但至今尚不能予以明确证明。对此，法国科学院强调说，无论手机释放的电磁波是否会对人体造成影响，进一步改进手机技术以减少手机电磁辐射都应是手机研究及生产部门的努力方向。据悉，为了给改进手机技术提供更可靠的科学依据，国际癌症研究中心将于近期开始在世界范围内进行一项有关手机与癌症及流行病的研究。

关于手机辐射，还需明确以下几个问题：

（1）手机什么时候的辐射值最大？手机信号刚接通时，因为这时信号传输系统还不稳定，处在最大工作功能率，所以消费者在使用手机时，信号接通的瞬间最好把手机放在离头部远一点的地方。

（2）手机分别工作在 900/1800 Hz 的频率上辐射会有什么不同吗？根据电磁波的特性，工作频率越高其穿透力越弱，所以手机工作在 1800 Hz 上时其辐射相对弱。

（3）手机耳机是否可以兼作天线？不可以，因为耳机的铜线材料不同于制作天线的材料，另外天线在制造过程中要符合一定的长度和性能才能发挥有效的作用，而如果用耳机作天线，其长度及方向会随时发生变化，所以这是不可行的。另外，手机的结构可分为两个部分，一部分是射频信号部分，一部分是音频信号部分，两部分不能相通，否则就会造成干扰，使手机不能正常工作或者是无法工作。

（4）辐射是否会沿着手机的耳机线钻入人的耳朵？不会的，因为辐射是由天线发出来的，与输出音频信号的耳机毫无关系，同时在耳机电线周围也不可能有共振产生，所以产生磁场的可能性也是不存在的。

（5）有的手机采用金属壳，有的采用塑料壳，辐射会有不同吗？没有任何区别，即使是塑料壳在内部也会有一层金属涂层，用来与外界保持隔离，防止外界信号的干扰，同时也防止了高频信号的外泄。

（6）由基站供应商生产的手机的辐射一定会小于其他品牌的手机吗？不一定，因为所有基站的 GSM 空中接口都是统一规范的。也就是说，对任何手机来说都是平等的，只要信号满足同一要求和标准就都可以进行通信。

实际上人类目前遭受的最大辐射来自太阳，但人们却对此并没有过份担心，相反一些人还特意在烈日下曝晒出一身古铜色的皮肤。

8.2 生物电磁效应与应用

电磁辐射如一束带刺的玫瑰，人们在享受它所带来的物质文明的同时，也必须提防它所带来的负面影响。生物电磁学技术是研究从直流到远红外的电场、磁场、电磁场和生物系统相互作用的科学，它最终的任务就是趋利避害。

8.2.1 生物电和人体电磁兼容

人体被认为是对内外电磁骚扰都敏感的容积导体，是最精妙复杂的电磁兼容系统。在皮肤包裹的有限空间内，各器官有序地工作又不相互干扰。心电、脑电等是人体内部的电磁场；以动作电位为传导信号的神经系统，构成了庞大的信息网络，在感受周围环境改变的同时还控制着身体运动及腺体分泌等生理活动，其精确与协调程度是任何机器人所无法比拟的。一旦人体电磁兼容状态被破坏，即出现生理功能和生活质量的降低。

1. 生物电

电在生物体内普遍存在，生物学家认为，组成生物体的每个细胞都是一台微型发电机。细胞膜内外带有相反的电荷，膜外带正电荷，膜内带负电荷，膜内外的钾、钠离子的不均匀分布是产生细胞生物电的基础。但是，生物电的电压很低、电流很弱，要用精密仪器才能测量到，因此生物电直到 1786 年才由意大利生物学家伽伐尼首先发现。

那么，生物电是如何产生的，它又有什么作用呢？

我们知道绝大多数的动物都具有完整的神经系统，以人体为例，神经遍布人体的每个部位，这是人体感知外部世界并作出反应的基础。神经系统是这样工作的：人体某一部位的神经受到刺激，产生兴奋，兴奋沿着传入神经传到大脑，大脑根据兴奋传来的信息作出判断，发出指示，传出神经将大脑的指示转变为新的兴奋传给相关的感觉器官，感觉器官根据兴奋带来的指示完成相应的动作。其实，这一过程中传递信息的"兴奋"就是生物电。也就是说，感官和大脑之间的"刺激—反应"是通过生物电的传导来实现的。

刺激—反应过程中的生物电是怎样产生的呢？要理解这个问题，可以先回忆一下高中化学中的原电池，原电池是将化学反应中的化学能转变成电能的装置。在这一过程中有能自由移动的阴、阳离子，即电解质溶液是构成原电池的条件之一。在人体中，生物电的形成和传播也是靠阴阳离子的定向移动形成电势差而实现的。从化学的角度来说，人体可以看成是由各种各样的有机物、无机物、各种阴阳离子和水共同构成的复杂的混合物。因此，人体都可以导电，这也是为什么人有可能触电身亡的原因。

人体的神经是由一个个神经元细胞构成的，每个神经元细胞都有细胞膜，这些细胞膜一起构成神经膜，神经膜里面有可以导电的轴浆，外面则是组织液和其他组织构成的导体。当兴奋经过神经上某一部位时，神经膜内外的阴阳离子会发生移动，由于阳离子的移动速度比阴离子快，导致神经膜的内部和外部阴阳离子的分布不均匀，从而在神经膜内外产生电势差，形成方向相反的局部电流。这种局部电流可以刺激邻近部分而使兴奋沿着一定的方向传导。

人体的任何一个细微的活动都与生物电有关。心脏的跳动、大脑的活动、肌肉的收缩、眼看、耳听、鼻嗅的活动都伴随着生物电的变化。正常人心脏、大脑、肌肉、视网膜、肠胃等器官中生物电的变化都是很有规律的。因此，将患者的心电图、脑电图、肌电图、视网膜电图、肠胃电图与正常人的作比较，可以发现疾病所在。例如通过脑电图可以检查患者大脑中脑瘤或脑出血的位置；检查肌电图可以判断肌肉受损伤的情况和部位。另外，利用生物电制成的肌电手和肌电腿可以为肢残患者提供方便。1958年，在法国召开的一次国际自动控制会议上，有一个没手的小男孩，利用他自身产生的生物电控制的假手，拿起粉笔在黑板上写了"向会议的参加者致敬"一排文字，使整个会场为之沸腾。

生物电是如何使一个用机器做的假手（又称肌电手）达到这样好的精确性呢？原来，如果想活动手，大脑会对肌肉发出指令，指令由生物电沿着神经传送给肌肉，使肌肉产生动作。肌电手就是通过传感器将相应神经中的生物电引导出来，再通过电子盒把电流放大，放大的电流就可以操纵支配电动机使假手活动。现在，利用生物电控制的假手、假腿，除了不能产生感觉以外，在执行大脑的指示，完成相应动作方面的能力几乎与真手相当。此外，日本还研制出了假的鼻子和乳房，为各种伤残人员解除痛苦。现在，怎样利用生物电原理制出具有感知功能的假肢是这一领域的热门话题。

此外，生物电原理与电化学方法相结合还使人们研制成功了供心脏病患者使用的心脏起搏器和供晚期尿毒症患者使用的人工肾脏。

小小的生物电不但是人体感知外部世界和对外部刺激作出反应的基础，而且可以在现代医学应用上大有作为。

当然，除用于医学以外，生物电在仿生学上也有很多应用，例如模拟人的鼻子功能可以制造出一种叫"电子嗅觉器"的火警装置。

生物电的研究涉及物理、化学和生物三门学科的知识，生物电可以应用于医学、电子学等领域。这也是现代科学发展的共同特征，即学科界限模糊化，这正是边缘学科兴起的一个例子。

2. 人体电磁兼容

人体组织呈现一定的电阻抗特性，这是由于细胞内液中电解质离子在电场中移动时，通过黏滞的介质和狭小的管道等引起的。试验证实，在低频电流下，生物结构具有更复杂的电阻性质。人体组织和器官的电阻抗差异较大，而且同一组织在不同频率下，其阻抗也不相同。人体组织的阻抗值，表征着人体各组织和器官的机能状态。因此，根据人体生物阻抗的变化情况，可以获得有价值的生物信息。

电磁场与人体相互作用中的电磁场问题实质上是一个电磁散射问题，散射体就是具有非均匀、非线性、局部为各向异性参数的人体。在研究人体组织的宏观电磁特性时，可简化为宏观电磁参数——磁导率 μ，介电常数 ε 和电导率 σ 的描述。介电常数分为实部和虚部，组织的导电率是介电常数虚部和频率的函数，介电常数和频率还确定电磁波深入生物体组织的深度。随着频率的不同，深入的距离变化很大。正是这些电磁场与人体和其他动物组织相互作用，才产生出种种效应。

8.2.2 电磁波的生物效应

人体由电阻很高的皮肤所包绕，从物理角度来说是一个容积导体，而且除离子以外，生物大分子既不是纯粹的导体，也不是纯粹的绝缘体，而是电介质。因此，除非是直接触电，人体内各类物质主要以感应耦合的方式而不是传导耦合的方式与周围的电磁场或电磁辐射相互作用。

生物体对电磁波产生的反应取决于电磁波的频率。常说的"电磁波频谱"是因为电磁波是一种能量波，然而在高频率时，电磁波会比较像是粒子式的能量，电磁波的粒子特性是很重要的，因为每个粒子能量是决定生物效应的因素。

高频率的真空紫粉线及 X 光(波长小于 $100~\mathrm{m}\mu\mathrm{m}$)，电磁波粒子(光子)有足够能量可以打断化学键结，称为"游离"，属于这个范围的电磁波频谱称为"游离辐射"，大家所熟知的 X 光之生物效应与分子的游离有关。而在低频率，如可见光、射频、微波等，这些光子的能量不足以打断化学键结，称为"非游离辐射"。因为非游离的电磁波能量无法打断化学键结，因此不需类推游离与非游离辐射造成的生物效应。

非游离的电磁波源可产生生物效应，如紫外线、可见光、红外线，但是要取决于光子的能量，而且它们主要是电子的激发而不是游离，频率低于红外线者(低于 $3\times10^{11}~\mathrm{Hz}$)则都不会发生。射频与微波会在生物体组之内诱发电流，而产生灼热感，这取决于射源的频率，即被照射(被加热)物的大小和方向性。至于频率低于调频广播的，则不足以产生上述情形。

电磁辐射危害人体的机理主要是热效应、非热效应和累积效应等。

1. 热效应

人体组织中 70% 以上是水，水分子受到电磁波辐射后相互摩擦，引起机体升温，从而影响到体内器官的正常工作。

2. 非热效应

人体的器官和组织都存在微弱的电磁场，它们是稳定和有序的，一旦受到外界电磁场的干扰，处于平衡状态的微弱电磁场即将遭到破坏，人体也会遭受损伤。

3. 累积效应

热效应和非热效应作用于人体后，对人体的伤害尚未来得及自我修复之前(通常所说的人体承受力——内抗力)，再次受到电磁波辐射的话，其伤害程度就会发生累积，久之会成为永久性病态，危及生命。对于长期接触电磁波辐射的群体，即使功率很小，频率很低，也可能会诱发想不到的病变，应引起警惕。

多种频率电磁波特别是高频波和较强的电磁场作用人体的直接后果是在不知不觉中导

致人的精力和体力减退，容易产生白内障、白血病、脑肿瘤，心血管疾病、大脑机能障碍以及妇女流产和不孕等，甚至导致人类免疫机能的低下，从而引起癌症等病变。

8.3 电磁防护

8.3.1 雷电的防护

随着高层建筑的不断涌现和电子信息系统的广泛应用，雷电灾害也日益成为人们日常生活中的重要危害之一。雷电是自然界中一种常见的放电现象。

1. 雷电的危害

雷电给人类带来的灾害是巨大的。雷电顷刻之间会造成人身伤亡，引起火灾，破坏供电系统，击毁建筑物，会感应出强大的电磁脉冲，造成各种电子设备的损坏。雷电灾害每年给全球造成的经济损失难以估量。雷电对人体的伤害，有电流的直接作用和超压或动力作用，以及高温作用。当人遭受雷电击的一瞬间，电流迅速通过人体，重者可导致心跳、呼吸停止，脑组织缺氧而死亡。另外，雷击时产生的是火花，也会造成不同程度的皮肤烧灼伤。雷电击伤，亦可使人体出现树枝状雷击纹，表皮剥脱，皮内出血，也能造成耳鼓膜或内脏破裂等。

2. 雷电危害的种类

雷击的危害主要有三方面。一是直击雷，是指雷云对大地某点发生的强烈放电。它可以直接击中设备，雷电击中架空线，如电力线、电话线等。雷电流便沿着导线进入设备，从而造成损坏。二是雷电感应，分为静电感应及电磁感应。当带电雷云（一般带负电）出现在导线上空时，由于静电感应作用，导线上束缚了大量的相反电荷。一旦雷云对某目标放电，雷云上的负电荷便瞬间消失，此时导线上的大量正电荷依然存在，并以雷电波的形式沿着导线经设备入地，引起设备损坏。当雷电流沿着导体流入大地时，由于频率高、强度大，在导体的附近便产生很强的交变电磁场，如果设备在这个场中，便会感应出很高的电压，以致损坏。对于灵敏的电子设备，尤需要注意。三是地电位提高。当 10 kA 的雷电流通过下导体入地时，假设接地电阻为 10 Ω，根据欧姆定律，可知在入地点处的电压为 100 kV。足以将设备损坏。据有关统计表明：直击雷的损坏仅占 15%，感应雷与地电位提高的损坏占 85%。目前，直击雷造成的灾害已明显减少，而随着城市经济的发展，雷电感应和雷电波侵入造成的危害却大大增加。一般建筑物上的避雷针只能预防直击雷，而强大的电磁场产生的雷电感应和脉冲电压却能潜入室内危及电视、电话及联网微机等弱电设备。

3. 雷电对人的伤害方式

雷电对人的伤害方式，归纳起来有四种形式，即直接雷击、接触电压、旁侧闪击和跨步电压。雷电对人的危害与普通高压线路危害类似，只是危害程度更严重，因此一旦发生这种情况，要立即对伤者进行抢救。人被雷击中后，雷电电流通过人体泄放到大地是一个很短暂的过程，伤者身上是不带电的，这时不必担心施救者被电击。急救措施也类似于被电击后的急救方法，将伤者平躺在地，在进行口对口的人工呼吸，同时要做心外按摩。另外，要立即呼叫急救中心，由专业人员对受伤者进行有效的处置和抢救。

4. 雷电的防护

（1）针对上面的危害种类，在防御时也要具有针对性，如防避直击雷通常都是采用避雷针、避雷带、避雷线、避雷网或金属物件作为接闪器。另外最好在雷雨天不要打开门窗，并在烟囱、通风管道等空气流动处装上网眼不大于 4 cm²，粗约 2 mm～2.5 mm 的金属保护网，然后作良好接地。

（2）为了避免或减少雷击事故的发生，保证人畜及建筑物的安全，对建筑物而言，首先把好建筑设计第一关，按建筑物的功能综合考虑防雷避雷设施，特别要考虑清理室外附加在屋顶上的霓虹灯、广告牌、金属旗杆、微波塔及共用天线等潜在的不安全因素；其次把好施工质量检查监督及竣工关，严格按照国家规定的标准验收建筑物的避雷设施。对共用天线、居民住宅楼的总电源、电子计算机网络用户以及架空电话线用户等应加装专用避雷器，并在每年雷雨季节到来之前，对这些避雷装置进行一次安全性能检测维修。对于个人和家庭而言，首先要多了解防雷知识，增强防雷意识，积极采取预防措施，避免雷电击伤人。其次，要用自己已掌握到的防雷知识，宣传教育身边的人；雷雨期内，在野外行走时，要尽量离开所处环境的最高点，跑到低洼处或干脆趴下，不要在大树、电线杆、高架铁塔、烟囱和高层建筑物下躲雨，不要打金属雨伞。室内人员，应将门窗关闭，不要触摸金属导线，也不要打电话、看电视，将闭路电视信号传输线断开，各种家用电器的电源要拔掉，在雷雨时最好停止使用家用电脑，并切断电源，如必须在雷雨期内运行时，必须采取避雷措施，防止感应雷的袭击。

8.3.2 计算机信息泄漏与防护

当前，计算机已经普遍地应用在工农业、国防、科技、教育、管理等各个领域，家庭和个人使用计算机的情况也逐步普及。计算机作为一种数据处理和存储系统，外界电磁场干扰可能对其正常运行和信息安全造成危害；而作为电子设备，它的寄生辐射和电磁泄漏也可能污染外界电磁环境或造成自身信息失密。

1. 计算机信息泄漏的途径

计算机主要由脉冲数字电路和工作于开关状态的电路组成，所处理的是脉冲信号，因而易受外界脉冲干扰的影响，也向外界产生干扰脉冲。脉冲信号有很宽的频谱，计算机的主频也有很宽的范围，包括长波、中波、短波、米波及分米波等很宽的波段，与电力电子设备、广播、电视、通信、雷达等的基本工作波段相同，因而计算机工作在一个相当复杂的电磁环境之中。同时，计算机也在很宽的波段内向外界辐射和泄漏电磁干扰，有人对未采取防泄漏措施的微机进行过测量，结果表明在很宽的波段内泄漏均显著地超过规定标准的极限值，而在低频段和主振频率及其倍频附近尤为严重。按照电磁辐射的内容，大致可以分为以下几种情况。

（1）无信息调制的电磁辐射。如计算机的开关电源、时钟频率、倍频和谐频等，这类电磁波辐射多数没有信息内容调制，个别的有 50 Hz 交流电源或单一频率调制，不易造成信息泄漏。

（2）并行数据信息的电磁辐射。计算机系统的内部信息流主要分为四个部分：数据总线、地址总线、控制总线及 I/O 输出。其中，前三个部分信息的共同特征都是并行数据流，产生的泄漏不大。

（3）寄生振荡。寄生振荡是指计算机电子线路中的分布电容、分布电感在特定条件下，对某一频率谐振而产生的振荡。这种辐射的频率范围不规律，从几十 kHz 到上千 MHz 都有，辐射的能量也不相等，有的辐射信号理论上可以传播达几公里。

（4）计算机终端的视频信号辐射。计算机终端如打印机、绘图仪、传真接口等，特别是光栅扫描式阴极射线管显示器的视频信号辐射极易造成信息的泄漏。

（5）计算机显示器阴极射线管产生的 X 射线。这种射线也可以产生泄漏，通过特殊的手段把信息还原。

2. 计算机信息辐射的特点

从计算机电磁辐射的情况来看，计算机信息辐射具有以下特点：

（1）电磁辐射多数为窄带信号；

（2）辐射信号的频率只在几兆赫兹到 500 MHz 之间；

（3）辐射频率分布在很宽的频域范围内，频率之间多为谐波关系；

（4）单个频率点一般只包含部分视频信息。

3. 计算机信息泄漏的防护技术

为了尽量减少计算机信息泄漏带来的危害，必须采取安全防护措施。主要的防护技术有信号干扰技术、电磁屏蔽技术和低辐射技术等。

1）信号干扰技术

信号干扰技术主要是在计算机周边配置一定数量的干扰器。干扰器发出的电磁波与计算机辐射出来的电磁波混合在一起，以掩盖原泄漏信息的内容和特征，使窃密者即使截获这一混合信号也无法提取其中的信息。

计算机电磁辐射干扰器分为白噪声干扰器和相关干扰器。白噪声干扰器采用白噪声作为干扰源，可以对放置在一起的多台计算机同时起到防护作用。相关干扰器模仿计算机的显示规律，生成的干扰信号和计算机辐射信号具有相同的频谱特性。必须注意的是，不管哪种干扰器，一定要满足电磁兼容性要求，对周边的电子设备和环境产生的辐射应符合相应的电磁兼容标准。

2）屏蔽技术

屏蔽技术主要是使用不同的屏蔽材料对计算机的显示器、主机、数据线、鼠标线和键盘线等进行电磁屏蔽，也可以对放置计算机的机房整体进行电磁屏蔽，但造价较高。屏蔽一般可使电磁波衰减 60 dB～140 dB。

3）低辐射技术

低辐射技术又称为 TEMPEST 技术，是指在设计和生产计算机设备时，就对可能产生电磁辐射的元件、电路、连接线、显示器等采取防辐射措施，从而达到减少计算机信息泄漏的最终目的。

4. 计算机自身的防护

计算机信息泄漏的防护主要考虑了计算机作为干扰源对外产生干扰的一面，同时，计算机本身还是一个敏感体，可能会受到一定的干扰。

计算机的外界干扰的主要来源是射频干扰、工频电源干扰、静电干扰及雷电脉冲干扰等四类。若计算机房处于大功率无线电发射设备、高频大电流设备或射频理疗设备等附近，当这些设备工作时，其空间电磁场强若超过 $120\ \mathrm{dB}\mu\mathrm{V}$，计算机的工作将受到严重的干扰。在电磁干扰环境中，计算机所受到的危害取决于干扰场强、频率和计算机自身的电磁敏感度。实验证实，在离微机 6 m 处开关电流为 10 A 的交流感性负载，其接触器触头电弧产生的干扰足以使计算机产生误动作。工频电源电压的大幅度波动或电流冲击有可能通过电源线进入计算机系统，使计算机出现运行或故障。

此外，某些电器设备产生的尖峰干扰脉冲、工业火花等也可通过供电线路进入计算机。例如，开关电传机可产生 1000 V 的尖峰脉冲，它足以损坏某些部件。研究表明，工频电源干扰和通过电源线的射频干扰十分严重。静电干扰是造成计算机中 CMOS 电路损坏的主要原因。有研究指出，当穿塑料鞋走动时，穿尼龙或丝绸工作服在工作台前长期工作时都会产生很高的静电电压。美国有统计表明，由于静电导致计算机及其元器件的损坏造成的经济损失每年高达数亿美元。雷电脉冲通常通过电网供电电源进入计算机造成干扰，甚至使计算机或部件损坏。在我国，由于雷电而致使计算机损坏的事例屡见不鲜。提高计算机系统的抗干扰能力的措施概括起来有几个方面。首先，从硬件、软件设计着手提高系统的抗干扰能力。在硬件设计中要进行 EMC 设计，综合采取各种抗干扰措施；在软件设计中，冗余技术、容错技术、标志技术、数字滤波技术等都是有效方法；逻辑电路技术与软件技术的巧妙结合，可以用来作为抑制噪声的有力工具。其次，屏蔽接地是提高计算机抗干扰能力的又一有力措施，屏蔽包括机房屏蔽、整机屏蔽、元部件之间的屏蔽和隔离，电源的进线及传输线输入及输出线也应屏蔽接地。系统与机房不仅要有良好的接地，而且应有针对性地对交直流接地、高频接地、防雷接地和安全接地进行合理设计。此外，滤波也是抑制传导耦合干扰的重要方法，电源线滤波器可以显著降低来自供电网的干扰，在屏蔽体的出入口或导线的适当位置安装滤波电路也是非常必要的。采用光技术能传输高密度信息，不易受电磁感应噪声影响，是提高计算机抗干扰能力的又一途径。

8.4 小波分析及其在雷达电磁兼容研究中的应用

应用小波分析的多分辨特性，分析雷达电子设备之间的电磁干扰状况，对雷达电子设备中具有不同时频特性的干扰源作出 EMC 预测分析。

在 EMI 分析中，通常都是把干扰的时域波形利用傅里叶分析方法转换到频域中进行分析。因此电磁兼容干扰测量与评价中所使用的数学分析方法和测量仪器都基于傅里叶分析。

一个信号的傅里叶变换为

$$F(\omega) = \int_{-\infty}^{+\infty} f(t)\mathrm{e}^{-\mathrm{j}\omega t}\,\mathrm{d}t \tag{8.4.1}$$

傅里叶变换可用来对信号作傅里叶分析，然而它没有任何时频局部化的作用。由上式可知，若要得到某个固定频率 ω 处的频谱信息 $F(\omega)$，则必须利用全部的时域信息 $f(t)(t\in R)$，若已知局部的频谱信息，由此并不能获得信号在局部时域中的特性。同样的，信号在局部时域上的改变会影响它的全部频域特性，信号在频域中的局部改变也会影响它在全部时域中的特性。由以上分析可知，从本质上讲，傅里叶变换适合于平稳信号，在非平稳信号分析中和实时信号处理的许多应用中只用傅里叶分析是不够的。

然而在很多实际问题中，人们特别关心局部时域信号在局部频域中的对应特性，例如在电力系统故障信号分析中，人们关注故障电流（电压）等的突发时刻及其对应的频谱特征，以期望能及时地判断出故障类型和故障发生的时刻。对于这样的突变信号的时频分析，傅里叶分析是无能为力的，因此人们需要短时序的局部化分析方法。

傅里叶分析是电磁兼容诊断测试的理论基础，因此傅里叶分析理论在实时信号处理中的不足必然反映到电磁兼容测量中。严格来讲，EMI 检测信号是非平稳随机过程，EMI 检测到的干扰信号并非来自一个干扰源，因此在 EMC 测试中，根据标准傅里叶变换的结果只能从宏观上判断设备是否符合电磁兼容要求，但不能给出设备中哪个部件是引起干扰的主要因素。通常一个设备包含许多不同的部件，并且这些部件的工作时序也不一样，对系统造成干扰的程度也不相同，若能找出引起干扰的主要部件，则对 EMC 诊断具有重大的意义。

小波分析发扬了傅里叶分析的优点，克服其某些缺点，并且被广泛应用于众多领域。从以上分析可以看出，小波分析是解决 EMC 诊断问题的较理想的数学工具。

1. 小波（Wavelet）变换基本原理

对于 $\Psi_{ab}(t) \in L^2(R)$，形如

$$\Psi_{ab}(t) = |a|^{-1/2} \Psi \left| t - \frac{b}{a} \right| \tag{8.4.2}$$

且满足"容许性"条件：

$$C_\Psi = \int_0^{+\infty} \frac{|\overline{\Psi}(\omega)|^2}{|\omega|} \, \mathrm{d}\omega < \infty \tag{8.4.3}$$

则称 $\Psi_{ab}(t)$ 为一个容许小波或基小波，小波变换定义为

$$(W_\Psi f)(a, b) = |a|^{-1/2} \int_0^{+\infty} f(t) \Psi \left| t - \frac{b}{a} \right| \, \mathrm{d}t \quad a, b \in R, a \neq 0 \tag{8.4.4}$$

显然，小波函数 $\Psi(t)$ 的放缩和平移表现了它对信号不同频率和不同时间位置的限制。容许性条件式(8.4.3)是保证 $\Psi_{ab}(t)$ 和 $\Psi_{ab}(\omega)$ 都具有快速衰减性的条件之一，$\Psi_{ab}(t)$ 可作为时间窗函数，$\Psi_{ab}(\omega)$ 可作为频窗函数。

通过调节尺度参数 a，可使小波函数具有非均匀的时频分辨率。检测高频现象（即小的 $a > 0$）时，频窗大，时窗小；检测低频特性（即大的 $a > 0$）时，频窗小而时窗大，这种自适应"变焦"功能决定了小波变换在突变信号处理上的特殊地位。

2. 信号的离散二进小波分解

实际中，通常需要把基小波及其变换离散化，令 $a = 2^m$，$b = na$（m、n 为整数），即 $m, n \in z$（$z = 1, 2, 3, \cdots$）。信号 $f(t)$ 经离散二进小波变换后可写为

$$C_{mn} = 2^{-m/2} \int_{-\infty}^{+\infty} \Psi(2^{-m} t - n) f(t) \, \mathrm{d}t \tag{8.4.5}$$

当 $a = 2^j$ 时，即相当于连续小波只在尺度上进行了二进制离散，位移仍取连续变化，称为二进尺度小波变换。1986 年，Mallat 基于函数多分辨率空间分解概念，将二进尺度小波

变换与多分辨率分析联系起来，提出小波快速算法——Mallat 算法。多分辨率分析是将信号在 $L^2(R)$ 的两个正交子空间上逐级分解，每级输入被分解为低频概貌和高频细节部分，输出采样率减半。此种算法的基本关系式为

$$a_{m,n} = \sum_k h_0(k-2n)a_{m-1,k} \qquad (8.4.6)$$

$$d_{m,n} = \sum_k h_1(k-2n)a_{m-1,k} \qquad (8.4.7)$$

式中，$a_{m,n}$ 代表第 m 级($j=m$)时的概貌信号，即对 $f(t)$ 的平滑逼近；$d_{n,n}$ 代表同一级下的细节差异信号。上述关系可用多分辨率滤波器组来说明。由 h_0、h_1 经离散傅里叶变换取得：

$$H_0(\omega) = \sum h_{0,k}e^{-jk\omega} \qquad (8.4.8)$$

式中，$H_0(\omega)$、$H_1(\omega)$ 分别是低、带通滤波器($j=1$ 时为高通)，

$$H_1(\omega) = \sum h_{1,k}e^{-jk\omega} \qquad (8.4.9)$$

因此，数字信号的离散二进尺度小波变换相当于信号经过一组数字带通滤波器。

小波分析应用于电磁兼容诊断的基本思想是用不同尺度下小波变换寻找感兴趣的频率。这些频率可能来自某个子系统、部件或元件的 EMI，如微处理器电路中的晶振频率及其谐波；用不同位移因子寻找某些频率的发生时间，以确定是系统的哪个部件产生了超过标准的电磁辐射。

3. 雷达电子设备的电磁兼容测试

为了达到系统电磁兼容的目的，需要尽量削弱干扰源，抑制干扰传播途径，降低每个设备的敏感度。因此，在雷达设计和制造过程中，进行电磁干扰的预测分析，是实现电磁兼容的关键，也为进一步防止和控制电磁干扰提供了依据。

这里考虑一种雷达常见的电磁干扰(EMI)情况，即由电气设备的静电放电引起的 EMI，并应用多分辨小波对这种 EMI 进行时频分析。

静电(ESD)放电干扰是一种有害的干扰源。随着设备上的电荷不断积累，可能会产生数千伏特至数万伏特的电压，甚至可能会高达 1000 kV。当带静电的设备放电时会产生放电电流，引起短暂的强电磁场，它可以直接穿透设备，或者通过缝隙、输入输出电缆耦合到敏感电路，损坏电气设备。大多数半导体器件很容易受静电放电干扰而损坏，特别是大规模集成电路器件更为脆弱。

在我国《国家电磁兼容规范》的 GB/T 17626.2—1998 中具体规定了静电放电的波形(如图 8.4-1 所示)以及静电放电抗扰度实验的要求：对于接触放电，受试设备应能通过 ±2 kV 和 ±4 kV 的试验等级；对于空气放电，受试设备应能通过 ±2 kV、±4 kV 和 ±8 kV 的试验等级。

ESD 放电也广泛存在于设备或系统中，与其他干扰在一起，形成 EMI 干扰。由于 ESD 的持续时间极短，频谱范围极广，因此在频谱分析中很难与其他干扰区分出来。静电放电的电流脉冲是一个振荡衰减波，因此可用衰减振荡函数作为放电模拟信号，如图 8.4-1 所示，即

$$\begin{cases} t < t_0, \ x(t) = 0 \\ t > t_0, \ x(t) = Ae^{-\frac{t-t_0}{\tau}}\cos[2\pi f_C(t-t_0)] \end{cases} \qquad (8.4.10)$$

式中，t_0、A、τ分别是放电脉冲的起始时间（即延时时间）、幅值和衰减系数；f_c是放电信号的主频。

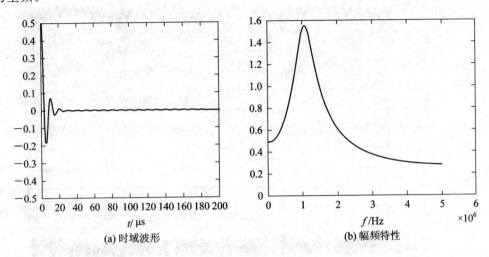

图 8.4-1　放电模拟信号的时域波形和幅频特性

图 8.4-2 是式（8.4.10）的时域波形及其相对应的频谱，其中参数为（$A=0.5$，$\tau=-5~\mu s$，$f_c=100~kHz$，$t_0=600~\mu s$）。频谱显示放电振荡频率为 100 kHz。

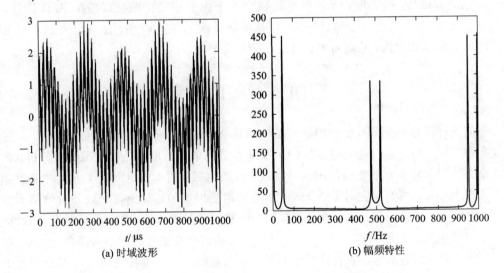

图 8.4-2　叠加背景信号的放电信号的时域波形和幅频特性

为了更好地模拟电气设备 EMI 干扰，在式（8.4.10）中叠加了若干不同频率的正弦干扰波信号，线性叠加后所得信号的时域波形及其相对应的频谱特性。图 8.4-3 是加入三个背景信号的静电放电信号的时域波形及其频谱，其中的参数与图 8.4-2 时的参数相同。

从图中看出，放电信号已被淹没在背景信号中，频谱图中也显示不出放电信号。

借助 Matlab 工具箱中的小波变换分析工具，采用 Daubechics(db6)小波对此放电信号进行 3 层小波分解，样本点为 1200 点，采样时间间隔为 1 μs。在图 8.4-3 中，原始信号 s 分解成低频逼近信号 a3 和 3 组高频细节信号，在第 2 层小波细节中可以清楚地看到在

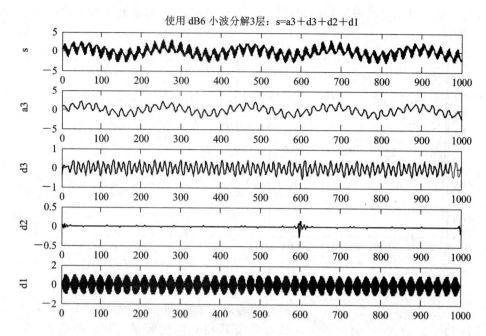

图 8.4-3　放电信号的小波变换示意图

600 μs 的放电信号，这表明用小波分析能从窄带干扰中正确提取衰减振荡 ESD 信号，对 EMI 中的 ESD 作出了测量诊断，并且，根据雷达系统的工作时序，还可以进一步对 EMI 进行时间上的诊断定位，从而可对设备进行更好的整改。

8.5　空间飞行器的电磁兼容

　　空间飞行器是一个具有复杂的机械结构和复杂的电气、电子结构的混合系统。虽然在目前条件下，人们已经有能力对系统的一些基本组成单元的电磁兼容情况进行分析，但如果这个系统在非常有限的空间范围内有数以千计的机械零件，各电气电子元器件又以随意的方式密集分布，则要对它们 EMC 分析预测是相当困难的。对于可有效分析的基本组成单元，应借助各种较为复杂的、准确度较高的电磁数值分析方法，编制相应的分析软件包，建立起尽可能完备的数学模型，像导线、机箱、天线自身及相互间的电磁耦合。电源、接收机、发射机的频谱分析等都存在这样的问题，在此基础上，可以将飞行器内部分为若干相对独立的子系统，每一个子系统内部的设备数量也不宜过多。对于相互间关系较为紧密的、功能较为单一的器件，可以等效为一个电磁干扰源或电磁干扰敏感器件。对每个子系统进行 EMC 分析预测后，可建立起相应的数学模型。子系统的数学模型与基本组成单元的数学模型相比是简略的，采用数学方法也较为简单，因此可以方便地组成更大子系统，直至空间飞行器整个系统，使之均能进行 EMC 分析预测。因此在研制空间飞行器时，就要提出 EMC 设计要求，制定 EMC 设计规范，将飞行器内部的各个电气电子元器件、设备合理地安排在各个相对独立的单元或子系统中，子系统内部、子系统之间都可以进行 EMC 分析预测，这样才能对飞行器系统 EMC 性能进行评估，能有效地查找、排除研制过程中出现的 EMC 问题，优化空间飞行器的设计。

8.6　地震电磁学

地震电磁学是近十年来为了探索地震短临预报而迅速发展起来的一门新的边缘尖端学科。从直流直至超高频整个频段都有人进行观测研究。从地下几米深直至几千米深，从人工观测到自动记录数字传送，各国都进行了大量观测研究。还有一些国家正在积极准备利用卫星进行这方面的探索研究。大家对地震电信号（Seismo Electric Signal，SES）非常重视，它与震级、震中距及局部电性质的不均匀性密切相关，人们可在东西（EW）及南北（SN）两个相互垂直方向测出 SES 的两个分量。每个地震前电信号中有用的是 SES 变化的最大值。有一些国家的学者对 10 kHz～14 kHz 的长波段信号进行接收，研究其变化与地震孕育过程的关系。还有些科学工作者对雷电的产生与地震的关系也做了一些探索观测工作。日本科学家进行了海底电磁波观测；俄罗斯等国家的科学工作者还对电离层进行了大量观测，他们认为，地震前，电离层会出现不同层的扰动；我国学者对地震电磁现象也进行了观测研究。

8.7　汽车中的电磁兼容

汽车是一个复杂的系统，电磁兼容需要将其作为一个整体来进行分析，但是，过于复杂的模型往往又超出人们的解决能力，因此，汽车的电磁兼容分析大多是针对特定的具体问题采取一些简化的方法。

1. 整车分析

汽车 EMC 的整车分析主要是研究车内电磁辐射的发射及耦合。由于车体是金属材料，对电磁场的分布有很大影响，车体的形状、尺寸对干扰的影响需要通过电磁场计算来分析判断，它的计算量很大，在这种情况下，辐射源信号一般以电路分析的结果作为已知量，或把源和场通过一种松散的耦合方式联系起来。场计算的方法包括限元法（FEM）、矩量法（MOM）、时域有限差分法（FDTD）以及有限差分和有限体元混合法（FD-FV）等，导线中场源的计算一般使用传输线法（TLM）。各种场计算方法各有特点，有限元法易于处理多种介质、复杂结构的问题，但开域的外部边界条件不易确定；矩量法易于构建车体模型，但不易处理多种介质问题；时域有限差分法易于处理瞬态变化的场，但模型边界的曲面轮廓只能用阶梯形状表示。

2. 串扰分析

汽车中的各种连线很多，且往往绑扎在一起，因此其相互之间的串扰是重点关注的问题。对于频率较低的干扰信号，考虑其电场耦合或磁场耦合，可用集总参数模型进行分析；但当干扰信号频率高达上百兆赫时，则必须考虑信号的传输延迟带来的影响，因此，传输线法（TLM）和多导体传输线法（MTL）成为分析串扰的主要方法。同时，试验测量也是必不可少的工具。

在分析汽车中导线间的串扰时，一个很重要的问题需要考虑，就是导线布置中的不确定性，即导线束距离车体的实际距离在每辆车中都不完全一样，同一辆车内不同部位的距离也不一样，导线束中的任意两根导线之间的距离也无法完全确定，因此对其串扰的分析需要考虑导线布置的随机性，用概率的方法计算其可能的干扰及出现几率。

3. 接地问题

汽车中出于成本方面的考虑，电源一般采用单线系统，即从电源正端到用电设备的正端用一根导线连接，从设备的负端返回电源负端的通路不用导线连接，而是将电源和设备的负端均接地，返回电流通过地系统流通。这里的地包括车体、发动机壳及接地线。由于不同设备、回路使用共同的地系统，不同信号之间相互干扰的机会增大；由于地不是一个完整的平面，而是由多个导体拼接而成，内部电流的流通会受到一定的限制，使得返回电流的路径难以预测，从而增加了干扰分析的难度。

除了上面列出的问题，汽车 EMC 研究也包括车用电子系统中的具体问题研究，如供电系统、电压变换、蓄电池特性、电机驱动、模拟电路干扰、数控系统等，这些问题一般可采用通常的 EMC 分析和处理方法。

目前的 EMC 研究还不能完全提供工程有效的解决汽车 EMC 问题的方法，还有待于进一步发展。在整车系统分析上，逼近现实的建模和巨大的计算量之间的矛盾是要解决的关键问题，需要模型精确性和算法效率；车内串扰及接地问题需要从机理及算法上进一步完善；专家系统有待于在实际应用中不断完善；伴随着汽车技术发展出现的新问题也需要不断地发现和解决。

8.8　电磁兼容技术工程应用实例

电磁兼容技术在工程上得到广泛的应用，把电磁兼容设计理论和方法、规则、措施等融入实际工作中，来保证电子设备和系统的电磁兼容性能。以下就工程上常见的一些问题进行介绍。

1. 接地问题

实例一：某系统设备在做 422 通信串口的射频场感应传导测试，采用双绞屏蔽线，开始采用的是单端接地，测试时出现的误码率高，几乎没有正确的数据，后来采用双端可靠接地，通信正常。

实例二：某系统设备在做视频鼠标线的射频场感应传导的试验时，在较低频段（3 M 以下）时显示器有波纹、上下闪动，后来将视频线的显示器侧可靠接地，干扰明显降低，几乎不影响显示。

分析：这两种现象都是在做射频场的感应传导试验时出现的。射频场的感应传导抗扰度试验的实质是设备引线变成被动天线，接受射频场的感应，变成传导干扰入侵设备内部，最终以射频电压电流形成的近场电磁场影响设备工作，以低频磁场为主。

双绞线能够有效地抑制磁场干扰，这不仅是因为双绞线的两根线之间具有很小的回路面积，还因为双绞线的每两个相邻的回路上感应出的电流具有相反的方向，因此相互抵消。双绞线的绞节越密，效果越明显。屏蔽层两端接地时，外界磁场在原来信号与地线构成的回路中产生感应电流的同时，也在屏蔽层与地线构成的回路中产生感应电流，从而感应出磁场，但是这个磁场与原来的磁场方向相反，相互抵消，导致总磁场减小，减小了干扰。

2. 屏蔽问题

实例三：某系统为机柜或机箱式结构，其中控制部分为机箱结构，子板为总线板结构，子板均安装面板。做静电试验，当接触放电为+5.5 kV 时，对主板面板及左右相邻的面板进行静电试验时，控制板重启或死机，后来在控制板附近的面板之间安装指形簧片，系统在接触放电±6.6 kV 时运行正常。

实例四：某系统试验，使用普通机柜，系统很敏感，对机柜引出线（通信线）进行群脉冲试验，采用耦合夹耦合方式，干扰一加上去，系统就不正常，在通信线两端增加磁环，效果不明显。更换屏蔽机柜进行试验，有明显效果，做几轮后，系统才会出现不正常现象，在通信线进机柜处增加安装磁环后，系统工作正常，几轮试验后，系统工作都正常。

分析：现在很多系统都是机箱结构，即控制板、采集板、驱动板等都安装在同一机箱中进行数据交换与控制。安装完成后，各电路板会有一定的缝隙，静电脉冲通过面板缝隙、分布电容向主板耦合，使电源失真或控制发生故障，系统重启、死机。在面板之间安装指形簧片，使机箱成为一个良好的屏蔽体，由于电荷的"趋肤效应"，当有静电干扰时，静电会沿着表面泄放至大地，对内部电路的影响减小或者消失。

屏蔽机柜对机柜的缝隙和门都进行了处理，缝隙处安装导电簧片，门与机柜接触位置安装导电布衬垫，提高了机柜的屏蔽效能与机柜整体的抗干扰性。群脉冲干扰的实质是对线路分布电容能量的积累效应，当能量积累到一定程度时就可能引起线路（乃至设备）工作出错。通常测试设备一旦出错，就会连续不断地出错，即使把脉冲电压稍稍降低，出错情况依然不断。

3. 磁环的作用

实例五：对一个机箱结构系统做群脉冲实验，机箱内含有控制板、采集板、驱动板等，采集线、驱动线出机柜，需要做信号线群脉冲实验。当干扰施加在采集线上时，所有的采集板上指示灯都闪烁，对采集回路进行分析，采集输入有光电隔离器件，采集回线为动态的 12 V 输出，当干扰施加时，可能造成采集回线上的电压失真，造成指示灯闪烁。把一闭合磁环安装在采集回线上进行实验，在某一极性下指示灯闪烁，说明磁环有作用。然后根据其阻抗特性，绕制 2 圈，实验效果不明显，绕制 3 圈后采集指示灯显示正常，多次试验，系统均正常。

分析：磁环对群脉冲干扰有很好的抑制作用，根据实际情况安装在通信线的两端或一端，磁环有不同的阻抗特性，对干扰信号进行频率分析，设计磁环的截止频率正好落在干扰信号频率附近，使磁环体现较大的阻抗性，来抑制干扰。

磁环的圈数影响磁环的阻抗特性，圈数越多，阻抗特性曲线向低频率方向移动，即较低频率下的阻抗越大，若此频率比较接近干扰频率时，就能起到很好的抑制干扰的作用。

将电磁兼容技术融入电子产品开发设计中，可以提高产品的安全可靠性，如果在实际测试中，某一方面存在缺陷，可以从电磁干扰的方式上入手进行进一步的测试，从传导干扰和辐射干扰的耦合路径进行查找。如果一个系统指标超标，可以先从辐射干扰上解决，检查设备是否屏蔽良好，机壳上的孔是否用导电布封住，导电布与机壳是否良好接触，然后再进行试验；如果还超标，就可以判断干扰主要是传导干扰引起的，可以在设备机壳出口处安装信号滤波器和电源滤波器,进行试验;如果还超标,干扰就是通过电缆辐射和传导发射出来,通过对屏蔽层的接地,减小地环路等措施必定能查找到原因并解决。

习　　题

1. 无线通信系统存在哪些电磁兼容问题,手机在使用中采取哪些措施可以减小辐射。
2. 生物电有什么作用,对人体有哪些影响?
3. 简述雷电的危害及防护措施。
4. 简述计算机信息泄漏的途径和特点。
5. 如何防止计算机信息的泄漏?
6. 试举出几个电磁兼容技术在生活和工程上的应用实例。

附　录

附录 A　电磁兼容有关标准

　　标准是一个一般性的导则或预期要满足的准则，由它可以导出各种规范；规范是一个包含某类设备详细说明和详细数据，且必须遵守的文件。标准及规范的内容包括：规定名词术语；规定电磁干扰发射限值和抗扰度要求；规定统一的试验方法；规定 EMC 控制方法或设计规范。标准及规范的类型包括国际级（例如 IEC 标准）、分会议级（例如 CISPR 出版物）、CE 级（例如欧洲协调标准 EN）、国家级（例如国标 GB、FCC 等）、军用标准（例如国军标 GJB、美军标 MIL）。

　　电磁兼容技术的迅速发展，刺激了对电磁兼容标准化工作的需求。一些发达国家在EMC 技术的研究、标准的制定、EMC 测试及认证方面处于领先地位。尤其是欧共体成员国关于 EMC 法律性指令（89/336/EEC 指令）颁布以来，各国政府开始从商贸的角度考虑EMC 问题，并采取相应措施加强 EMC 标准及法规的制定和贯彻实施工作。从 1996 年 1月 1 日起开始强制执行 89/336/EEC 指令，所有投放市场的电工电子产品，均须按照有关指令的要求进行 EMC 认证。认证合格后，贴上 CE 标志，IEC（国际电工委员会）专门从事电磁兼容标准化工作的有两个技术委员会，即国际无线电干扰特别委员会（CISPR）和第 77技术委员会（TC77）。其中，CISPR 负责制定频率大于 9 kHz 发射的基础标准和通用标准，TC77 负责制定 9 kHz 和开关操作等引起的高频瞬态发射及整个频率范围内的抗扰性基础标准和通用标准。TC77 制定的国际标准是 IEC61000 系列。我国为了促进国内的 EMC 研究和标准化工作，对应于 CISPR 成立了全国无线电干扰标准化技术委员会，对应于 TC77成立了"全国电磁兼容标准化联合工作组"，并于 1993 年正式发布于 1994 年开始实施《电能质量——公用电网谐波标准》。目前，在认证标准的等级体系中，由瑞典制定的认证标准TCO99 是最高级别的标准，它包含了多项内容，是目前最全面的认证标志。要把电子产品销往国内外市场，不但要了解有关 EMC 标准，还要知道用什么样的测试方法和设备才能得到产品的 EMC 认可，从而采取相应的措施使它们符合 EMC 标准。

1. 常用标准:

1.1 IEC 61000《电磁兼容》标准

IEC 标准编号	出版日期	标准名称
	第 1 部分 总则(General)	
EC/TR3 61000-1-1	1992-04	基本定义和术语的应用和解释 Application and interpretation of fundamental definitions and terms
	第 2 部分 环境(Environment)	
IEC/TR3 61000-2-1	1990-05	环境的描述公用供电系统中低频传导干扰和信号传输的电磁环境 Description of the environment-Electromagnetic environment for low-frequency conducted disturbances and signaling in public power supply systems
IEC 61000-2-2	1990-05	公用低压供电系统中的低频传导干扰和信号传输的兼容电平 Compatibility levels for low-frequency conducted disturbances and signaling in public low-voltage power supply systems
IEC/TR3 61000-2-3	1992-09	环境的描述辐射和非网络频率的传导现象 Description of the environment-Radiated and non-network-frequency-rated conducted phenomena
IEC 61000-2-4	1994-02	工业企业中低频传导干扰的兼容电平 Compatibility levels in Industrial plants for low-frequency conducted disturbances
IEC/TR2 61000-2-5	1995-09	电磁环境的分类基础 EMC 出版物 Classification of electromagnetic environments. Basic EMC publication
IEC/TR3 61000-2-6	1995-09	工业企业电源中低频传导干扰的发射电平评估 Assessment of the emission levels in power supply of industrial plants as regards low-frequency conducted disturbances
IEC/TR3 61000-2-7	1998-01	各种环境中的低频磁场 Low frequency magnetic fields in various environments
IEC 61000-2-9	1996-02	HEMP 环境描述辐射干扰基础 EMC 出版物 Description of HEMP environment-Radiated disturbance. Basic EMC publication
IEC 61000-2-10	1998-11	HEMP 环境描述传导干扰 Description of HEMP environment-Conducted disturbance
IEC/TR3 61000-2-3	1992-09	环境的描述辐射和非网络频率的传导现象 Description of the environment-Radiated and non-network-frequency-rated conducted phenomena

IEC 标准编号	出版日期	标 准 名 称
第3部分　限值（Limits）		
IEC 61000 - 3 - 2 IEC 61000 - 3 - 2am1 IEC 61000 - 3 - 2am2	1995 - 03 1997 - 09 1998 - 02	谐波电流发射限值 （设备输入电流不大于 16 A） Limits for harmonic current emission（equipment Input current≤16 A per phase） 第 1 修正案 Amendment 1 第 2 修正案 Amendment 2
IEC 61000 - 3 - 3	1994 - 12	低压供电系统中额定电流不大于 16 A 的设备的电压波动和闪烁的限值 Limitation of voltage fluctuations and flicks in low-voltage power supply systems for equipment with rated current≤16A
IEC/TR2 61000 - 3 - 4	1998 - 10	低压供电系统中额定电流大于 16 A 的设备的谐波电流发射的限值 Limitation of emission of harmonic currents in low-voltage power supply systems for equipment with rated current greater than 16 A
IEC/TR2 61000 - 3 - 5	1994 - 12	低压供电系统中额定电流大于 16 A 的设备的电压波动和闪烁的限值 Limitation of voltage fluctuations and flicks in low-voltage power supply systems for equipment with rated current greater than 16A
IEC/TR3 61000 - 3 - 6	1996 - 10	中压和高压供电系统中畸变负荷的发射限值的评估　基础 EMC 出版物 Assessment of emission limits for distorting loads in MV and HV power systems. Basic EMC Publication
IEC/TR3 61000 - 3 - 7	1996 - 11	中压和高压供电系统中波动负荷的发射限值的评估　基础 EMC 出版物 Assessment of emission limits for fluctuating loads in MV and HV power systems. Basic EMC Publication
IEC/TR3 61000 - 3 - 8	1997 - 09	低压供电系统中信号传输发射电平、频带和电磁干扰电平 Signaling on low-voltage electrical Installations-Emission levels，frequency band and electromagnetic disturbance levels
IEC/TR2 61000 - 2 - 5	1995 - 09	电磁环境的分类　基础 EMC 出版物 Classification of electromagnetic environments. Basic EMC publication
第4部分　试验与测量技术（Testing and Measurement Technical）		
IEC 61000 - 4 - 1	1992 - 12	抗扰度试验综述　基础 EMC 出版物 Overview of immunity test. Basic EMC Publication

IEC 标准编号	出版日期	标 准 名 称
IEC 61000 - 4 - 2 IEC 61000 - 4 - 2am1	1995 - 01 1998 - 01	静电放电抗扰度试验 基础 EMC 出版物 Electrostatic discharge test. Basic EMC Publication 第 1 修正案 Amendment 1
IEC 61000 - 4 - 3 IEC 61000 - 4 - 3am1	1995 - 03 1998 - 06	辐射(射频)电磁场抗扰度试验 Radiated，radio-frequency, electromagnetic field immunity test 第 1 修正案 Amendment 1
IEC 61000 - 4 - 4	1995 - 01	电快速瞬变/脉冲群抗扰度试验 基础 EMC 出版物 Electrical fast transient/burst immunity tests. Basic EMC publication
IEC 61000 - 4 - 5	1995 - 02	浪涌(冲击)抗扰度试验 Surge immunity tests
IEC 61000 - 4 - 6	1996 - 03	对射频场感应的传导干扰抗扰度 Immunity to conducted disturbances，Induced by radio-frequency field
IEC 61000 - 4 - 7	1991 - 07	供电系统及所连设备谐波和谐间波的测量和仪表通用指南 General guide on harmonics and interhamonics measurements and instrumentation，for power supply systems and equipment connected thereto
IEC 61000 - 4 - 8	1993 - 06	工频磁场抗扰度试验 基础 EMC 出版物 Power frequency magnetic field immunity test. Basic EMC publication
IEC 61000 - 4 - 9	1993 - 06	脉冲磁场抗扰度试验 基础 EMC 出版物 Pulse magnetic field immunity tests. Basic EMC publication
IEC 61000 - 4 - 10	1993 - 06	阻尼振荡场抗扰度试验 基础 EMC 出版物 Damped oscillatory magnetic field immunity tests. Basic EMC publication
IEC 61000 - 4 - 11	1994 - 06	电压暂降、短期中断和电压变化抗扰度试验 Voltage dips，short interruptions and voltage variations immunity test
IEC 61000 - 4 - 12	1995 - 05	振荡波抗扰度试验 基础 EMC 出版物 Oscillatory waves immunity tests. Basic EMC publication
IEC 61000 - 4 - 15	1997 - 11	闪烁仪的功能和设计规范 Flicker meter-functional and design specifications
IEC 61000 - 4 - 16	1998 - 01	传导共模干扰抗扰度试验方法，0～150 kHz Test methods for immunity to conducted, common mode disturbance the frequency range 0 to 150 kHz

IEC 标准编号	出版日期	标准名称
IEC 61000-4-24	1997-02	HEMP 传导干扰保护装置试验方法　基础 EMC 出版物 Test methods for protection devices for HEMP conducted disturbance. Basic EMC publication
第 5 部分　安装与调试导则(Installation and Mitigation Guidelines)		
IEC/TR3 61000-5-1	1996-12	总的考虑　基础 EMC 出版物 General considerations. Basic EMC Publication
IEC/TR3 61000-5-2	1997-11	接地和电缆敷设 Earthing and cabling
IEC/TRZ 61000-5-4	1996-08	HEMP 辐射干扰保护装置规范　基础 EMC 出版物 Specifications of protective devices against HEMP radiated disturbance. Basic EMC publication
IEC 61000-5-5	1996-02	HEMP 传导干扰的保护装置规范　基础 EMC 出版物 Specifications of protective devices for HEMP conducted disturbance. Basic EMC publication
第 6 部分　通用标准(Generic Standard)		
IEC 61000-6-1	1997-07	通用标准住宅区、商业区和轻工业环境的抗扰度标准 Generic standard-immunity for residential, commercial and light-industrial environments
IEC 61000-6-2	1999-01	通用标准工业环境的抗扰度标准 Generic standard-immunity for industrial environments
IEC 61000-6-××××	1996-01	通用标准住宅区、商业区和轻工业环境的发射标准 Generic emission standard for industrial environments
IEC 61000-6-××××	1997-01	通用标准工业环境发射标准 Generic emission standard for industrial environments

1.2　CISPR 出版物

CISPR 是世界上最早成立的国际性无线电干扰组织，它的目标是促进国际无线电干扰问题在下列几方面达成一致意见，以利于国际贸易。

（1）保护无线电接收装置，使其免受以下干扰：所有类型的电子设备；点火系统；包括电力牵引系统的供电系统；工业、科学和医用无线电频率（不包括用于传输信息的发射机的辐射）；声音和电视广播接收机；信息技术设备。

（2）干扰测量的设备和方法。

（3）由（1）中干扰源产生的干扰的限值。

（4）声音和电视广播接收装置的抗扰度要求和抗扰度测量方法的规定。

（5）为了避免 CISPR 和 IEC 其他技术委员会以及其他国际组织的各技术委员会制定标准的重复工作，在制定除接收机以外的其他设备的发射抗扰度要求时，CISPR 要和这些委员会共同考虑。

（6）安全规程对电气设备的干扰抑制的影响。

标准编号	名　　称
CISPR10 CISPR10aml	CISPR 组织、规则和程序 第 1 修正案
CISPR11	工、科、医(ISM)射频设备电磁干扰特性限值和测量方法
CISPR12	车辆、机动船和火花点火发动驱动装置无线电干扰特性的测量方法和限值
CISPR13	收音机和电视接收机及有关设备的无线电干扰特性测量方法和限值
CISPR14 CISPR14am1 CISPR14am2	家用和类似用途的电动、电热器具、电动工具的无线电干扰特性测量方法和限值 第 1 修正案 第 2 修正案
CISPR14 - 2	电磁兼容家用电器、电动工具和类似器具要求第二部分：抗扰度
CISPR15 CISPR15 - am1 CISPR15 - am2	荧光灯和照明装置无线电干扰特性的测量方法和限值 第 1 修正案 第 2 修正案
CISPR16 - IEd.1.1 CISPR16aml	无线电干扰和抗扰度测量设备规范和测量方法第一部分：干扰和抗扰度测量设备 第 1 修正案
CISPR16 - 2	无线电干扰和抗扰度测量设备规范和测量方法 第二部分：干扰和抗扰度测量方法
CISPR17	无源无线电滤波器及抑制元件抑制特性的测量方法
CISPR18 - 1	架空电力线路和高压设备的无线电干扰特性第一部分：现象描述
CISPR18 - 2 CISPR18 - 2am1 CISPR18 - 2am2	架空电力线路和高压设备的无线电干扰特性　第二部分：确定限值的测量方法和程序 第 1 修正案 第 2 修正案
CISPR18 - 03 CISPR18 - 3aml	架空电力线路和高压设备的无线电干扰特性　第三部分：减少由架空电力线路和高压设备产生的无线电噪声的措施指南 第 1 修正案
CISPR19	采用替代法测量微波炉在 1 GHz 以上频率所产生辐射的导则
CISPR20	声音和电视广播接收机及有关设备抗扰度的测量方法和限值
CISPR21	脉冲噪声对移动无线电通信的干扰评定其性能暂降的方法和提高性能的措施
CISPR22	信息技术设备的无线电干扰的测量方法和限值
CISPR23	工、科、医(ISM)设备干扰限值的确定
CISPR24	信息技术设备的抗扰度测量方法和限值
CISPR25	为保护车辆上安装的接收机而制定的无线电特性的干扰限值和测量方法
CISPR/TR3 28	工、科、医(ISM)设备 - ITU 指定频带内的发射电平导则
IEC 61000 - 6 - 3	电磁兼容第六部分通用标准第三篇：用于居民区、商业区和轻工业区的发射标准
IEC 61000 - 6 - 4	电磁兼容第六部分通用标准第三篇：用于重工业区的发射标准

1.3 国家电磁兼容标准体系

我国的电磁兼容标准可以分为基础标准、通用标准、产品类标准、系统间电磁兼容标准四类。

1）基础标准

基础标准涉及 EMC 术语、电磁环境、EMC 测量设备规范和 EMC 测量方法。

标 准 号	标 准 名
GB/T 4365 - 1995	电磁兼容术语
GB/T 6113 - 1995	无线电干扰和抗扰度测量设备规范
GB 3907 - 83 *	工业无线电干扰基本测量方法
GB 4859 - 84 *	电气设备的抗干扰特性基本测量方法
GB/T 15658 - 1995	城市无线电噪声测量方法
GB9175 - 1988	环境电磁波卫生标准
GB 10436 - 1998	作业场所微波辐射卫生标准
G/T17624.1 - 1998	电磁兼容综述 电磁兼容基本术语和定义的应用与解释
G/T17626.1 - 1998[3]	电磁兼容试验和测量技术抗扰度试验 总论
G/T17626.2 - 1998[4]	电磁兼容试验和测量技术 静电放电抗扰度试验
G/T17626.3 - 1998[5]	电磁兼容试验和测量技术 射频电磁场辐射抗扰度试验
G/T17626.4 - 1998[6]	电磁兼容试验和测量技术电快速瞬变脉冲群抗扰度试验
GB/T17626.5 - 1999	电磁兼容试验和测量技术 浪涌（冲击）抗扰度试验
GB/T17626.6 - 1998	电磁兼容试验和测量技术 射频场感应的传导干扰抗扰度
GB.T17626.7 - 1998	电兼容试验和测量技术 供电系统及所连设备谐波、谐间波的测量和测量仪器导则
GB/T17626.8 - 1998	电磁兼容试验和测量技术 工频磁场抗扰度试验
GB/T17626.9 - 1998	电磁兼容试验和测量技术 脉冲磁场抗扰度试验
GB/T 17626.10 - 1998	电磁兼容试验和测量技术 阻尼振荡磁场抗扰度试验
GB/T17626.12 - 1998	电磁兼容测验和测量技术 振荡波抗扰度试验

2）通用标准

通用标准 GB8702 主要涉及在强磁场环境下对人体的保护要求，GB/T14431 主要涉及无线电业务要求的信号/干扰保护比。

标 准 号	标 准 名
GB 8702 - 88	电磁辐射防护规定
GB/T 13926.1 - 92	工业过程测量和控制装置的电磁兼容性 总论
GB/T 13926.2 - 92	工业过程测量和控制装置的电磁兼容性 静电放电要求
GB/T 13926.3 - 92	工业过程测量和控制装置的电磁兼容性 辐射电磁场要求
GB/T 13926.4 - 92	工业过程测量和控制装置的电磁兼容性 电快速瞬变脉冲群要求
GB/T 14431 - 93	无线电业务要求的信号/干扰保护比和最小可用场强
GB/T15658 - 1995	城市无线电噪声测量方法

3）产品类标准

产品类标准包括 GB9254、GB4343、GB4824 和 GB13837 等。

标 准 号	标 准 名
GB 4343 – 1995	家用和类似用途电动、电热器具，电动工具以及类似电器无线电干扰特性测量方法和允许值
GB 4824 – 1996	工业、科学和医疗(ISM)射频设备电磁干扰特性的测量方法和限值
GB 6833.1 – 86*	电子测量仪器电磁兼容性试验规范 总则
GB 6833.2 – 87*	电子测量仪器电磁兼容性试验规范 磁场敏感度试验
GB 6833.3 – 87*	电子测量仪器电磁兼容性试验规范 静电放电敏感度试验
GB 6833.4 – 87*	电子测量仪器电磁兼容性试验规范 电源瞬态敏感度试验
GB 6833.5 – 87*	电子测量仪器电磁兼容性试验规范 辐射敏感度试验
GB 6833.6 – 87*	电子测量仪器电磁兼容性试验规范 传导敏感度试验
GB 6833.7 – 87*	电子测量仪器电磁兼容性试验规范 非工作状态磁场干扰试验
GB 6833.8 – 87*	电子测量仪器电磁兼容性试验规范 工作状态磁场干扰试验
GB 6833.9 – 87*	电子测量仪器电磁兼容性试验规范 传导干扰试验
GB 6833.10 – 87*	电子测量仪器 k 电磁兼容性试验规范 辐射干扰试验
GB 7343 – 87*	10 kHz～30 MHz 无源无线电干扰滤波器和抑制元件抑制特性的测量方法
GB 7349 – 87*	高压架空输电线、变电站无线电干扰测量方法
GB 9254 – 88	信息技术设备的无线电干扰极限值和测量方法
GB 9383 – 1995	声音和电视广播接收机及有关设备传导抗扰度限值及测量方法
GB 13421 – 92	无线电发射机杂散发射功率电平的限值和测量方法
GB 13836 – 92	30 MHz～1 GHz 声音和电视信号的电缆分配系统设备与部件辐射干扰允许值和测量方法
GB 13837 – 1997	声音和电视广播接收机及有关设备无线电干扰特性限值和测量方法
GB/T 13838 – 92	声音和电视广播接收机及有关设备辐射抗扰度特性允许值和测量方法
GB/T 13839 – 92	声音和电视广播接收机及有关设备内部抗扰度允许值和测量方法

标 准 号	标 准 名
GB 14023 - 92	车辆、机动船和由火花点火发动机驱动的装置的无线电干扰特性的测量方法及允许值
GB 15540 - 1995	陆地移动通信设备电磁兼容技术要求和测量方法
GB 15707 - 1995	高压交流架空送电线无线电干扰限值
GB/T 15708 - 1995	交流电气化铁道电力机车运行产生的无线电辐射干扰的测量方法
GB/T 15709 - 1995	交流电气化铁道接触网无线电辐射干扰测量方法
GB 15734 - 1995	电子调光设备无线电干扰特性限值及测量方法
GB 15949 - 1995	声音和电视信号的电缆分配系统设备与部件抗扰度特性限值和测量方法
GB/T 16607 - 1996	微波炉 1 GHz 以上的辐射干扰测量方法
GB 16787 - 1997	30 MHz～1 GHz 声音和电视信号的电缆分配系统辐射测量方法和限值
GB 16788 - 1997	30 MHz～1 GHz 声音和电视信号电缆分配系统抗扰度测量方法和限值
GB4343.2 - 1999	电磁兼容家用电器、电动工具和类似器具的要求第 2 部分：抗扰度—产品类标准(idt.CISPR14 - 2：1997)
GB/T9383 - 1999[2]	声音和电视广播接收机及有关设备抗扰度限值和测量方法(idt.CISPR20：1998)
GB/T12190 - 1990	高性能屏蔽室屏蔽效能的测量方法(ref.IEEE299 - 69，MIL - 285)
GB12638 - 1990	微波和超短波通信设备辐射安全要求
GB/T14598.10 - 1996	电力继电器第 22 部分：量度继电器和保护装置的电气干扰试验第 4 篇：快速瞬变干扰试验
Gb/T14598.13 - 1998	量度继电器和保护装置的电气干扰试验第一部分：1 MHz 脉冲群干扰试验
GB/T14598.14 - 1998	量度继电器和保护装置的电气干扰试验第二部分：静电放电试验
GB/T17618 - 1998	信息技术设备抗扰度限值和测量方法
GB/T17619 - 1998	机动车电子电器组件的电磁辐射抗扰性限值和测量方法
GB/T17625.1 - 1998	低压电气及电子设备发出的谐波电流限值(设备每相输入电流小于 16 A)
GB17743 - 1999	电器照明和类似设备的无线电干扰特性的限值和测量方法
GB/T17799.1 - 1999	电磁兼容通用标准居住、商业和轻工业环境中的抗扰度试验

4) 系统间电磁兼容标准

系统间电磁兼容标准主要规定了经过协调的不同系统之间的 EMC 要求。

标 准 号	标 准 名
GB 6364 - 86	航空无线电导航台站电磁环境要求
GB 6830 - 86	电信线路遭受强电线路危险影响的容许值
GB 7432 - 87*	同轴电缆载波通信系统抗无线电广播和通信干扰的指标

标 准 号	标 准 名
GB 7433 - 87*	对称电缆载波通信系统抗无线电广播和通信干扰的指标
GB 7434 - 87 *	架空明线载波通信系统抗无线电广播和通信干扰的指标
GB 7495 - 87	架空电力线路与调幅广播收音台的防护间距
GB 13613 - 92	对海中远程无线电导航台站电磁环境要求
GB 13614 - 92	短波无线电测向台(站)电磁环境要求
GB 13615 - 92	地球站电磁环境保护要求
GB 13616 - 92	微波接力站电磁环境保护要求
GB 13617 - 92	短波无线电收信台(站)电磁环境要求
GB 13618 - 92	对空情报雷达站电磁环境防护要求
GB/T 13620 - 92	卫星通信地球站与地面微波站之间协调区的确定和干扰计算方法
GB/T13619 - 1992	微波接力通信系统干扰计算方法

2. 各国军用 EMC 标准

军用 EMC 技术、设备(系统)等与有关标准和规范关系密切。在 EMC 设计技术方面，美国是 EMC 研究机构最多、标准与规范最多、配套最齐全并系列化的国家，美国已形成了健全的 EMC 管理机构，并已制定了一系列成套的技术标准与规范及手册，尤其是美军更有其成功的经验，美军用标准及军用手册等就是他们的成功经验之总结。而且，随着电磁环境的日趋复杂和恶化，美军的 EMC 标准与规范也越来越完善和考虑周详细致。所以，美国军用标准、规范及手册在世界各国的 EMC 军用标准基本上是通用的。

1) 美国的军用 EMC 标准(MIL)

美军用 EMC 标准是一套完整的、应用广泛的标准。1965 年，针对美国各军兵种自行制定了各自的标准，给实际使用带来许多难以克服的困难的状况，美陆海空三军联合制订了 MIL - STD - 460 系列标准，其中，461 和 462 标准于 1967 年 7 月正式发布，从而形成了美军第一代配套的 EMC 标准和规范；20 世纪 60 年代末至 70 年代初，美军又修订和颁布了 MIL - STC - 461A 等标准，形成美军第二代 EMC 标准和规范；1980 年 4 月，颁布了 MIL - STD - 461B 与 MIL - STD - 462 配套使用，成为美军第三代 EMC 标准和规范；1986 年 8 月颁布了 MIL - STD - 461C；1991 年海湾战争后，美军经过总结和修订，于 1993 年 1 月颁布了 MIL - STD - 461D 和 462D，与以前的版本相比较，已经发生了实质性的变化。下面将重点介绍几个比较重要的美军 EMC 标准、规范及手册。

(1) MIL - E - 6051D 系统电磁兼容性要求。该规范概述了系统电磁兼容性的总要求，包括系统电磁环境控制、雷电防护、静电、屏蔽和接地。它适用于整个系统，包括一切有关的分系统和设备，是美军最初的系统规范。其他几种规范如用于空间火箭的 MIL - STD - 1541 是从这个文件导出来的。1992 年为适应空军采购的需要，对 6051 进行了更新，修改为 MIL - STD - 1818。

(2) MIL - STD - 461 D 电磁干扰发射和敏感度控制要求。标准制定了在设计和采购国防部所属及代办机构用的电子、电气、机电设备和分系统时，为控制其电磁发射特性和电磁敏感特性所需的文件和设计要求。该标准在军用设备的设计和研制中得到了广泛的应用，为改善设备级和系统级的 EMC 状况，提高设备和系统的效能起到了重要作用。该标准是国际上 EMC 领域最受关注的标准，在控制 EMI 的研究领域中有重大的影响作用，也是改版最多、最快的标准之一，而且，它的每次改版都有较大的影响。

(3) MIL-STD-462D 电磁干扰特性的测试。该标准与 MIL-STD-461D 配套，其试验方法适用于电气、电子和机电设备的电磁发射和敏感度特性的测量，旨在确定军用设备和分系统是否符合 MIL-STD-461D 的要求。该标准于 1993 年 1 月发布，代替 1967 年 7 月的 MIL-STD-462 的版本。新版本之所以称为 MIL-STD-462D，就是为了与 MIL-STD-461D 配套，实际上从未发布过 MIL-STD-462 的"A"、"B"、"C"修订版本。该版本与以前的版本相比，已经发生了实质性变化，试验方法中，有的已经取消，有的也作了重大的修改，当然也还有新增补的内容。

(4) MIL-STD-1541A 航天系统电磁兼容性要求。该标准适用于整个航天系统，包括运载火箭、飞行器、遥测、跟踪和指令系统以及有关航空航天地面设备。要求作全系统的电磁兼容性试验，强调设计阶段的电磁兼容性分析，并制定一个按系统参数产生的干扰要求，按此要求对飞行器或地面站作全系统的电磁兼容性试验。并在工程试验阶段前解决已预测到的 EMC 问题。极力反对那种通过试验发现问题后再来寻求补救措施的干扰控制方法。该标准于 1973 年 10 月发布，经修订后于 1987 年 12 月发布了第二版，即 MIL-STD-1541A。它对 MIL-STD-461 中的某些试验项目的极限值等作了修改，并增加了一些新的要求。

(5) MIL-STD-1385B 预防电磁辐射对军械系统危害的一般要求。该标准对暴露在电磁场中具有电子引爆装置的武器规定了防止引起危害性的一般要求。本标准适用的标称频率范围是 200 kHz~18 GHz 和 33 GHz~40 GHz。本标准的这些要求适用于所有海军武器系统安全和应急装置，以及其他内部装有电起爆炸药、推进剂或烟火元件的辅助设备。由于雷达和通信设备的辐射功率越来越大，这就更需要重视电磁辐射对军械系统的危害。这些危害是由于军械系统使用了可由电磁能量意外引爆的电爆装置。除了考虑可能产生的危害以外，也应考虑性能降低。

(6) MIL-STD-263A 电气和电子零件、组件与设备(电气触发引爆装置除外)的静电放电防护控制手册。该手册为制定、实施和监督静电放电控制计划提供指南，重点包括鉴别电气和电子零件、组件与设备上静电放电的起因及后果；静电放电的控制预防措施；对静电放电防护材料和设备的选择与应用考虑；静电放电防护工作和接地工作台的设计与构造；静电敏感产品的操作、处理、包装和标志；人员培训计划的制定；静电放电防护工作区及接地工作台的鉴定等。它提供了实施 MIL-STD-1686(用于电工与电子元件、部件及设备保护的静电放电控制计划)所必需的各种信息与数据。该手册的特点是指南性质，所提供的数据、资料详细，可操作性强。

(7) MIL-STD-1686C 用于电工与电子元件、部件及设备保护的静电放电控制计划。该标准涉及对易遭静电放电损害的电气电子零件在设计、试验、检查、维修、制造、加工、装配、安装、包装、储存等各个环节在制定和实施静电放电控制时的要求，及对这些要求的情况进行检查和评审。本标准适用于静电敏感电压小于 16 000V 的Ⅲ类产品(Ⅰ类为 0~

1999 V；Ⅱ类为 2000 V～3999 V；Ⅲ类为 4000 V～15 999 V）。在标准附录中给出了通过试验确定产品敏感类别的准则和程序。

（8）MIL‐STD‐1397A 海军系统标准数字数据输入/输出接口。该标准为用于数字数据传送的标准 I/O 接口，规定了物理特性、功能特性及电气特性方面的要求。

（9）MIL‐STD‐285A 电子试验用电磁屏蔽室的衰减测量方法。该标准包括频率范围从 100 kHz～10 000 kHz 的电子试验用电磁屏蔽室的衰减特性测量方法。

（10）MIL‐STD‐1857 接地、搭接和屏蔽设计应用。该标准规定了接地、搭接和屏蔽设计应用的特性，适用于建造与安装船用台站、地面固定台站、可移动的和地面机动的电子设备、电子分系统及电子系统。

（11）MIL‐HDBK‐237A 平台、系统和设备电磁兼容性管理指南。该文件旨在给国防部负责平台、系统和设备的设计、研制、采办的管理人员，为达到所希望的电磁兼容性程度制定有效的工程计划提供必要的指南。手册中描述了为在平台、系统或设备的寿命周期中获得所希望的兼容性，保证电磁兼容性在寿命周期中的综合所必须采取的步骤。

（12）MIL‐HDBK‐241A 电源中减少电磁干扰的设计指南。该手册在技术上对电源设计者们提供了指导，已经证明这些技术在减少由电源产生的传导性和辐射性干扰上是有效的。本手册是由有关电源的广泛而分散的书刊中取得的资料和从电磁干扰工程师经验中获得的实际装配技术的综合汇编。

（13）MIL‐HDBK‐253 系统预防电磁能量效应的设计和试验指南。该手册的目的是为方案管理人员提供电子系统预防电磁能量有害效应的设计和试验指南。

2）北大西洋公约组织（NATO）的军用 EMC 标准

NATO 曾对设备和系统级 EMC 规范进行了几次重大修改，分别用于设备及系统设计的 STANAG 3516、STANAG 3614 均有多种版本。这些文件与 MIL‐STD‐461 和 MIL‐STD‐6051D 相类似。

3）英国（RAE）的军用 EMC 标准

在英国，航空和飞行武器系统方面的军用 EMC 规范与民用标准共用，于 1960 年使用共同标准 BS.2G.100；接着，在 1967 年和 1972 年对其进行了修订，使之成为 BS.3G.100。随着军事环境恶劣程度的增加，RAE 着手一项研究计划，目的在于制定一个新的飞机 EMC 规范，这就是 FS(F)510 规范。这个规范不包括专用通信测试，如静噪声和互调。这是因为，在英国，这些内容都包含在设备的性能规范之中。

4）德国（VG）的军用 EMC 标准

在德国，EMC 军用规范的 VG 系列（VG95‐370～VG95‐377）几乎是很完整的。此外，此系列为规范的综合性文件，它对 USA 规范做了重大修改并进行了扩展，包括 EMC 测试控制和管理的各个方面。

5）日本的军用 EMC 标准（防卫厅标准 NDS）

日本的军用 EMC 标准有 NDSC‐0011B 电磁干扰试验方法、NDSC‐6001 舰船用数字接口等。

3. 军用 EMC 标准在民品领域中的应用

如前所述，所谓 EMC，即干扰辐射方和接收方之间的关系问题，所以，也应包含测试方法。重要的是，如何进行准确的规定以及把辐射方与接收方的标准值（例如容许电压的值)规定为多少的问题。这是因为，如果在规定值上只是对辐射方的要求很严格，对接收方则限制得不严格，那么，无论是从经济上还是从其他观点上看，这种做法都是欠妥当的。在民品、家电设备等领域中，可以说辐射方与接收方的关系并不是很明确的。因此，在使用这些设备的现场中，一旦发生 EMC 问题，往往不知如何进行客观的判断及改进。在这种情况下，常常会把军用标准中的规定值作为参考来使用。虽然在一般情况下使用军用标准似乎显得过于严格，但实际上，当现场中发生某些重大故障时，有可能出现该设备所适用的标准无法解决问题这一情况，所以，依据现有军标还是很有必要的。

附录 B　EMC 专用名词大全

1. 基本概念

1.1　电磁环境 electromagnetic environment
存在于给定场所的所有电磁现象的总和。

1.2　电磁噪声 electromagnetic noise
一种明显不传送信息的时变电磁现象，它可能与有用信号叠加或组合。

1.3　无用信号 unwanted signal，undesired signal
可能损害有用信号接收的信号。

1.4　干扰信号 interfering signal
损害有用信号接收的信号。

1.5　电磁干扰 electromagnetic disturbance
任何可能引起装置、设备或系统性能降低或者对有生命或无生命物质产生损害作用的电磁现象。
注：电磁干扰可能是电磁噪声、无用信号或传播媒介自身的变化。

1.6　电磁干扰 electromagnetic interference（EMI）
电磁干扰引起的设备、传输信道或系统性能的下降。

1.7　电磁兼容性 electromagnetic compatibility（EMC）
设备或系统在其电磁环境中能正常工作且不对该环境中任何事物构成不能承受的电磁干扰的能力。

1.8　（电磁）发射（electromagnetic) emission
从源向外发出电磁能的现象。

1.9　（无线电通信中的）发射 emission（in radio Communication）
由无线电发射台产生并向外发出无线电波或信号的现象。

1.10　（电磁）辐射（electromagnetic) radiation
a. 能量以电磁波形式由源发射到空间的现象。
b. 能量以电磁波形式在空间传播。
注："电磁辐射"一词的含义有时也可引申，将电磁感应现象也包括在内。

1.11　无线电环境 radio environment 国家技术监督局 1995 - 08 - 25 批准 1996 - 03 - 01 实施
a. 无线电频率范围内的电磁环境。

b. 在给定场所内所有处于工作状态的无线电发射机产生的电磁场总和。

1.12　无线电(频率)噪声 radio (frequency) noise
具有无线电频率分量的电磁噪声。

1.13　无线电(频率)干扰 radio (frequency) disturbance
具有无线电频率分量的电磁干扰。

1.14　无线电频率干扰 radio frequency interference (RFI)
由无线电干扰引起的有用信号接收性能的下降。

1.15　系统间干扰 inter-system interference
由其他系统产生的电磁干扰对一个系统造成的电磁干扰。

1.16　系统内干扰 intra-system interference
系统中出现的由本系统内部电磁干扰引起的电磁干扰。

1.17　自然噪声 natural noise
来源于自然现象而非人工装置产生的电磁噪声。

1.18　人为噪声 man-made noise
来源于人工装置的电磁噪声。

1.19　(性能)降低 degradation (of performance)
装置、设备或系统的工作性能与正常性能的非期望偏离。

1.20　(对干扰的)抗扰性 immunity (to a disturbance)
装置、设备或系统面临电磁干扰不降低运行性能的能力。

1.21　(电磁)敏感性(electromagnetic) susceptibility
在存在电磁干扰的情况下，装置、设备或系统不能避免性能降低的能力。
注：敏感性高，抗扰性低。

2.　干扰波形

2.1　瞬态(的)transient (adjective and noun)
在两相邻稳定状态之间变化的物理量或物理现象，其变化时间小于所关注的时间尺度。

2.2　脉冲 Pulse
在短时间内突变，随后又迅速返回其初始值的物理量。

2.3　冲激脉冲 impulse
针对某给定用途，近似于一单位脉冲或狄拉克函数的脉冲。

2.4　尖峰脉冲 Spike
持续时间较短的单向脉冲。

2.5　(脉冲的)上升时间 rise time (of a pulse)
脉冲瞬时值首次从给定下限值上升到给定上限值所经历的时间。
注：除特别指明外，下限值及上限值分别定为脉冲幅值的 10 ％和 90 ％。

2.6　上升率 rate of rise
一个量在规定数值范围内，即从峰值的 10 ％到 90 ％，随时间变化的平均速率。

2.7　碎发(脉冲或振荡)burst (of pulses or oscillations)
一串数量有限的清晰脉冲或一个持续时间有限的振荡。

2.8　脉冲噪声 impulsive noise

在特定设备上出现的、表现为一连串清晰脉冲或瞬态的噪声。

2.9　脉冲干扰 impulsive disturbance

在某一特定装置或设备上出现的、表现为一连串清晰脉冲或瞬态的电磁干扰。

2.10　连续噪声 continuous noise

对一个特定设备的效应不能分解为一串能清晰可辨的效应的噪声。

2.11　连续干扰 continuous disturbance

对一个特定设备的效应不能分解为一串能清晰可辨的效应的电磁干扰。

2.12　准脉冲噪声 quasi-impulsive noise

等效于脉冲噪声与连续噪声的叠加的噪声。

2.13　非连续干扰 discontinuous interference

出现于被无干扰间歇隔开的一定时间间隔内的电磁干扰。

2.14　随机噪声 random noise

给定瞬间值不可预测的噪声。

2.15　喀呖声 click

用规定方法测量时，其持续时间不超过某一规定值的电磁干扰。

2.16　喀呖声率 click rate

单位时间（通常为每分钟）超过某一规定电平的喀呖声数。

2.17　基波（分量）fundamental（Component）

一个周期量的傅里叶级数的一次分量。

2.18　谐波（分量）harmonic（component）

一个周期量的傅里叶级数中次数高于 1 的分量。

2.19　谐波次数 harmonic number

谐波频率与基波频率的整数比。

注：谐波次数又称谐波阶数（harmonic order）。

2.20　第 n 次谐波比 nth harmonic ratio

第 n 次谐波均方根值与基波均方根值之比。

2.21　谐波含量 harmonic content

从一交变量中减去其基波分量后所得到的量。

2.22　基波系数 fundamental factor

基波分量与其所属交变量之间的均方根值之比。

2.23　（总）谐波系数（total）harmonic factor

谐波分量与其所属交变量之间的均方根值之比。

2.24　脉动 pulsating

用来表述具有非零平均值的周期量。

2.25　交流分量 alternating component

从脉动量中去掉直流分量后所得到的量。

注：交流分量有时又称纹波含量（ripple content）。

2.26　纹波峰值系数 peak-ripple factor

脉动量纹波峰谷间差值与直流分量绝对值之比。

2.27 纹波均方根系数 r. m. s-ripple factor

脉动量纹波含量的均方根值与直流分量的绝对值之比。

3. 干扰控制

3.1 （时变量的）电平 level（of a time varying quantity）

用规定方式在规定时间间隔内求得的诸如功率或场参数等时变量的平均值或加权值。

注：电平可用对数来表示，例如相对于某一参考值的分贝数。

3.2 电源干扰 mains-borne disturbance

经由供电电源线传输到装置上的电磁干扰。

3.3 电源抗扰性 mains immunity

对电源干扰的抗扰性。

3.4 电源去耦系数 mains decoupling factor

施加在电源某一规定位置上的电压与施加在装置规定输入端且对装置产生同样干扰效应的电压值之比。

3.5 机壳辐射 Cabinet radiation

由设备外壳产生的辐射，不包括所接天线或电缆产生的辐射。

3.6 内部抗扰性 internal immunity

装置、设备或系统在其常规输入端或天线处存在电磁干扰时能正常工作而无性能降低的能力。

3.7 外部抗扰性 external immunity

装置、设备或系统在电磁干扰经由除常规输入端或天线以外的途径侵入的情况下，能正常工作而无性能降低的能力。

3.8 干扰限值（允许值）limit of disturbance

对应于规定测量方法的最大电磁干扰允许电平。

3.9 干扰限值（允许值）limit of interference

电磁干扰使装置、设备或系统最大允许的性能降低。

3.10 （电磁）兼容电平（electromagnetic）compatibility level

预期加在工作于指定条件的装置、设备或系统上的规定的最大电磁干扰电平。

注：实际上电磁兼容电平并非绝对最大值，而可能以小概率超出。

3.11 （干扰源的）发射电平 emission level（of a disturbance source）

用规定方法测得的由特定装置、设备或系统发射的某给定干扰电平。

3.12 （来自干扰源的）发射限值 emission limit（from a disturbing Source）

规定的电磁干扰源的最大发射电平。

3.13 发射裕量 emission margin

装置、设备或系统的电磁兼容电平与发射限值之间的差值。

3.14 抗扰性电平 immunity level

将某给定电磁干扰施加于某一装置、设备或系统而其仍能正常工作并保持所需性能等级时的最大干扰电平。

3.15 抗扰性限值 immunity limit

规定的最小抗扰性电平。

3.16 抗扰性裕量 immunity margin

装置、设备或系统的抗扰性限值与电磁兼容电平之间的差值。

3.17 (电磁)兼容裕量(electromagnetic) compatibility margin

装置、设备或系统的抗扰性电平与干扰源的发射限值之间的差值。

3.18 耦合系数 coupling factor

给定电路中，电磁量(通常是电压或电流)从一个规定位置耦合到另一规定位置，目标位置与源位置相应电磁量之比即为耦合系数。

3.19 耦合路径 Coupling path

部分或全部电磁能量从规定源传输到另一电路或装置所经由的路径。

3.20 地耦合干扰 earth-coupled interference, ground-coupled interference

电磁干扰从一电路通过公共地耦合到另一电路从而引起的电磁干扰。

3.21 接地电感器 earthing inductor, grounding inductor

与设备的接地导体串联的电感器。

3.22 骚扰抑制 disturbance suppression

削弱或消除电磁骚扰的措施。

3.23 干扰抑制 interference suppression

削弱或消除电磁干扰的措施。

3.24 抑制器 Suppressor, suppression component

专门设计用来抑制干扰的器件。

3.25 屏蔽 screen

用来减少场向指定区域穿透的措施。

3.26 电磁屏蔽 electromagnetic screen

用导电材料减少交变电磁场向指定区域穿透的屏蔽。

4. 测量

4.1 干扰电压 disturbance voltage

在规定条件下测得的两分离导体上两点间由电磁干扰引起的电压。

4.2 干扰场强 disturbance field strength

在规定条件下测得的给定位置上由电磁干扰产生的场强。

4.3 干扰功率 disturbance power

在规定条件下测得的电磁干扰功率。

4.4 参考阻抗 reference impedance

用来计算或测量设备所产生的电磁干扰的、具有规定量值的阻抗。

4.5 人工电源网络 artificial mains network

串接在被试设备电源进线处的网络。它在给定频率范围内，为干扰电压的测量提供规定的负载阻抗，并使被试设备与电源相互隔离。

注：人工电源网络又称线路阻抗稳定网络(Line Impedance Stabilization Network (LISN))。

4.6 △形网络 delta network

能够分别测量单相电路中共模及差模电压的人工电源网络。

4.7　V形网络 V-network

能够分别测量每个导体对地电压的人工电源网络。

注：V形网络可设计成用于任意导体数的网络。

4.8　差模电压 differential mode voltage

一组规定的带电导体中任意两根之间的电压。差模电压又称对称电压（Symmetrical voltage）。

4.9　共模电压 common mode voltage

每个导体与规定参考点（通常是地或机壳）之间的相电压的平均值。

4.10　共模转换 common mode conversion

由共模电压产生差模电压的过程。

4.11　对称端子电压 symmetrical terminal voltage

用V形网络测得的规定端子上的差模电压。

4.12　不对称端子电压 asymmetrical terminal voltage

用V形网络测得的规定端子上的共模电压。

4.13　V端子电压 V-terminal voltage

用V形网络测得的电源线与地之间的端子电压。

4.14　（屏蔽电路的）转移阻抗 transfer impedance（of a Screened Circuit）

屏蔽电路中两规定点之间的电压与屏蔽体指定横断面上的电流之比。

4.15　（同轴线的）表面转移阻抗 surface transfer impedance（of a Coaxial line）

同轴线内导体单位长度 L 的感应电压与同轴线外表面上的电流之比。

4.16　（装置在给定方向上的）有效辐射功率 effective radiated Power（of any device in a given direction）

在给定方向的任一规定距离上，为产生与给定装置相同的辐射功率通量密度而必须在无损耗参考天线输入端施加的功率。

注：如不注明，无损耗参考天线系指半波偶极子。

4.17　（检波器的）充电时间常数 electrical charge time constant（of a detector）

检波器输入端突然加上一设计频率的正弦电压后，其输出端电压达到稳态值的 $(1-1/e)$ 所需的时间。

4.18　（检波器的）放电时间常数 electrical discharge time Constant（of a detector）

从突然切除正弦输入电压到检波器输出电压降至初始值的 $1/e$ 所需的时间。

4.19　（指示仪表的）机械时间常数 mechanical time constant（of an indicating instrument）

4.20　（接收机的）过载系数 overload factor（of a receiver）

正弦输入信号最大幅值与指示仪表满刻度偏转时输入幅值之比，对应于这一最大输入信号，接收机检波器前电路的幅/幅特性偏离线性应不超过 $1\,\mathrm{dB}$ 。

4.21　准峰值检波器 quasi-peak detector

具有规定的电气时间常数的检波器。当施加规则的重复等幅脉冲时，其输出电压是脉冲峰值的分数，并且此分数随脉冲重复率增加趋向于1。

4.22　准峰值电压表 quasi-peak voltmeter

准峰值检波器与具有规定机械时间常数的指示仪表的组合。

4.23　（准峰值电压表的）脉冲响应特性 Pulse response characteristic (of a quasi-peak voltmeter)

准峰值电压表的指示值与规则重复等幅脉冲的重复率之间的关系。

4.24　峰值检波器 peak detector

输出电压为所施加信号峰值的检波器。

4.25　均方根值检波器 root-mean-square detector

输出电压为所施加信号均方根值的检波器。

4.26　平均值检波器 average detector

输出电压为所加信号包络平均值的检波器。

注：平均值必须在规定的时间间隔内求取。

4.27　模拟手 artificial hand

模拟常规工作条件下，手持电器与地之间的人体阻抗的电网络。

4.28　（辐射）测试场地（radiation）test site

在规定条件下能满足对被试装置的电磁发射进行正确测量的场地。

4.29　（四分之一波长）阻塞滤波器 stop (quarter-wave) filter

围绕导体设置的可移动的同轴可调谐机构，用来限制导体在给定频率的辐射长度。

4.30　吸收钳 absorbing clamp

能沿着设备或类似装置的电源线移动的测量装置，用来获取设备或装置的无线电频率的最大辐射功率。

4.31　带状线 stripline

由两块平行板构成的带匹配终端的传输线，电磁波在其间以横电磁波模式传输，从而产生供测试使用的电磁场。

4.32　横电磁波室 TEM Cell

一个封闭系统，通常为矩形同轴线，电磁波在其中以横电磁波模式传输，从而产生供测试使用的规定的电磁场。

4.33　模拟灯 dummy lamp

一种模拟荧光灯无线电频率阻抗的装置，它可替代照明装置中的荧光灯以便对照明装置的插入损耗进行测量。

4.34　平衡-不平衡转换器 balun

用来将不平衡电压与平衡电压相互转换的装置。

4.35　电流探头 current probe

在不断开导体并且不对相应电路引入显著阻抗的情况下，测量导体电流的装置。

4.36　接地（参考）平面 ground (reference) plane 一块导电平面，其电位用作公共参考电位。

5. 设备分类

5.1　工科医（经认可的设备）ISM（qualifier）

按工业、科学、医疗、家用或类似用途的要求而设计，用以产生并在局部使用无线电频率能量的设备或装置。不包括用于通信领域的设备。

注：① 工科医为"工业、科学、医疗"的缩写。② 对于某些组织来说，不包括信息技术设备。

5.2　无线电频率加热装置 radio frequency heating apparatus

利用无线电频率能量产生加热效应的工科医设备。

5.3　工科医频段 ISM frequency band

分配给工科医设备的频段。

5.4　信息技术设备 information technology equipment（ITE）

用于以下目的的设备：

（1）接收来自外部源的数据（例如通过键盘或数据线输入）；

（2）对接收到的数据进行某些处理（如计算、数据转换、记录、建机分类、存储和传送）；

（3）提供数据输出（或送至另一设备或再现数据与图像）。

注：这个定义包括那些主要产生各种周期性二进制电气或电子脉冲波形，并实现数据处理功能的单元或系统：诸如文字处理、电子计算、数据转换、记录、建档、分类、存储、恢复及传递，以及用图像再现数据等。

6. 接收机与发射机

6.1　（发射台的）杂散发射 spurious emission（of a transmitting station）

必要带宽外的单个或多个频点上的发射。可以减小其电平而不影响相应的信息传输。杂散发射包括谐波发射、寄生发射、互调产物及变频产物。带外发射除外。

6.2　带外发射 out of band emission

由调制过程引起的紧靠必要带宽的单个或多个带外频率点上的发射。杂散发射除外。

6.3　信骚比 signal-to-disturbance ratio

规定条件下测得的有用信号电平与电磁干扰电平之间的比值。

注：在表示"信骚比"这一概念时不应使用"信（号）干（扰）比"这一术语。

6.4　信噪比 signal-to-noise ratio

规定条件下测得的有用信号电平与电磁噪声电平之间的比值。

6.5　保护率 protection ratio

装置或设备达到规定性能所需的最小信骚比。

6.6　杂散响应频率 spurious response frequency

在某一给定设备上会产生不应有响应的电磁干扰频率。

6.7　杂散响应抑制比 spurious response rejection ratio

在某一设备上产生规定输出功率的某一具有杂散响应频率的信号电平与产生同样输出的有用信号电平之比。

6.8　寄生振荡 parasitic oscillation

设备产生的无用振荡，其频率与工作频率无关，与那些跟产生所需振荡相关的频率也无关。

6.9　（设备的）带宽 band width（of a device）

设备或传输通道的给定特性偏离其参考值不超过某一规定值或比率时的频带宽度。

注：这个给定的特性可以是幅/频特性、相/频特性或时延/频率特性。

6.10 （发射或信号的）带宽 band width（of an emission or Signal）

任一带外频谱分量的电平都不超过参考电平的某一规定百分比的频带宽度。

6.11 宽带发射 broadband emission

带宽大于某一特定测量设备或接收机带宽的发射。

6.12 宽带设备 broadband device

带宽足以接受和处理特定发射的所有频谱分量的设备。

6.13 窄带发射 narrowband emission

带宽小于特定测量设备或接收机带宽的发射。

6.14 窄带设备 narrowband device

带宽只能满足接受和处理某一特定发射的部分频谱分量的设备。

6.15 选择性 selectivity

接收机分辨给定的有用信号与无用信号的能力或这一能力的度量。

6.16 有效选择性 effective selectivity

在规定的特殊条件下，例如接收机输入电路过载时的选择性。

6.17 邻频道选择性 adjacent channel selectivity

用与频道间隔相等的信号间隔所测得的选择性。

6.18 灵敏度降低 desensitization

由于无用信号引起的接收机有用输出的减小。

6.19 交调 crossmodulation

非线性设备、电网络或传播媒介中信号的相互作用所产生的无用信号对有用信号的调制。

6.20 互调 intermodulation

发生在非线性的器件或传播媒介中的过程。由此一个或多个输入信号的频谱分量相互作用，产生出新的分量，它们的频率等于各输入信号分量频率的整倍数的线性组合。

注：互调可以是由单个非正弦输入信号或多个正弦或非正弦信号作用于同一或不同输入端引起的。

6.21 中频抑制比 intermediate frequency rejection ratio

接收机中使用的任一中频频率上的规定信号电平与产生同样输出功率的有用信号电平之比。

6.22 镜频抑制比 image rejection ratio

接收机镜频频率上的规定信号电平与产生同样输出功率的调谐频率的（有用）信号电平之比。

6.23 单信号法 single-signal method

在没有有用信号的情况下测量接收机对无用信号响应的方法。

6.24 双信号法 two-signal method

在存在有用信号的情况下确定接收机对无用信号响应的测量方法。

注：用这种方法时，对每种被测接收机都必须规定详细的测试方法和采用的标准。

7. 功率控制及供电网络阻抗

7.1 输入功率控制 input power control

对设备、机器或系统的输入功率进行控制以获得所需的性能。

7.2 输出功率控制 output power control

对设备、机器或系统的输出功率进行控制以获得所需的性能。

7.3 周期性通/断开关控制 cyclic on / off swithing control

重复地接通和断开设备电源的功率控制。

7.4 (控制系统的)程序 program (of a control system)

完成规定操作所需的一组命令和信息信号。

7.5 (按半周的)多周控制 multicycle control (by half-cycles)

改变电流导通半周数与截止半周数之比的过程。

注：例如不同导通时间和截止时间组合可以改变供给受供设备的平均功率。

7.6 同步多周控制 synchronous multicycle control

导通的开始和结束时间与线路电压瞬时值同步的多周控制。

7.7 碎发导通控制 burst firing control

一种同步多周控制，它的开始时刻与电压零点同步而电流流通时间为完整半周期的整数倍。

注：碎发导通控制用于电阻性负载。

7.8 广义相位控制 generalized phase control

在供电电压的一周或半周内，改变一次或数次电流导通时间间隔的过程。

7.9 相位控制 phase control

在供电电压的一周或半周内改变电流导通起始点的过程，在这一过程中，当电流过零点或其附近时导通即中止。

注：相位控制是广义相位控制的一个特例。

7.10 延迟角 delay angle

电流导通起始点被相位控制所延迟的相位角。

注：延迟角可以是固定的或者可变的，正半周与负半周的延迟角也不必相同。

7.11 (单相)对称控制 symmetrical control (single phase)

由设计成在交流电压或电流的正负半周按同样方式工作的装置所进行的控制。

注：以输入源的正负半周相同为基础：

如果正负半周的电流波形相同，广义相位控制即为对称控制。如果在每个导运周期内正负半局数相等，多局控制即为对称控制。

7.12 (单相)不对称控制 asymmetrical control (single phase)

由设计成在交流电压或电流的正负半周按不同方式工作的装置所进行的控制。

注：① 如果电流的正负半周波形不同，广义相位控制即为不对称控制。② 如果每个导通周期内正负半周数不相等，多周控制即为不对称控制。

7.13 周期 cycle

以给定的顺序重复出现的一个现象或一组(物理)量所通过的全部状态或量值范围。

7.14 工作周期 cycle of operation

可人为或自动重复的一系列运行。

7.15 公共耦合点 point of common coupling (PCC)

公共供电网络中电气上与特定用户装置距离最近的点，在这一点上可以接上或者已经接上了其他用户装置。

7.16 供电系统阻抗 supply system impedance
从公共耦合点看进去的供电系统的阻抗。

7.17 供电连接阻抗 supply connection impedance
从公共耦合点到计量点用户侧之间的连接阻抗。

7.18 设备接线阻抗 installation wiring impedance
计量点用户侧与一特定接线端之间的接线阻抗。

7.19 设备阻抗 appliance impedance
从设备电源线远端看进去的设备输出阻抗。

8. 电压变化与闪烁

8.1 电压变化 voltage change
在一定但非规定的时间间隔内电压均方很值或峰值在两个相邻电平间的持续变动。

8.2 相对电压变化 relative voltage change
电压变化的幅值与额定电压值之比。

8.3 电压变化持续时间 duration of a voltage change
电压由初值增大或减小至终值所经历的时间间隔。

8.4 电压变化时间间隔 voltage change interval
从一个电压变化的起始点到另一个电压变化的起始点所经历的时间间隔。

8.5 电压波动 voltage fluctuation
一连串的电压变化或电压包络的周期性变化。

8.6 电压波动波形 voltage fluctuation waveform
作为时间函数的峰值电压包络。

8.7 电压波动幅度 magnitude of a voltage fluctuation
电压波动期间，均方根值或峰值电压的最大值与最小值之差。

8.8 电压变化发生率 rate of occurence of voltage changes
单位时间内电压变化出现的次数。

8.9 电压不平衡 voltage unbalance, voltage imbalance
多相系统中的一种状态，在这种状态下，相电压均方根值或邻相之间的相角不相等。

8.10 电压瞬时跌落 voltage dip
电气系统某一点的电压突然下降，经历几周到数秒的短暂持续期后又恢复正常。

8.11 电压浪涌 voltage surge
沿线路或电路传播的瞬态电压波，其特征是电压快速上升后缓慢下降。

8.12 转换缺口 commutation notch
由于变换器的换向动作而出现在交流电压上的持续时间远小于交流电周期的电压变化。

8.13 闪烁 flicker
亮度或频谱分布随时间变化的光刺激所引起的不稳定的视觉效果。

8.14 闪烁计 flickermeter
用来测量闪烁量值的仪表。

8.15 闪烁感觉阈值 threshold of flicker perceptibility

引起确定的抽样人群闪烁感觉的亮度或频谱分布的最小波动值。

8.16 闪烁应激性阈值 threshold of flicker irritability

对确定的抽样人群不会引起不适感觉的亮度或频谱分布的最大波动值。

8.17 视觉停闪频率 fusion frequency

刺激视觉的交变频率，在一组给定条件下，高于这一频率的闪烁是感觉不到的。

注：视觉停闪频率亦称临界闪烁频率(critical flicker frequency)。

参考文献

[1] 张厚. 电磁兼容原理. 西安：西北工业大学出版社，2009

[2] 张厚. 电磁兼容测试技术. 西安：西北工业大学出版社，2008.

[3] 王定华. 电磁兼容原理与设计. 成都：电子科技大学出版社，1995.

[4] Clayton R. Paul. 电磁兼容导论. 闻映红，等译. 北京：人民邮电出版社，2007.

[5] 电子工业部. GJB72—85 电磁干扰和电磁兼容性名词术语[S]. 电子工业部，1985.

[6] 国家技术监督局. GB/T4365—85 电磁兼容术语[S]. 北京：中国标准出版社，1995.

[7] 机械电子工业部. GJB151A—97 军用设备和分系统电磁发射和敏感度要求[S]. 北京：机械电子标
准化研究所，1997.

[8] 机械电子工业部. GJB152A—97 军用设备和分系统电磁发射和敏感度测量[S]. 北京：机械电子标
准化研究所，1997.

[9] 凯瑟 BE. 电磁兼容原理. 肖华庭，等译. 北京：电子工业出版社，1985.

[10] 高攸纲，高思进. 电磁兼容技术展望及建议[J]. 电子质量. 2005，(6)：73－76.

[11] 梁振光. 汽车电磁兼容研究现状[J]. 安全与电磁兼容，2006，(5)：89－93.

[12] 张林昌. 发展我国的电磁兼容事业[J]. 电工技术学报. 2005，20(2)：23－28.

[13] 高攸纲. 电磁兼容总论. 北京：北京邮电大学出版社，2001.

[14] 白同云. 电磁兼容设计. 北京：北京邮电大学出版社，2001.

[15] 何宏，等. 电磁兼容原理与技术. 西安：西安电子科技大学出版社，2008.

[16] 邱焱，等. 电磁兼容标准与认证. 北京：北京邮电大学出版社，2001.

[17] 郭梯云. 移动通信. 西安：西安电子科技大学出版社，1995.

[18] 邓重一. 电磁兼容标准与其选用[J]. 世界电子元器件. 2005，(2)：67－70.

[19] 王晓明. 电磁兼容现状及预测分析[J]. 电子材料与电子技术. 2006，(2)：1－4.

[20] 张松春，等. 电子控制设备干扰技术及其应用. 北京：机械工业出版社，2004.

[21] 韩放. 计算机信息电磁泄漏与防护. 北京：科学出版社，1993.

[22] 王庆斌，等. 电磁干扰与电磁兼容技术. 北京：机械工业出版社，2004.

[23] 电磁兼容网. http://www.emcchna.com.

[24] 中国电磁兼容认证中心. http://www.cemc.onchina.net.

[25] 中国电磁兼容网. http://www.emc.onchina.net.

[26] 沙斐. 机电一体化系统的电磁兼容技术. 北京：中国电力出版社，1999.

[27] 杨克俊. 电磁兼容原理与设计技术. 北京：人民邮电出版社，2004.

[28] 陈景良，马双武. PCB电磁兼容技术——设计与实践. 北京：清华大学出版社，2004.

[29] 钱振宇. 3C认证中的电磁兼容测试和对策. 北京：电子工业出版社，2004.

[30] 钱振宇. 开关电源的电磁兼容设计与测试. 北京：电子工业出版社，2005.

[31] 林国荣. 电磁干扰及控制. 北京：电子工业出版社，2003.

[32] 杨国伟，张厚. 雷达间电磁兼容性判决[J]. 安全与电磁兼容，2006，(4)：20－22.

[33] Tesehe Frederick M，Ianoz Michel V. EMC analysis methOds and computatIonal models[R]. John
Wiley & Sons INC，1997.

［34］ 杨国伟，张厚，姜燕. 利用网络思想构建 EMC 预测模型［J］. 电子工程师，2006，32(4)：24－26.

［35］ Terry Foreman. Antenna coupling model for radar electromagnetlc compatibility analysls［J］. IEEE TRANSACTION ON EMC，1989，31(1)：85－87.

［36］ Danlel W，Tam S，Azu C. A Computer-aided Design Techntque for EMC Analysls ［A］. 1995 1EEE Electromagnetlc Compatlbility Sympostum Record［C］. Atlanta. 1995：234－235.